OLD AND NEW
PLANT LORE

史密森
學會
科普叢書

植物的世界

走進爭奇鬥豔的天然實驗室

澱粉、生物鹼、纖維、樹脂……
從建材到藥物，
認識植物如何滲透人類文明的每個角落

從稻麥到玉米，禾本科如何養活人類世界？
穿越海洋與沙漠，植物如何在極端環境求生？
一起走進大自然，見證不可思議的綠色奇蹟！

Mary Agnes Chase　　A. S. Hitchcock
作者 瑪麗・艾格尼絲・蔡斯、A・S・希區考克　　譯者 遲文成，丁儒俐

目錄

中文版前言		005
第一篇	植物的世界	019
第二篇	系統植物學的發展與連結	143
第三篇	海洋植物	175
第四篇	禾本科植物	209
第五篇	沙漠及其植物	257
第六篇	植物對輻射能的依賴	291
第七篇	玉米 —— 美洲印第安人的植物育種成就	321
第八篇	南美洲植物學探索	351

目錄

中文版前言

　　美國的史密森學會於西元 1846 年創辦，迄今已有 170 多年的歷史。史密森學會創辦的主旨即讓更多人獲得科學方面的啟蒙、激起他們對科學的興趣及對科學議題的探討。協會對於相關出版品有兩個要求：一是必須具有權威性；二是必須受眾更廣泛。

　　史密森學會的成立與一位英國人有關。他是一位從未到過美國的英國人，他就是倫敦皇家科學協會會員、化學家和科學家詹姆斯·史密森[001]。詹姆斯·史密森西元 1765 年生於倫敦，其父親休·史密森（Hugh Smithson）爵士是英國國王智庫成員，也是樞密院的成員，並獲得最高等級騎士勳章。其母是伊麗莎白·基特·梅西（Elizabeth Hungerford Keate Macie）女士。出身貴族的詹姆斯從小到大受過嚴格的教育，畢業於牛津大學。22 歲時，即被倫敦皇家科學協會吸納為會員。

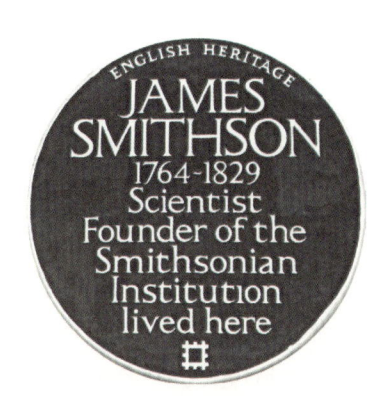

左：詹姆斯·史密森 肖像　　右：詹姆斯·史密森英國倫敦故居藍牌

---

[001]　詹姆斯·史密森，即 James Smithson。

中文版前言

據考證，史密森出版的科學著作包括從西元1791年到1825年在《倫敦皇家科學協會期刊》與湯姆森的《科學年刊》裡發表的27篇論文。這27篇論文中有25篇都是與化學或地質學相關的。史密森的論文邏輯清晰、資料準確。他在文章的一些段落裡不僅展現出他對自己感興趣的學科有著深入的了解，而且還表現了他的視野以及深厚的知識。下面這個段落就是他論文裡談到的他對人類學講究的看法：

很多人都並不關心人類學這門學科，但是，每個人都必然能從追溯歷史的痕跡中感到由衷的高興。因為這能夠讓我們了解發生在很久很久以前的事情，看到人類是如何逐漸成為人類的。我們可以看到古代人類所創造出來的藝術，知道他們利用各式各樣的知識去不斷實現進步，了解他們的生活習慣以及他們對很多事情的看法。很多能力就是這樣培養出來的，雖然我們有可能對此一無所知，也有可能是因為這超乎了我們的能力範圍。

史密森的文章得到了同時代科學界的欣賞與認可，他本人也是科學家卡文迪許[002]與阿拉戈[003]的親密朋友，史密森還與同時代的其他著名科學家有深入的交往。他的研究讓他在英國與國外都獲得了很高的地位。當史密森的人生步入晚年的時候，我們只能透過別人在著作裡偶然提到他的名字了解他的情況。他的健康變得越來越糟糕，他的大半生都在巴黎與里維埃拉度過。

西元1826年10月23日，史密森立下遺囑：

……要是我的姪子去世的時候沒有子女，或是他的孩子在二十一歲之

---

[002] 卡文迪許（Henry Cavendish，西元1731～1810年），英國物理學家、化學家。他首次對氫氣的性質進行了細緻的研究，證明了水並非單質，預言了空氣中稀有氣體的存在。他首次發現了庫倫定律和歐姆定律，將電勢概念廣泛應用於電學，並精確測量了地球的密度，被認為是牛頓之後英國最偉大的科學家之一。

[003] 阿拉戈（François Arago，西元1786～1853年），法國數學家、物理學家、天文學家和政治家，曾任法國第25任總理。其學術上的成就主要在磁學和光學方面。他支持光的波動說並在實驗中觀察到了帕松光斑。

前去世而沒有立下遺囑的話，那麼我會將自己財產的一部分都用於支付給予約翰・費塔爾[004]的年金，剩下的錢全部捐獻給首都設在華盛頓的美利堅合眾國，成立一個名叫史密森的協會，這個協會的目的是增加與傳播人類的知識……

（簽名）詹姆斯・史密森

詹姆斯・史密森紀念碑，位於美國史密森學會

西元1829年6月27日，史密森在義大利的熱拿亞去世，被葬在熱拿亞附近的清教徒墓地，這裡可以俯瞰海灣。

當我們回顧當年詹姆斯・史密森那筆50萬美元遺產所帶來的改變時，會知道這是對他人生的一種最佳的銘記。在那個科學界群星雲集的時代，詹姆斯・史密森始終懷抱著這樣的信念，即「對一個人來說，無知必然帶來缺損，錯誤終究產生邪惡。」史密森認可耐心觀察的科學方法，知道如何對事物進行測重以及了解事物之間的關係。他將畢生的精力都投入到了消滅無知的努力中。在他臨終的時候，他用全部的財富來展現自身的信念，選擇讓當時建國沒多久的美國成為他這筆遺產的保管者。隨著歲月的流逝，史密森的遺產開始帶來實質性的改變，美國政府接受了史密森貢獻這筆遺產背後所秉持的信念，知道史密森的理念符合美國當時最現實的發

---

[004] 約翰・費塔爾（John Fitall），詹姆斯・史密森生前的管家、僕人，一直照顧史密森生活至史密森離世。後就職於倫敦船塢廠。

中文版前言

展需求——商業組織、教育以及勞動與資本之間關係等方面的研究——這些都需要充分運用科學的方法去解決。而詹姆斯·史密森餽贈的50萬美元遺產則促使美國在這方面做出努力。可見，美國人充分認可了史密森這位英國科學家所持的信念。

史密森的遺產與美國當時的局勢可以說是最佳的搭配。史密森去世後，他把遺產留給姪子，並附上條件，如果姪子去世時無子嗣，遺產必須捐給美利堅共和國，以「增進和傳播人類的知識」。這筆錢在西元1838年到達了美國。國會在接下來的八年時間裡就如何更好地利用這筆錢，才能「增進和傳播人類的知識」進行了斷斷續續的討論。直到西元1846年，史密森學會才正式成立。

人們多少會有這樣的想法，一個英國人為何不把遺產留給自己的國家，而選擇了當時的美國？想必史密森這位科學家生前就有了自己的科學發展、傳承及其人類創造力所依附的環境要求的直觀和前瞻性判斷吧，這點已經超越了國別概念。而現在比較認可的主流觀點是供職於史密森學會多年的文件管理員、出版品負責人威廉·瓊斯·里斯的推斷——史密森這樣做最有可能的原因如下：

在史密森立下遺囑的時候，當時整個歐洲都處在戰爭的動盪之中，每個國家的統治者以及數百萬人都想要征服其他國家，或是想要維持專制統治。於是，史密森將目光轉移到了大洋對岸實現共和制的自由國家——美國，他認為美國這個國家的民主自由能夠不斷生根發芽，擁有持續實現繁榮的各種元素，而且美國人擁有著奮發進取的精神。顯然，他感覺美國是實現他增進與促進知識傳播的最佳地。他認為在美國這個全新的國度裡，必然會存在著自由的觀念與無限的進步。

如果詹姆斯·史密森今天還活著的話，當他看到了自己的遺產為後人掀開了未知的面紗，必然會覺得這樣的結果超出他當年最好的設想。他的

名字現在就刻在史密森學會的大門上，在文明的世界裡已經被每個人所熟知。史密森學會在過去170多年裡一直秉持著史密森先生要增進與傳播知識的理念，讓他當年所說的「一大片黑暗曠野中的斑點」變成「一道發出閃亮光芒的光線」，將無知的黑暗地平線不斷向後推延。毫不誇張地說，史密森學會是20世紀人類留下來的最寶貴遺產之一。

美國史密森學會廣場前的首任會長約瑟夫‧亨利（Joseph Henry）雕像

如今的史密森學會是美國一系列博物館和研究機構的集合組織，其地位相當於其他國家的國家博物館系統。該組織囊括19座博物館和美術館、9座研究中心，和國家動物園以及1.365億件藝術品和標本。美國唯一一所由美國政府資助、半官方性質的民營博物館機構，同時擁有世界最大的博物館系統和研究聯合體。

史密森學會出版的科學系列叢書在科學界地位非常高，至今已經出版了數千卷。本書譯自美國史密森學會出版社（紐約）1930年出版的英文版首版。

本書系策劃人　張樹

> 中文版前言

活的紅藻和褐藻的合成場景，分別來自於相距遙遠的大西洋和太平洋。褐藻是一種巨型海藻，一種很有實用價值的肥料。

E・切弗蘭（E. Cheverlange）拍攝

照片 9 百合花的組成（華盛頓百合）。六片葉子包括三個外萼片和三個內花瓣。花瓣裡面有六個雄蕊，每一個雄蕊有一個花藥。位於花中心的是雌蕊。帶著柱頭的雌蕊花柱，突出在雄蕊之上；子房藏在花的基部。

弗雷德里克・安德魯斯・瓦波勒拍攝

中文版前言

照片 21　紫花景天（也稱紫珍珠、粉彩蓮的變種），最初從墨西哥引入皇家植物園 —— 邱園。從此，成為深受歡迎的溫室植物。

弗雷德里克・安德魯斯・瓦波勒拍攝

照片 34　來自大西洋和太平洋的綠色和紅色藻類的合成景象。注意形態的多樣性。這種紅藻是來自紐約港，精緻的絨線藻。

E・切弗蘭拍攝

中文版前言

照片 54　圖中所示為聖克魯斯山脈的皮馬卡農山口，
　　　　亞利桑那州沙漠的典型植被。
紅花長在蠟燭木上，即墨西哥刺木（福桂樹屬）；
　　　右邊的前方是仙人掌樹（巨人柱屬）。

照片 73　西南部印第安人栽培的玉米穗上的圖案。
左邊，特瓦族印第安人種植的玉米穗；中間和右邊，納瓦荷人種植的玉米穗。
這種全玫瑰色的玉米很罕見，只有印第安人種植的玉米才有。
大約為一般玉米的一半大小。

中文版前言

照片 78

左至右:歐塞奇族、霍皮族、納瓦荷族和烏因塔烏特族印第安人種植的玉米穗上的圖案。黏土色的玉米穗只在霍皮族中發現;純黑色的玉米穗在北美很少見,但在秘魯和玻利維亞很常見。大約是一般大小的一半。

照片 87　哥倫比亞，亞熱帶的植被。附生植物包括薄膜狀蕨類植物、鳳梨、類胡蘿蔔和蘭花。繩狀藤本植物在樹上搖擺。

E・切弗蘭拍攝

中文版前言

第一篇
植物的世界

第一篇　植物的世界

第一章
植物的基本生命過程

　　研究植物的學科稱為植物學。「植物學」一詞可能意味著超出人類普通經驗之外的一個模糊世界，一個由冗長而可怕的拉丁名字主導的世界。事實上，令人生畏的拉丁名字只占植物學的很小一部分，而且和其他名字也不衝突。此外，一般人對植物學的了解實際上比他意識到的更多。農業、園藝、種植花草，甚至草坪修剪，都是應用植物學。人們知道馬鈴薯、稻米和麵包含有澱粉；水果和番薯含有糖。人們也清楚，如果認真思考的話，澱粉和糖都是植物產品，而植物是製造我們大部分食物的巨大工廠。植物世界與動物共享一個地球。這個世界趣味盎然，美麗多姿，很值得我們進行充分的研究。這樣我們就能夠目睹每天的奇蹟。我們打算在這裡進行諸多的研究。

　　我們將從三個角度來探討植物：首先，植物如何生存、生長和繁殖，如何散播種子，如何適應環境，在今天的地球表面以及在逝去的歲月裡是如何分布。從廣義上來說，所有這一切都是植物生理學的範疇。其次，我們要探討，植物是如何因為數百萬年前的共同祖先而相互關聯。植物的分類試圖說明這種連繫，因而被稱為系統植物學。最後，我們要探討植物與人類的關係，說明人類是如何從植物王國獲得食物、衣服、住所、必需品，以及如何樂在其中。研究植物用途的學科叫做經濟植物學。

　　和動物一樣，沒有空氣、食物和水，植物就不能生存。雖然植物的需

求及生命過程與動物相似,但二者的器官不同。植物呼吸,卻沒有肺;它們消化食物,卻沒有胃。未經加工的汁液順著莖往上攀升,而精製複雜的汁液從葉子向下擴散。但它們既沒有抽吸汁液的心臟,也沒有真正的循環系統。它們對刺激反應敏感,例如,植物的卷鬚碰到支撐物就會捲曲;葉子會轉向有光的一側。它們既沒有大腦,也沒有神經系統。但植物的確有專門用於某種目的的器官,留意器官的結構是如何適應其功能,是饒富興味的事。

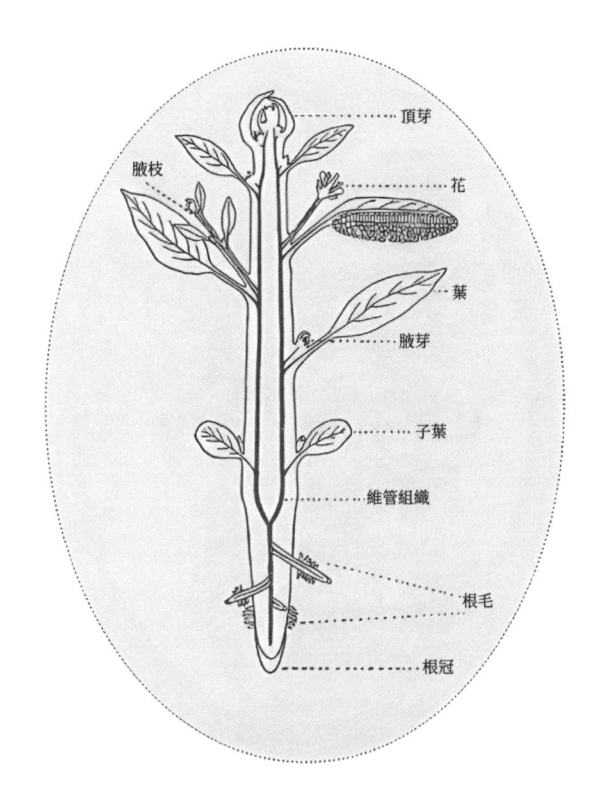

圖 1　普通種子植物主要器官圖。
引自理查德‧莫利斯‧霍爾曼(Richard Morris Holman)和
威爾弗雷德‧威廉‧羅賓斯(Wilfred William Robbins)

我們以一棵普通的樹為例,來說明高等植物的生命過程。植物的三種主要器官包括:根、樹幹及其分支(莖)和葉(圖1)。根固定樹木的位置,

並從土壤中吸收水和養分。樹幹為樹液的向上和向下流動提供通道。這樣的物理構造既能滋養足夠多的葉子，又不會使頂部過重。樹幹分為分枝和小枝，依次變小，最末端變成細枝。樹枝的根部粗大，末端逐漸變細，因此具有一定的強度和柔韌性，能夠抵禦風暴。植物比較容易做到這一點，因為樹枝和樹葉會屈服於狂風，在其衝擊下彎曲，呈現出最小的表面。葉子只生在小枝上，也就是當年生長的小枝上（不過，葉子可能會持續存在一年以上）。樹葉利用土壤中的水分和空氣中的二氧化碳，為植物合成養分。合成過程只能在陽光下進行。

照片 1　非洲乾旱平原上的一株猴麵包樹，樹幹的生長不對稱。樹枝上較小的東西是果實，較大的是用空心圓木做成的蜂箱。

A·S·希區考克（A. S. Hitchcock）拍攝

第一章　植物的基本生命過程

這些內容會在後面進行描述。葉子是扁平的，按照它們與光和空氣接觸的一定比例，呈現出最大的表面。葉子在樹枝上的這種排列，可以接受最多的光線照射。如果一棵樹單獨生長，那麼光線從四面八方照射過來，小枝就會均勻地分布在各個方向。如果不修剪的話，它們幾乎可以長到地面。在這樣的樹上，幾乎沒有一縷陽光能穿透樹葉核心，在地面上投下幾乎不間斷的陰影。這表示樹葉捕捉到了每一縷陽光。樹幹外圍的樹葉生機勃勃，靠近裡面的葉子吸收散射光。如果樹蔭太密，它們就會離開樹木，掉到地上。如果這是森林中的一棵樹，那麼光線的爭奪會變得非常激烈，就只能在頂部的樹冠上發現樹葉。如果樹長在小河邊，那麼細長的樹枝會從水面伸向很遠，從側面尋找光線。

根

樹根有兩個功能：第一，將樹木固定在適當的位置，並支撐它，不會因風暴而彎曲和扭曲；第二，從土壤中吸收養分。根分岔廣泛，但只有最後的小枝長得很長，生長部位就在尖端的後面（圖2）。很明顯，如果根在其他部位長得很長，側枝會被土壤的阻力刮掉。細根生長的部分可能只有2公分左右，甚至更短。當幼嫩的細根衝破土壤時，為了保護其尖端，會形成一個小的根冠。磨損的細胞從側面脫落時，根冠就會不斷被前面的新細胞修復（圖3）。在生長端背面的一小段距離內，有一個形成根毛的區域。在肉眼看來，這些根毛看起來像白色的絨毛或天鵝絨。但是稍微放大，可以看到絨毛是由纖細的毛髮狀細胞組成。根毛的範圍隨著小根的生長而向前移動。舊的根毛在後面相繼死亡，新的根毛在前面不斷形成。這些微小的器官有能力吸收土壤中的水分，也就是雨水。雨水緩慢滲透到土壤，並溶解土壤中所含的少量礦物質。數百萬根根毛的共同吸收作用產生了相當大的吸力，迫使土壤的水分或汁液向上經過樹幹並進入樹枝。這種力被稱為根壓，可以經由在離地面不遠的地方砍掉一棵小樹，安裝一個測

量裝置（壓力計）來測量（圖4）。壓力有時可能高達約15公尺（等於15公尺高的水柱的壓力）。在玉米或小麥的幼苗中，根壓會導致水分在夜間從還未展開的幼葉尖端滲出。清晨，水滴在葉子的尖端閃閃發光，經常被誤認為露珠。白天在陽光的作用下便蒸發消失。

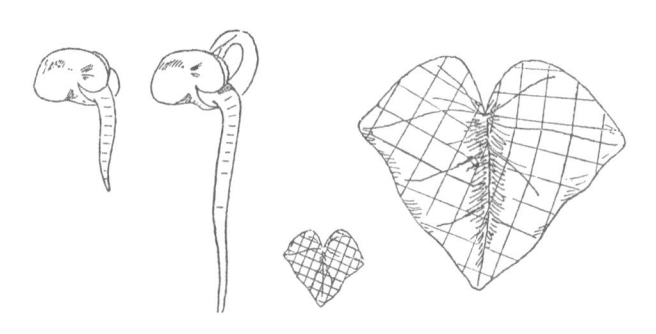

圖2　如何確定生長區域。

左圖，幼根以等距線標記，因隨後的生長而移位；

右圖，幼葉，以正方形作標記，因隨後的生長而移位。

引自肯納

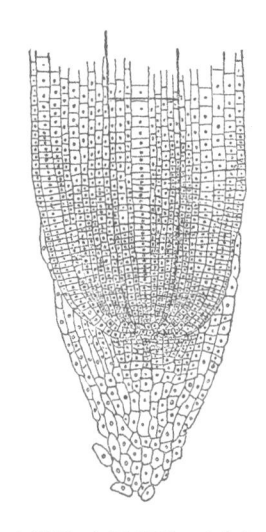

圖3　生長的根尖剖面圖。末端的大量細胞形成根冠，根冠的基部是生長點。

引自霍爾曼和羅賓斯

第一章　植物的基本生命過程

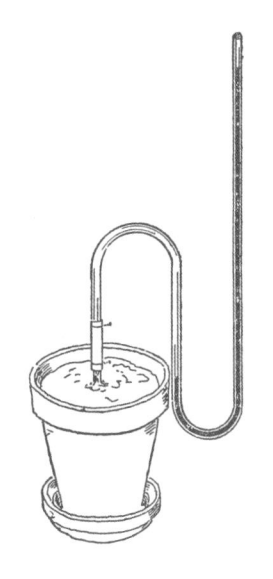

圖4　用於測量根壓的壓力計。當根部迫使水進入玻璃管時，水銀上升。

引自霍爾曼和羅賓斯

　　為了尋找水分，樹根可以延伸到相當遠的距離。例如，人們偶爾會發現苜蓿植物的根會延伸到15公尺以上的深度，儘管這種植物本身可能只有0.6至0.9公尺高。柳樹的根有時會帶來麻煩，因為它會長到地磚排水溝裡，並在那裡大量分枝，直到它們像一個大塞子一樣填滿一段排水溝，阻斷水流。惹是生非的柳樹可能離堵塞的下水道有好幾公尺遠。雖然根只是在末端生長，但每一部分都可能長得很粗。在大多數的林木中，這種「次級」生長非常明顯。一種常見的現象是路面以下的樹根加粗造成的影響。在那裡，磚、石頭甚至水泥板都被抬高了。根穿透岩石的裂縫，然後變粗，可能會使岩石板或岩石層剝落，從而有助於將其轉化為土壤。

　　樹木從土壤和空氣中獲取養分。土壤水中溶解的礦物質構成了這種養分的一部分。而這部分正是木材燃燒時留下的灰燼。儘管在任何特定地點，提供給那裡生長的所有植物的養分是一樣的，但在某種程度上，根會做出選擇。不同的物種吸收的礦物質的數量大不相同。例如，一個物種的

個體攝取的鈣，可能是其相鄰物種個體吸收的兩倍。當植物體汁液中的某種特定的礦物質飽和時，其根部就不再吸收這些礦物質，直到植物在其重要的生命過程中耗盡其所有。這樣的話，植物可以利用硫酸鈣。這可能是因為礦物質中含有硫。硫酸鈣中的鈣（可溶解的）可以以不溶性草酸鈣形式，從樹液中分離出來，並以晶體的形式儲存，從而減少樹液中硫酸鈣的含量。隨後根部吸收更多的這種物質來彌補不足。結果，這種植物比相鄰的其他物種吸收更多的硫酸鈣。正是因為作物可以從土壤中獲取不同數量的構成要素，所以它們可能需要不同的肥料來滿足其需求。

某些元素對植物的正常營養十分關鍵。把正在生長的植物放入水罐中，裡面加入特定量的礦物質成分，就可以證明這一點。這些實驗證明，缺少某些元素會導致生長異常或功能畸變。例如，當缺鐵時，植物無法產生綠色色素（葉綠素）。研究還顯示，更高等的植物需要鎂、鈣、鉀、磷、硫、氮以及鐵。此外，某些植物需要微量的其他元素，如硼、錳、銅和鋅。一般情況下，未開發的土壤中含有足夠多的所有這些礦物質。它們以碳酸鹽、硫酸鹽、磷酸鹽、矽酸鹽等「鹽」的形式存在，或作為氧化物或水合物存在。重要元素氮通常以可溶性硝酸鹽的形式進入植物體內。這對於作物土壤中缺乏這種礦物質有重要的影響。在自然條件下生長的植物，當葉子死亡脫落並分解後，將其礦物質重新返還到土壤中。農作物則不然。因為每一株植物的大部分在收割時都會被移除，從而使土壤中礦物質流失。繼續種植可能很快會導致某些元素的缺乏。其中最早耗盡的元素之一是氮，因為土壤中的大多數元素都是以可溶性硝酸鹽的形式存在的。所有土壤都含有取之不盡的鈉、鎂和矽。但是氮、磷和鉀很容易缺乏。農場主人必須經由施肥來補充缺乏的元素。

所有土壤中通常都有足夠的鐵來滿足植物的需求。但幾年前，夏威夷群島的鳳梨種植缺鐵的案例引起了人們的關注。對於某些土壤，鳳梨植物

無法產生足夠多的葉綠素，因此顏色變淺或變白。這種情況稱為黃化。根據調查，儘管土壤中含有大量的鐵，但大量的錳抑制了植物對鐵的吸收。對此的補救辦法是向植物噴灑鐵溶液。

鐵被葉子吸收，植物能夠產生正常數量的葉綠素。

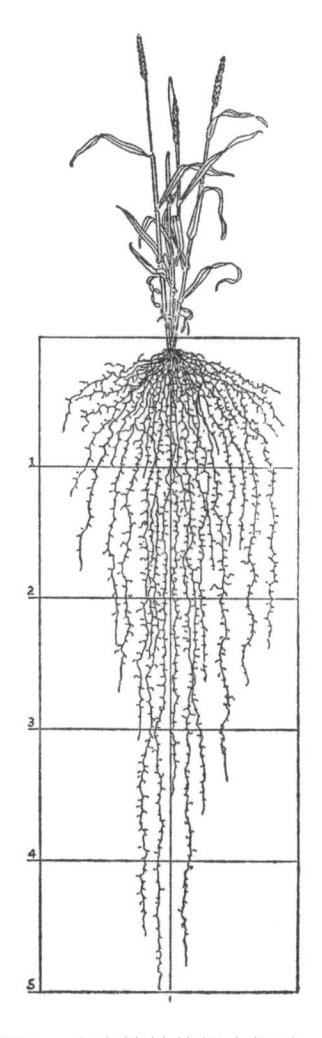

圖 5　小麥植株的粗大根系。

引自約翰・恩斯特・韋弗（John Ernest Weaver）

為了正常生長，根部必須得到空氣。一般情況下，土壤足夠鬆散，其間隙中含有充足的空氣。但任何影響空氣供應的異常情況，都會威脅植物的生命。因此，如果地面被淹沒時間太長，不習慣過多水分的樹木將死去。樹木可以承受洪水，因為洪水最終會退去。但如果水一直存留在樹根上面，阻隔空氣，樹木就會死亡。樹木長久淹沒在水中的影響，在巴拿馬得到了很好的印證。那裡，加通湖（照片 2，左）被大壩圍在其中，所有的樹木都被湖水淹沒而死。城市街道的遮蔭樹是一個常見的例子，可以說明根部空氣供應減少對樹木的影響。

鋪設人行道時，在樹周圍留下一塊空地。這種開放的表面可以為小樹提供足夠的空氣。但隨著樹木長大，它們需要更多的空氣。在住宅區，樹根常常從人行道下方頂出地面，到達附近開闊的前院，從而獲得空氣和營養。但在城市的商業區，可能沒有根可以穿透的開放空間。結果，樹木生長遲緩，最終導致死亡。煙霧、有毒氣體以及缺乏適當的營養，也可能導致類似結果。

在華盛頓市公園路北側的某地有一座高臺。在人行道的內側邊緣有一堵 1.5 公尺左右的高牆。高牆以上的地面陡然向上傾斜。在街道的另一邊，每一座房子的前面都有一個被草皮覆蓋的小庭院，幾乎與人行道齊平。許多年前，街道兩側種了一排榆樹。樹木在地勢較低的一側生長正常，因為樹根可以利用房子的前院。街道高臺一側的樹木儘管與其他樹同齡，但更矮小得多，似乎只有其他樹三分之一的大小，而且狀況很差。這些樹扎根在人行道和高牆下面，無法找到所需的空氣，因為樹根距離地表還有一公尺多的距離。然而，近年來，這些矮小的樹木開始煥發新的生命，並且正在蓬勃生長。顯然，樹根終於抵達了表層土壤。

有的地塊需要填埋，那裡生長的樹木可以加以保護。方法是在每一棵樹的周圍建一口井，防止根部被完全切斷空氣供應。如果填土不太深，根

部可能最終在填土表層，獲得空氣供應。

在沼澤中生長，根部被淹沒的樹木，可能有特殊的方法將空氣輸送到根部。落羽杉屬禿柏（照片 3）的樹膝是根的分支，能夠延伸到水面以上，並在水下傳導空氣。水位低時，柏樹沼澤呈現出奇特的現象。許多樹膝伸出水面，其高度相當於沼澤平常的水位。常見的紅樹林（紅樹屬紅樹）經由其纏結的吊腳根向下輸送空氣。其他紅樹林（例如，美國紅樹，照片 2，右）長出一群垂直根來輸送空氣。這些垂直根在退潮時暴露，在漲潮時被淹沒。一般來說，沼澤和溼地植物有某些方法將空氣輸送到根部。通常莖內有空氣通道或海綿組織，通向根系。少數植物，如翼狀千屈菜（丁香蓼屬），從水線上方一小段距離，到水線下方相當長距離範圍內，在莖的外部長出海綿狀或軟木狀組織。

人類不斷地嘗試改變土壤條件，以利於農作物生長。人們用乾草或稻草覆蓋土壤表面，或者鬆動表層土壤，營造一個「細土覆蓋層」，以防止水分過度蒸發。他們提供肥料，為了作物能夠獲得適當和充足的營養。在降雨量不足的地區，人們經由灌溉供水。有時，人類在努力改善自然的過程中，由於忽視相關的自然法則也會犯嚴重的錯。西部有些州由於過度灌溉而導致的後果，就是一個顯著的例子。有些農場主人認為，如果水對作物有益，那麼越多越好，他們習慣於用灌溉水淹沒農田，提供給作物的水比實際需要的更多。毫無疑問，多餘的水分蒸發了，但留下了礦物質。不停的灌溉、蒸發將越來越多的礦物質，或者農場主人所說的「鹼」帶到地表，直到這些礦物質或「鹼」變得濃度之高，使農作物深受其害。

灌溉越多，結果越差。最後，過量的礦物質抑制了作物生長，田地變成了「鹼」荒地，只有助於某些對牧場主毫無價值的、有抵抗力的本土植物。根據調查，過度灌溉的影響可以經由排水逐步糾正。現在，出現了相反的情況。過量的灌溉水使「鹼」溶解，並將其通過排水溝帶走。

第一篇　植物的世界

照片 2　與樹根對空氣需求相關的現象。

左照，迦南地區的加通湖，顯示湖泊形成時，毀滅的森林遺跡。右照，一種紅樹林（白骨壤屬美洲紅樹）的氣根，漲潮時被淹沒、退潮時裸露的狀態。

A・S・希區考克拍攝

第一章　植物的基本生命過程

照片 3　德克薩斯州乾涸的柏樹沼澤。柏樹的樹幹在雨季將空氣輸送到根部。

美國林務局提供

| 第一篇　植物的世界

照片 4　英屬蓋亞那雨林中一棵大鱈蘇木的根基。拱根支撐著高大的樹幹。

A・S・希區考克拍攝

■ 莖

　　莖或者樹幹支撐著樹木的葉冠，並經由樹枝和細枝向其提供根部吸收的礦物質和水分。莖是精細結實的硬木結構，是特殊的管狀器官和樹皮保護層構成的系統。但是，無論樹木多麼高大雄偉，就像最小的草本植物一樣，樹幹都是由微小的細胞組成的。

　　典型的植物細胞有結實的物質（纖維素）構成的細胞壁。細胞體內由細胞質填充或部分填充。細胞質是植物有生命的物質。

在高倍顯微鏡下觀察，細胞質是一種無色液體，密度比水大，很像蛋清。由於其含有小顆粒，所以在活躍的植物細胞中，可以看到細胞質在細胞周圍流動。細胞內有各式各樣的物質：蘊藏細胞指令的密實的細胞核；賦予植物綠色的葉綠素顆粒；其他色體；有時還有油滴、晶體和其他物質。細胞在最初形成時，彼此非常相像，但很快就發育成各自所需的形狀和結構，以完成其與生俱來的特定功能。

如果用顯微鏡觀察任何普通樹木成熟枝條的橫截面，我們可以看到它被劃分為一環套一環的五個環形區域。位於中心的是木髓；第二是木質區；第三是一層薄薄的生長細胞，稱為形成層；第四是內樹皮區；最後是表皮（圖6）。中心的髓柱由柔軟、薄壁的圓形細胞組成。細胞內的物質很快消失，被空氣所取代。木髓外的木質區由兩種細胞組成。一種是厚壁細胞，其厚度比寬長幾倍，有尖尖的重疊的端部。這使每一個細胞都能與相鄰細胞緊密結合，從而增強莖的強度。第二種細胞比木質細胞更大，互相結合形成長管，縱向穿過木材。這些管道通常由內壁上的螺旋脊加固，因此常被稱為螺旋管道。稍稍越過一圈薄薄的生長細胞，我們便會發現內樹皮及其外面的表皮。

像木質區一樣，內樹皮主要由兩種細胞組成：第一種是韌皮細胞，這是和木質細胞一樣的厚壁細胞，但尺寸上長得多（雖然壁厚但很柔韌）；第二種是形成管道的薄壁細胞。這些管道在細胞壁或細胞分界處有篩子狀的開口，營養物質就是經由這些開口輸送出去。在木質和樹皮之間是非常重要的形成層。這是一層薄薄的生長細胞，形狀非常規則，只有幾個細胞的厚度。形成層從細枝到樹幹，從大的樹根到根的小分枝都是連續的。形成層決定了莖生長的厚度。這是一個無差別的生長層。當樹木生長活躍時，內層細胞變成木質，外層細胞變成樹皮，而中間部分仍然是形成層。小細枝、樹枝或樹幹直徑的成長意味著形成層向木質層的外周新增木質，而向

第一篇　植物的世界

樹皮層的內周新增樹皮。由於最新長出的、最大的一層樹皮位於最裡層，所以外層樹皮總是太緊，並且在內部壓力的作用下不斷開裂。我們常見的很多樹木的樹幹，如橡樹、楓樹和胡桃樹，都會出現裂紋。梧桐樹樹皮呈現大塊板狀脫落，樺樹樹皮則脫落成美麗的小片（照片 5）。在冬季明顯的地區，樹木處於休眠狀態。

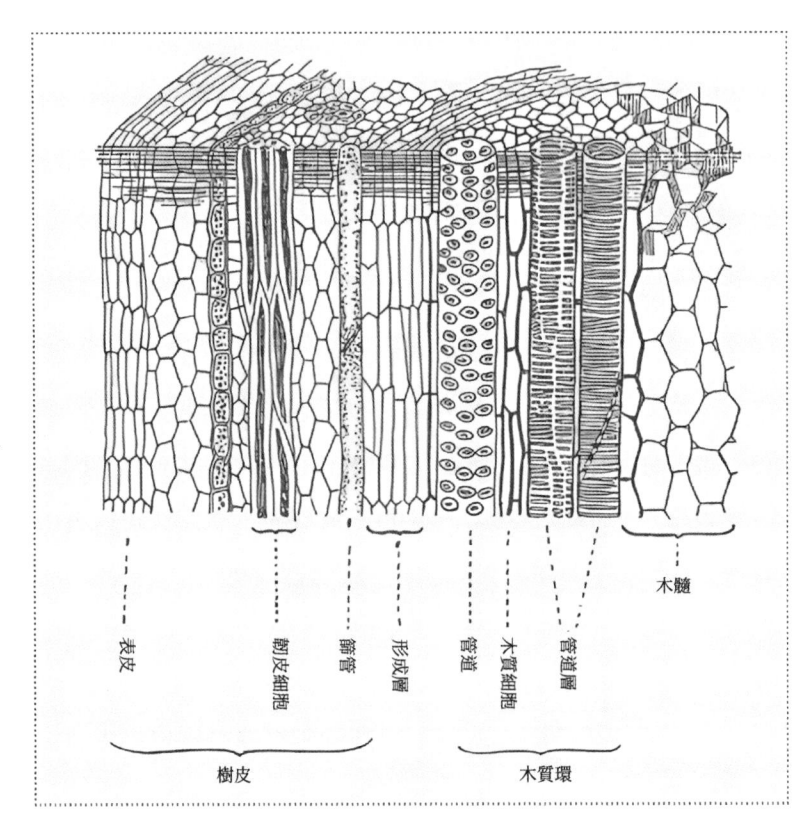

圖 6　木質莖的橫截面和縱斷面。

引自肯納

形成層在春天生長最快。此時小細枝正在形成。農場男孩知道這是製作柳樹哨子的時候了。於是他砍下一根小樹枝，用小刀的背面敲打它。這樣搗碎了多汁的形成層，樹皮很容易脫落，哨子的材料也就近在眼前了。

第一章　植物的基本生命過程

　　古樹比較大的樹幹部分不再有生命。形成層裡面的一層邊材、形成層本身及其外面的一層樹皮是樹幹真正有生命的部分。裡面的木質和外面的樹皮已經死亡，成為樹木的物理部分。樹液，也就是被根鬚吸收的土壤水分，經由初生的木質層向上流動。

照片 5　一簇用於造紙或造船的樺樹，樹皮剝落成薄片。

美國林務局提供

　　樹木會被環剝而死。環剝指的是從樹幹周圍連續剝下一條幾公分寬，包括形成層在內、足夠深的樹皮帶。這將阻斷營養樹液向下流動。經由向下流動，樹液為樹根提供營養。一旦儲存在樹根的營養耗盡，死亡就會隨之而來。但環剝到這個深度不會干擾根部向上的水流，因此樹葉不會枯萎。但是，如果環剝深到穿越幼木（邊材）的話，葉子就會馬上枯萎。夏天被環剝的樹木通常在下一個季節之前就會死亡。

由於春季樹木生長迅速，所以此時木材中的導管要大得多。但隨著季節的推移會減小（照片6）。木材中的導管秋季生長得較慢，春季長得較快。這種突然的轉變便產生了一個明顯的年輪（圖7）。

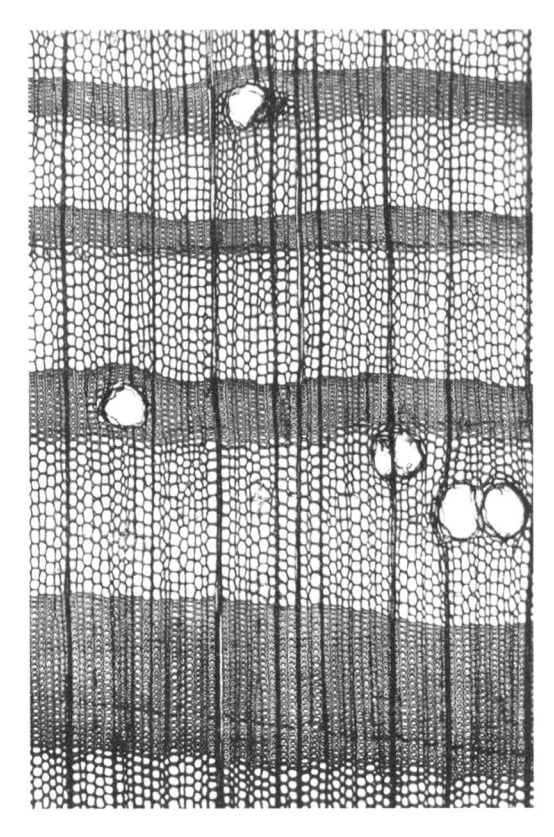

照片6　顯微鏡下看到的松樹樹幹的橫截面，顯示每年的年輪。

美國森林產品實驗室提供

通常情況下，每年形成一個這樣的年輪。因此可以經由計算木材中的年輪的多少來判斷樹木的年齡。根據年輪的數量，便可知道巨大紅杉是2,000 至 3,000 年的樹齡。這些年輪甚至見證了過去氣候的變化。亞利桑那大學的Ａ・Ｅ・道格拉斯[005]博士發現，年輪的厚度隨著生長季節的乾燥

---

[005]　Ａ・Ｅ・道格拉斯（A. E. Douglass，西元 1867～1962 年），美國天文學家。

或溼潤程度而變化。他指出，樹木年輪明顯增厚或變薄，表示在前幾個世紀，長期乾旱與長期潮溼交替發生。

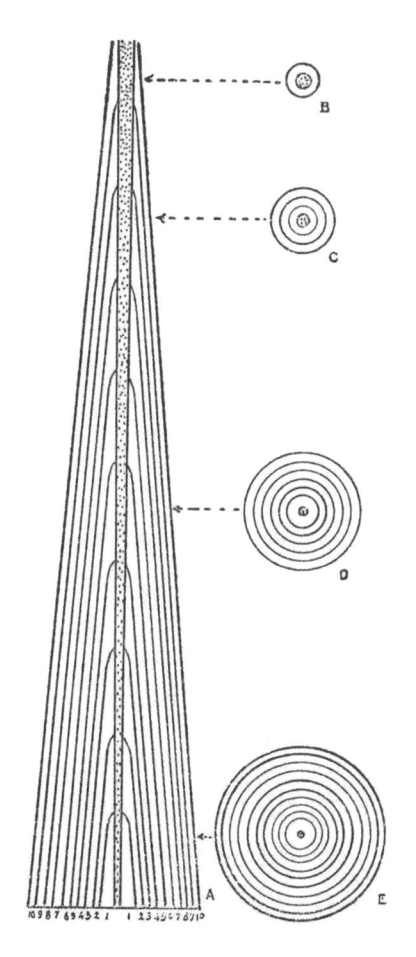

圖 7　生長了十年的木質莖圖示。同心環表示樹幹在任何指定高度的年齡。

引自霍爾曼和羅賓斯

道格拉斯博士還將年輪作為過去事件的日曆。他將最近砍伐的老樹在幾個世紀前形成的年輪，與美國西南部懸岩洞人，及其他古老民族家中發現的木梁中的年輪進行比較，成功地確定了這些土著人生活中的事件發生

於1,000年前。因此，他斷定「懸崖宮」[006]建於西元1073年，「波尼托巨宅」[007]在西元919～1130年間繁榮一時。利用這種方法進一步研究，有可能確定2,000或3,000年前大致準確的日期。

儘管樹幹及其枝條的周長，在整個生長季節都在增加，但只有嫩枝的長度在增加。而且這種增加發生在短時間內。在華盛頓的氣候中，大多數樹木的嫩枝在7月1日前完成當年的線性生長，而第二年的芽體已經完全形成。細枝全方位的生長，不像根那樣，僅在末端生長。葉芽是小的幼枝，被壓縮在一個小的空間。幼葉或初生葉已經存在，聚集在延伸到莖的短軸上。芽被重疊的芽鱗緊緊地覆蓋著，以防止其乾燥。春天，枝枒隆起並脫去芽鱗。芽軸的長度和厚度均增加，並與展開的葉子分離。

小枝成熟後，所有線性生長停止。樹幹有時被當作「活的」柵欄立柱，上面釘上鐵絲。隨著時間流逝，鐵絲之間的距離保持不變，表示樹幹的長度並沒有增加，儘管有時由於樹根的生長，整棵樹高出了地面幾公分。隨著樹幹周長的增加，柵欄鐵絲可能會深深嵌入樹皮中。

對於楓樹，人們可以很容易地看到，葉子在細枝上彼此相對生長（圖8，左），在其他許多樹上，葉子乍看之下似乎是隨機分布的。

但是，葉子的排列是在芽期就注定的，同一物種的所有植物都是如此。它們可以像楓樹、七葉樹和丁香樹那樣對生，也可以像榆樹那樣互

---

[006] 懸崖宮（Cliff Palace），西元1888年的冬天，在美國科羅拉多州西南部高原上，兩個牧民正在趕著牛群行走，突然被眼前的一片懸崖擋住了去路。他們定睛一看，原來那懸崖竟是層層疊疊的房子，最前面還有一座巨大的「宮殿」呢。他們驚奇萬分，這麼「蠻荒的地方」怎麼會出現這麼多的房子呢？於是他們隨口稱這個地方為「懸崖宮」。

[007] 波尼托巨宅（Pueblo Bonito），重要的祖先培布羅（Anasazi）遺址，也是查科峽谷地區最大的大宅遺址之一。它建構於西元850～1200年間，歷時300年。該地呈半圓形，由一組矩形房間組成，用作居住和儲藏室。波尼托巨宅擁有超過600間多層佈置的房間。這些房間圍成一個中央廣場，培布羅人在那裡建造了kivas，這是用於集體儀式的半地下房間。這種建築模式是祖傳培布羅文化鼎盛時期查科恩地區大宅遺址的典型代表。

生。對生排列的葉子是成對出現的，在莖的兩側各有一片。但是，成對的後續樹葉彼此呈現一定的角度，因此，樹葉在單個細枝上呈現四列。

在每一個節點（葉子萌發的地方）只有一片葉子的互生排列中，有兩種主要類型：兩列的；五列或八列的。在兩列葉序結構中，葉子位於莖相對的兩側，但一片在另一片之上，這樣第三片葉子位於莖同一側的第一片葉子之上，第四片在第二片葉子之上，依此類推。例如榆樹、椴樹或菩提樹（椴樹屬）和桑樹。奇怪的是，這樣排列的葉子通常在底部不對稱，並在其桿（葉柄）上轉動，使其位於一個平面上。底部較大葉子緊靠著細枝並在其之上，從而填補了其相鄰葉子的空隙，也利用了陽光。

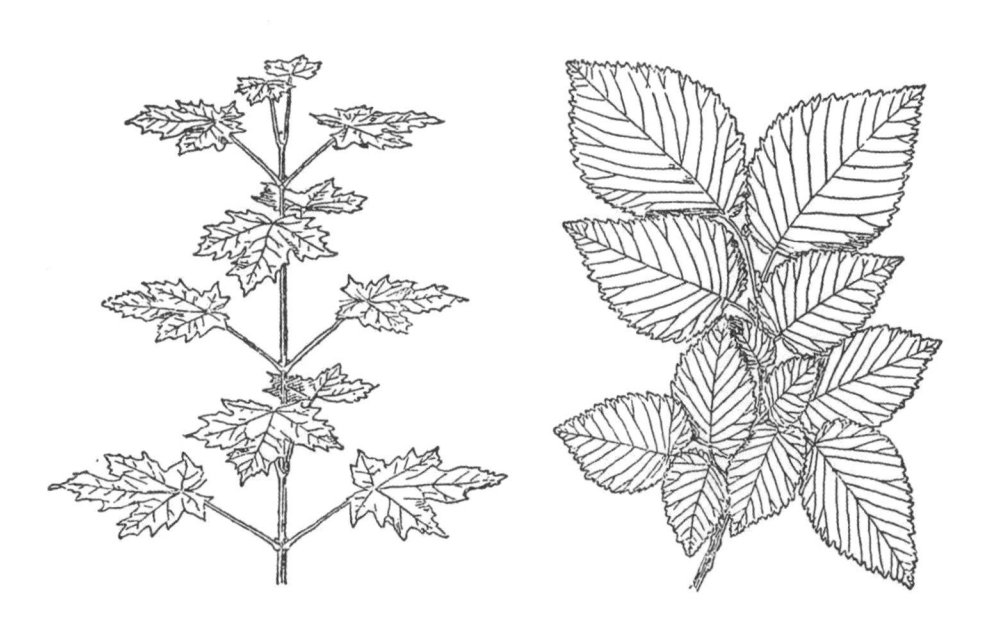

圖8

左圖，楓樹細枝，顯示四列對生葉的排列；右圖，榆樹葉，顯示樹葉的嵌合。

引自肯納

| 第一篇　植物的世界

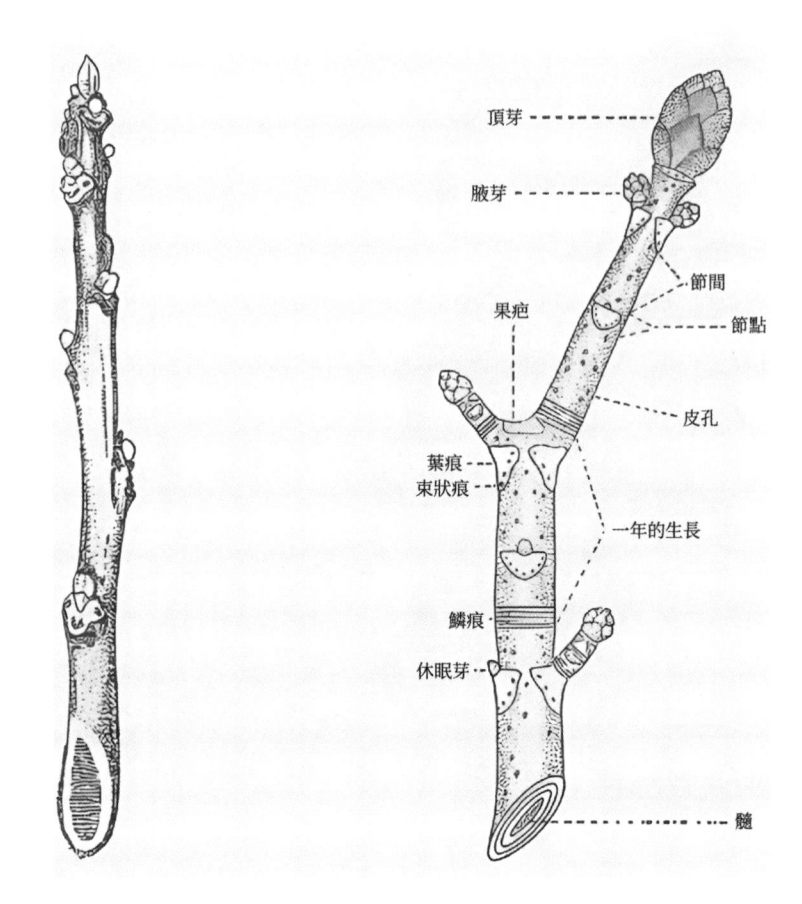

圖 9

左圖，胡桃樹的小枝，顯示五列葉序的葉痕，
每一個在葉腋部有一個芽，也可看到隔膜狀的髓；
右圖，栗樹的小枝，顯示芽、葉痕和其他部分，用於在冬季區分樹木。

引自阿爾伯特・法蘭西斯・布萊克斯利（Albert Francis Blakeslee）

在五列結構中，葉子呈螺旋狀排列。從細枝上最低的葉子開始，下一片葉子位於其上方，在圓周五分之二的地方；第三片在五分之四的地方；第四片仍然以同樣方式環繞，在五分之六的位置；第五片在五分之八的位置，最後第六片在五分之十，或繞細枝兩圈的地方，就在第一片葉子的正

040

上方（圖9，左邊）。因此，當人們從上面往下看細枝時，葉子分成五列。八列葉序與五列葉序的區別在於，樹葉圍繞細枝螺旋式上升三圈，第九片葉子才能位於第一片葉子之上。有時可以在同一棵樹上發現五列葉序和八列葉序。幾乎所有不是兩列的互生葉序的樹木，若不是五列的，就是八列的，或者兼而有之。儘管有些樹木，例如松樹，葉序更為複雜。任何樹的細枝排列結構都與葉子相同，因為芽通常只長在細枝的末端和葉腋的地方（葉腋是葉子和支撐它的莖之間的上角）。牢記這一點，我們就能夠確定某些器官是經由葉子還是莖的改變發育而來的。例如，刺可能來自葉子，也可能來自莖（有時來自其他部分）。如果從葉子中生長出來的（如黃蘆木），它們的葉腋裡就會長出芽或枝；如果是從莖發育而來（如皂莢），它們會從葉腋上長出來。黑莓、覆盆子和玫瑰的芒刺在莖上呈現不規則分布，而且可以隨著樹皮一起被剝去，表示它們是表皮和表皮正下方細胞的長出物。

喜歡冬天樹木美景的自然愛好者，會發現研究冬天樹葉發芽非常有趣。像葉子一樣，芽、芽鱗和葉痕也是某一樹種的特性。事實上，這些鱗片不過是變態的葉子。在北方氣候中，幾乎所有的芽都被密不透水的鱗片覆蓋著，保護嫩枝免受潮溼的侵害，也防止在冬天乾燥的寒風中水分蒸發。看到木蘭樹花蕾被灰色軟毛外衣包裹著，或者光滑的榆樹花蕾被小棕色覆蓋物包裹著，人們可能會認為這些覆蓋物是為了抵禦寒冷，因為我們太容易將一切事物擬人化，甚至包括植物。但是植物不是「溫血的」，所以覆蓋物不能讓它們保持溫暖。它們必須接受周圍空氣的溫度。

隨著芽鱗在春天變大，它們從葉子分化而來的事實就顯而易見了。山核桃樹及其親緣植物芽苞大、芽鱗多，這代表著芽鱗向普通葉子轉變。山核桃樹和七葉樹上，正在生長的芽鱗呈現出可愛的黃色和玫瑰色，就像花瓣一樣。在某些植物中，如漆樹，芽鱗不脫落而發育成葉子。在開花的山

苞葉中，冬季花苞的鱗片確實會發育成人們一般誤認的花瓣。實際上的花非常小，聚集在小頭狀花序中。而四個白色的大「花瓣」是長大的芽鱗，它們紫褐色的小尖端正是整個冬天覆蓋芽的鱗片。鬱金香樹的芽完美地展現出芽是一個未發育成熟的嫩枝。有兩個外層芽鱗，它們的邊緣相接，包圍著芽體的其餘部分。剝去這一對外層芽鱗後，可以看到一個極美的微小葉片靠在一邊，葉片摺疊在一起，在葉柄上向前彎曲。但是芽鱗裡面又生芽鱗，當每一對芽鱗被移除後，就可見到相似的、但是逐漸變小的葉子。

在梧桐樹或無花果樹中，有一個錐形芽鱗包圍著芽的其餘部分。連續的芽鱗留下的疤痕形成了環繞這一棵樹細枝的軌跡。

每一片葉子的葉腋都有一個芽，但只有其中的少數在特定季節發育。其他的仍處於休眠狀態。然而，如果去掉小枝上的葉子，一些休眠芽就會活躍起來，長出葉子。如果樹葉因為舞毒蛾或其他害蟲而脫落，樹木就是這樣挽救自己生命的。葉芽沿著樹幹生長是由於休眠芽的發育。休眠芽的基部每年都在生長，足以讓它們接近樹皮表面。

在某種程度上，樹木能夠調節它們所需葉子的數量。可以經由休眠芽的發育來增加，也可以經由落葉來減少。由於乾旱，相對於從土壤中得到的水分，如果蒸發太多時，這就是一種替代方法。北方地區的秋天，大多數樹木所有的葉子都掉光了，開始冬眠直到春天來臨。熱帶或亞熱帶地區，從雨季到旱季變化明顯，許多樹木在旱季落葉，並保持休眠，直到雨季開始。落葉休眠的樹木稱為落葉樹。一年四季都保留葉子的樹木稱為常青樹。北方氣候中，常青樹木主要或全部是針葉樹（松樹、雲杉等）。但在熱帶地區，大部分樹棲植物是常青的。然而，即使是常青樹的葉子也不是永恆的。它們有一個特定的生命週期，活躍一段時間，然後死亡。熱帶雨林中，隨著老葉子不斷死亡被丟棄，新葉子可能不斷形成。根據種類不同，針葉樹的葉子可以保留一年或兩年，甚至更長時間。

落葉樹木的葉子和植物的嫩枝之間有一條明確的分界線。葉子脫落時，會留下一個形狀獨特的光滑疤痕。這些葉痕，連同芽的形狀、排列以及特有的芽鱗、細枝的顏色和表面，使目光敏銳的自然愛好者在冬天，也能像夏天一樣，輕易地分辨出自己所在地區的樹木。

許多草本植物維管系統的結構比樹木簡單，因為莖只在一個生長季節生長。但它們的生命過程本質上是相同的。有些植物中，一束束的傳導組織孤立存在，呈木質弦狀。在某些半透明的莖中，如蘇丹花和鳳仙花，人們可以在不切斷組織的情況下清楚地看到傳導束。在一些草本植物的莖中，它們可能靠得很近，形成一個木質環，就像在樹木中一樣。其中有一個形成層。正是形成層使得例如向日葵莖的直徑增加。

葉

樹葉有兩個重要的功能：調節水分蒸發，及生成植物所需的養分。

由根吸收，然後由樹幹向上輸送的土壤水分，從葉子中蒸發，留下礦物質。在適宜的條件下，大量的水分從土壤中向上移動，流過樹葉。有一種普遍的謬誤，認為樹的汁液在春天向上流動，秋天向下流動。事實上，土壤中的水流總是向上流過幼樹，一年四季連續不斷，除了樹木結冰的時候。與此同時，也有一股合成的養分向下緩緩流過幼皮，供根部利用，並從植物的一個部分流向另一個部分。

樹液的向上流動，部分受根部的活力和土壤水量的控制，部分受空氣溫度和溼度的控制，也部分受葉片結構的控制。根部的壓力最多只能使水上升 1 公尺左右（極罕見的情況，可以高達約 15 公尺）。

而普通的導管的吸力只能將水上升到 9 公尺多的高度。這是「單閥吸水泵」能將水上升的最大高度。在這個高度以上的樹木，水是如何被向上升的，一直是植物學家們爭論不休的話題。美國的一些巨杉和紅杉，以及澳洲的一些桉樹，可能長到近 100 公尺的高度。

第一篇　植物的世界

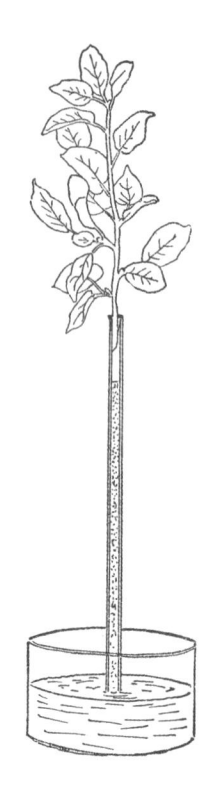

圖 10　樹枝豎立在玻璃管裡，再放在裝水的盤子裡。
當水分從葉子上蒸發時，樹枝會把水吸上來。

引自霍爾曼和羅賓斯

受到葉片表面蒸發控制的向上水流稱為蒸散流。為了解釋樹葉是如何影響汁液向上流動的部分控制，我們必須研究這些器官的結構。一般落葉森林樹木的葉子是扁平的，有複雜的分枝系統和交錯的葉脈和脈紋。從基部到頂端的主葉脈是中脈。葉脈是小枝維管系統（木材部和韌皮部）分支的延伸。它們含有維管系統的組織，但缺少形成層，因此在完全成型後沒有生長能力。葉片的維管系統構成了葉片的框架，也負責在葉片中分配液體。

葉子的兩面覆蓋著排列緊密的表皮細胞，細胞之間沒有空隙（圖 11，

左)。在兩個表面或表皮層之間有排列鬆散的薄壁細胞,它們之間有大小不一的空氣間隙。表皮細胞中到處可見呼吸孔(稱為氣孔)。對這些重要而稀奇的結構需要稍作解釋。如圖 11 右圖所示,呼吸孔由兩個保護細胞組成,它們之間有一個開口。這兩個香腸狀的保護細胞對水分非常敏感,很容易吸收水分,也很容易放棄水分。

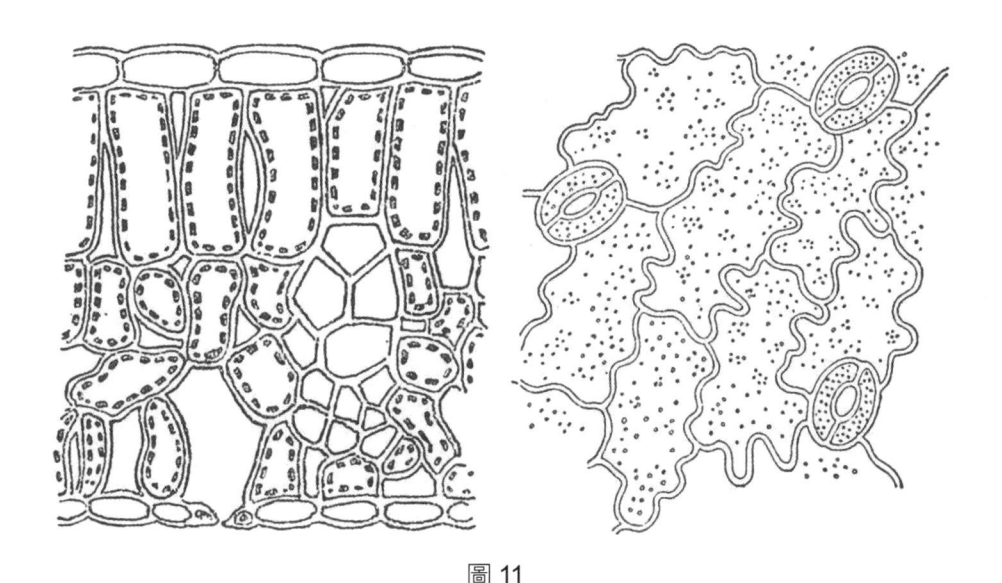

圖 11

左圖,綠葉的剖面圖;細葉脈在中心附近被縱向切開;黑點為葉綠素顆粒;
右圖,綠葉的表皮細胞,顯示有三個呼吸孔。

引自史密斯和肯納

當它們吸收水分時,細胞會拉長。但由於兩端固定,細胞被迫分開,因此彼此之間形成了更大的空間。當保護細胞失去水分時,就變得扁平,關閉開口。換句話說,當空氣潮溼時,呼吸孔打開;當空氣乾燥時,呼吸孔閉合。因此,大量的氣孔形成了一個自動控制蒸發的系統。但是氣孔並不是水分從葉子中流失的唯一途徑。水分或多或少的直接經由表皮排出,其數量多少取決於外層細胞壁的厚度和組成。乾燥氣候的植物,其表皮通

第一篇　植物的世界

常含有阻擋水分流過的物質。而且大多數乾旱地區的植物都有一些阻止蒸發的方式，使它們能夠忍受乾旱。這些方法還包括毛狀覆蓋物、黏性的或樹脂的汁液、肉質或木質結構。然而，除了潮溼地區的植物外，大部分水分經由呼吸孔排出葉片。這樣，可以調節水分流失。

應該注意的是，水分以蒸氣的形式從葉片中通過，先從細胞進入葉片的空氣間隙，然後通過氣孔。

呼吸孔通常位於葉子的下表面，或者至少在那裡更多。它們大量的存在著，但由於尺寸小，只占表面的一小部分。一位作者指出了每平方公釐氣孔的數量如下：蘋果，下面有250個，上面沒有；橄欖，下面625個，上面沒有；豌豆，下面216個，上面101個；玉米（或印第安玉米），下面158個，上面94個。用優良的手持放大鏡可以觀測到呼吸孔。

水不能經由葉子進入一般的植物。如果植物失去的水分超過根系吸收的水分，葉子就會枯萎。白天枯萎的植物可能在晚上復活。然而，這並不是因為葉子吸收了露水，而是因為夜晚涼爽的空氣，蒸發減少，使根部來得及提供水分。

葉子的第二個重要功能是為植物製造養分。這個過程可能是世界上最重要的化學反應，因為所有的動物都直接或間接地以植物為食物。只有植物能將無機元素轉化為有機食物，而且植物只能在它們的綠色部分做到這一點，正常情況下是葉子。在葉子的細胞中存在使植物呈現綠色的物質，葉綠素。這是極微小的顆粒，只有在放大倍率相當高的顯微鏡下才能看到其個體。在含有葉綠素的細胞內，活的細胞質能夠在陽光下用二氧化碳和水製造碳水化合物。這一個過程被稱為光合作用（利用光的化合作用），而且只在光線下完成。

光合作用在陽光充足時活躍；在日光分散時遲緩；在黑暗中完全停止。

最早形成的碳水化合物很可能是糖。但糖可溶於細胞液中，所以看不

見。第一個可見的產物是澱粉。產生糖的化學反應，以化學反應式表示如下：

$$6CO_2 + 6H_2O \xrightarrow[\text{葉綠素}]{\text{光}} C_6H_{12}O_6 + 6O_2$$

二氧化碳　　水　　　　　糖　　氧

二氧化碳是空氣的組成成分，經由呼吸孔進入樹葉。它只構成空氣的一小部分（體積的 0.03％），但卻是所有生命起源的基本物質。二氧化碳是氧化物之一。例如，當木材燃燒時，空氣中的氧氣與木材中的碳結合，形成二氧化碳，消失於煙霧中。這是與光合作用相反的過程。正如上面的反應式所示，在這個過程中二氧化碳被吸收，氧氣被釋放。如果在陽光下仔細觀察水生植物，就可以看到光合作用中氧氣的釋放：氧氣的氣泡從水中升起。另外，實驗室裡在鐘形玻璃罐下放一株植物，可以檢測氣體的吸入和排出，而且可以測量消耗的二氧化碳和釋放的氧氣數量。

在化學上，糖、澱粉和類似的化合物因為只含有碳、氫和氧，而被稱為碳水化合物。其中氫原子的數量是氧原子的兩倍。這些碳水化合物，即光合作用的產物，是植物的養分。由此，植物製造出各類組織所包含的眾多物質，包括原生質本身。

■ 植物化學反應的一些細節

植物從土壤中吸收的礦物元素以各種方式結合在一起。例如，重要的氮元素以硝酸鹽和亞硝酸鹽的形式從土壤中進入植物體內。

雖然空氣中有大量的氮，但一般植物無法利用氮的這種來源，必須從土壤中獲取。有趣的是，土壤雖然是由於岩石分解形成的，但是土壤並不能從岩石中獲得氮元素（因為它們通常不含氮），而是從空氣和土壤細菌

的活動中獲得氮元素。這種元素以氮的氧化物的形式從空氣中被帶到土壤中。這是由於閃電的作用，迫使氮與氧結合而形成。閃光燈的高電壓足以達到這個目的。

土壤細菌的作用是土壤中氮的另一個來源。某些種類的植物，尤其是豆科（豆科植物的成員，如豌豆、大豆、苜蓿和紫花苜蓿），其根上面有小的結節，細菌就存活在其中。這些細菌有能力吸收空氣中的游離氮，並將其轉化為可被植物吸收和利用的化合物。雖然人們早就知道，苜蓿和其他豆科植物生長的土壤比其他土壤更肥沃，但是，根瘤中細菌的這種作用是最近幾年才被發現的。

古老的、以苜蓿作為作物之一的作物輪作法就是基於這種經驗知識。

雖然光合作用只發生在植物的綠色部分，但是養分的消化、轉變成原生質及植物生長需要的其他物質的過程，可能發生在任何活性細胞中，甚至是同樣參與光合作用的細胞中。這些過程（稱為新陳代謝）本質上與動物的消化和運作過程相同。動物攝取已經合成好的養分，並將其用於自己的生活需求；綠色植物首先從土壤和空氣的成分中製造養分，然後像動物一樣利用這些養分。

新陳代謝是緩慢燃燒或氧化的過程。其間氧氣被吸收，二氧化碳被釋放。這就解釋了為什麼切斷空氣供應，根就會死亡的原因。

因為根無法獲得活根細胞活動所需的氧氣。光合作用只在光照下進行，而新陳代謝則在光照和黑暗時都在進行。光合作用過程中，綠色組織釋放出的氧氣遠遠多於用於新陳代謝所攝取的氧氣。一般來說，植物在白天釋放氧氣，在晚上釋放二氧化碳。正因為如此，有人建議，夜晚不要把植物放在臥室裡，尤其是不要放在病房裡。然而，病房裡放置幾種植物也不必擔心，因為排出的二氧化碳占房間空氣的比例非常小，而且擴散很

快,所以它對房間空氣的組成沒有明顯的影響。一個人、一盞燈或一個煤氣噴嘴在房間裡產生的二氧化碳,要比幾株室內植物產生的二氧化碳多得多。

植物細胞壁無法滲透固體物質,但允許液體經由擴散的方式通過。因此只有液體可以從一個細胞運送到另一個細胞,從植物的一個部分運送到另一個部分。根吸收的礦物質溶解在汁液中,葉子合成的養分也必須是溶解狀態,然後才能被輸送到根和植物的其他部分,提供所需的營養。然而,植物以固體的形式儲存大量的養分,因為這比液體更節省空間,更耐分解。例如,馬鈴薯這種植物在葉子中製造有機物質,其中一部分以澱粉的形式累積。澱粉被轉化為可溶性形式——主要是一種糖,然後被運輸到地下的塊莖中。在那裡,糖再次轉化為澱粉儲存。之後,當馬鈴薯塊莖「發芽」時,澱粉再次轉化為糖,從而進入嫩枝。例如玉米和小麥的種子,是澱粉的倉庫,直到發芽時,澱粉轉化為糖進入幼苗。碳水化合物通常以澱粉的形式儲存。蛋白質(含氮化合物)以其他形式儲存。穀物顆粒外層的所謂蛋白質物質就是其中之一。

液體是如何轉變為固體,固體又是如何轉變為液體的?這個過程發生在植物細胞內,但可以在實驗室中進行人工模擬。雖然不能完全詳細地解釋精確的化學變化,但我們知道,有一種物質能使這種轉變發生。它在轉變過程中既不失自身特性,數量也不減少。

這種物質叫做酶。每一種轉變都有一種特殊的酶。

■ 特殊的植物

有幾種開花植物（如水草）生長在池塘和溪流中，完全被水淹沒。這些植物直接經由葉子吸收水分。因為沒有蒸發，不會從根部產生向上的水流。

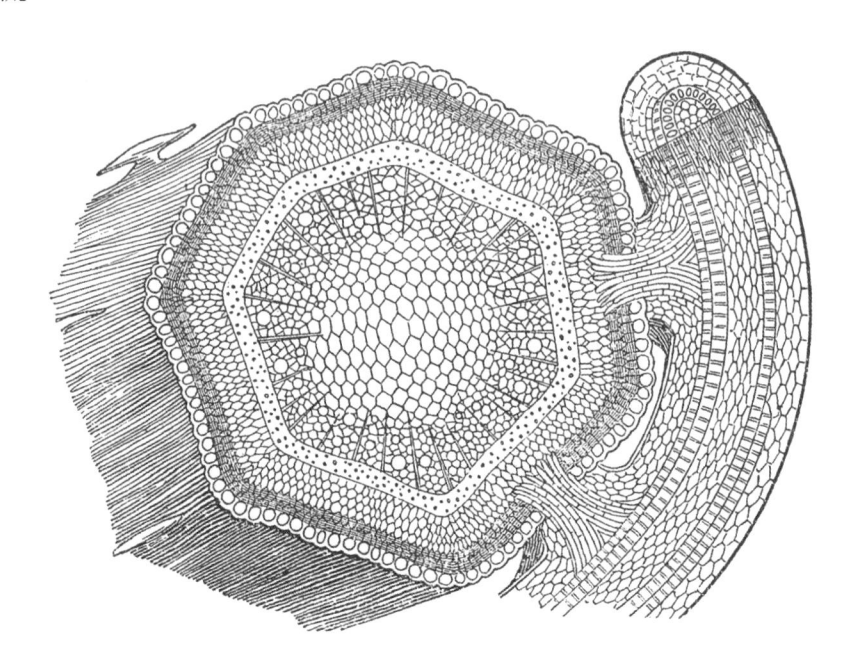

圖12 寄生在啤酒花藤上的菟絲子。橫截面顯示菟絲子的突起穿透啤酒花藤莖。

引自肯納

某些開花植物是寄生的。槲寄生在樹上生長，它的根狀突起強行進入宿主植物的木質部中。它吸收宿主的汁液，但不完全是寄生，因為它自己有綠葉，可以為自己製造養分。而另一種寄生植物，菟絲子或叫愛藤，是完全寄生（圖12）。這種奇怪的植物是一種淺紅色的纏繞藤蔓，在夏、秋兩季生長在雜草和灌木上，上面通常覆蓋著一團線狀的莖。這種植物從宿主植物那裡吸收所有的營養，經由穿透莖的小突起附著在宿主植物上。當然，完全寄生的植物不需要葉綠素。某些開花植物，如山毛櫸，是根部寄

生植物，附著在宿主的根部。其他類似的還有在腐爛的植物上生長的腐生植物。

除了我們前面關注的開花植物之外，還有一個結構更簡單的植物世界（菌藻植物，也稱原植體植物）。它們包括從最複雜的蕨類植物到苔蘚、地苔、地衣、藻類和真菌，再到所有植物中最簡單的細菌。沒有接受過植物學訓練的人可能不會把較簡單的生物體看作是植物。可以說，這些植物的基本生命過程與高等植物是一樣的。

如果植物完全生活在水中，那麼它直接從周圍的介質中吸收營養。

如果植物完全是寄生的（如銹菌、黑粉菌等），那麼它從宿主那裡吸收營養，不需要為自己製造養分，也沒有葉綠素。如果植物像蘑菇一樣是腐生的（生活在腐爛的有機物上），它們也缺少葉綠素。

這些植物將在第六章中作更全面的描述。

第二章
植物如何尋找光

　　綠色植物必須有光，否則就會死亡。植物之間的生存競爭在某種程度上就是對光的爭奪。這種競爭在茂密的森林中尤為激烈，那裡高大的樹幹支撐著樹冠。隨著樹蔭的增加，較低處的樹枝也會死亡，只剩下高高的樹幹和頂部的樹枝。在熱帶雨林中，一般高度的樹木都會形成一片華蓋，周圍有巨大的樹蔭遮蔽其上。樹冠下是另外兩到三層植被，那裡的光照越來越少。最後，由於光線減弱，森林的地面可能只有很少的覆蓋物。

　　一般來說，葉和莖往往向光生長，而根則背光生長。所有室內植物栽培者都知曉，植物向最大光源彎曲的現象。這一種現象可以簡單地解釋為，莖或葉柄遠離光的那一側比向光的那一側生長得更快。

　　光對植物生長的作用稱為向光性。後續章節對此會作詳細討論。

　　大量多年生或兩年生草本植物的蓮座葉叢[008]上，表現出一種奇特而有效的葉子與光線的位置關係。例如，常見的毛蕊花、薺菜和蒲公英。葉子平躺在地上，幾乎都是向上的。蓮座葉叢的這種特性在於，短小的嫩葉在它們下面葉子之間的空隙中生長，這樣能最大限度地利用光。無論是在基生蓮座葉叢、小枝，還是植物任何其他部位上，適合葉子充分利用陽光的這種排列模式被稱為葉鑲嵌（圖13）。

---

[008]　蓮座葉叢：基生葉常集生而成蓮座狀稱蓮座狀葉叢。如蒲公英、車前草等。

圖 13　葉鑲嵌。葉子的排列方式使它們獲得最多的光線，而不會相互阻擋。

引自肯納

攀援植物需要犧牲它們周圍的植物來獲取光線。它們沒有自己發育的強壯樹幹或莖，而是藉助所依附植物的力量。木質藤本植物，或藤本植物，在熱帶森林中數量眾多，經常把樹木纏繞在一起，糾纏成一團，難以滲透。在北方地區，藤本植物很少，包括葡萄、維吉尼亞爬山虎、苦甜藤和其他植物。在茂密的森林裡，葡萄藤可能無法在樹下發育生長。除了沿著森林邊緣或空曠地帶以外，葡萄藤通常在依附的植物很小時開始生長，而且與它們一起生長。事實上，茂密的熱帶森林處於靜止狀態（根據生態學家的說法，這是一種頂極植被）。在颶風、古老的巨型植物倒下或其他意外事件發生之前，不可能有新的樹木或木質藤蔓重新生長出來。

植物有四種爬升方式：靠攀爬，憑細根，靠纏繞，憑卷鬚。

攀爬灌木為了爬升，要穿越支撐物向上伸展。爬升高度取決於生長速度。某些黑莓和玫瑰就是這樣爬升的。這些植物靠反向刺幫助攀爬，防止莖向後滑動。

第一篇　植物的世界

照片 7　華盛頓一所房子的門廊上爬滿紫藤。

Ａ・Ｓ・希區考克拍攝

　　靠細根攀爬的植物則是在某一階段產生特定的攀爬器官。在大自然中，這些植物把樹幹或懸崖當作支撐物。而在人造條件下，它們爬上木牆、磚牆或石壁。在靠近支撐物的莖一側有大量的小根，常見的例子是英國常春藤（圖 14，1）和毒藤。小根在不規則的地方突破莖的樹皮，這一項

第二章　植物如何尋找光

照片 8　檀香山栽種的一棵菩提樹，樹枝垂吊下來形成氣根。樹根被修剪過。

A‧S‧希區考克拍攝

事實證明它們是根而不是莖。這樣的根不是主根系的一部分，而是在其他地方穿透表皮，把它們稱為不定根（照片 8）。以這種方式攀緣的藤蔓中，小根全部轉向支撐物，葉子轉向光照。

第一篇　植物的世界

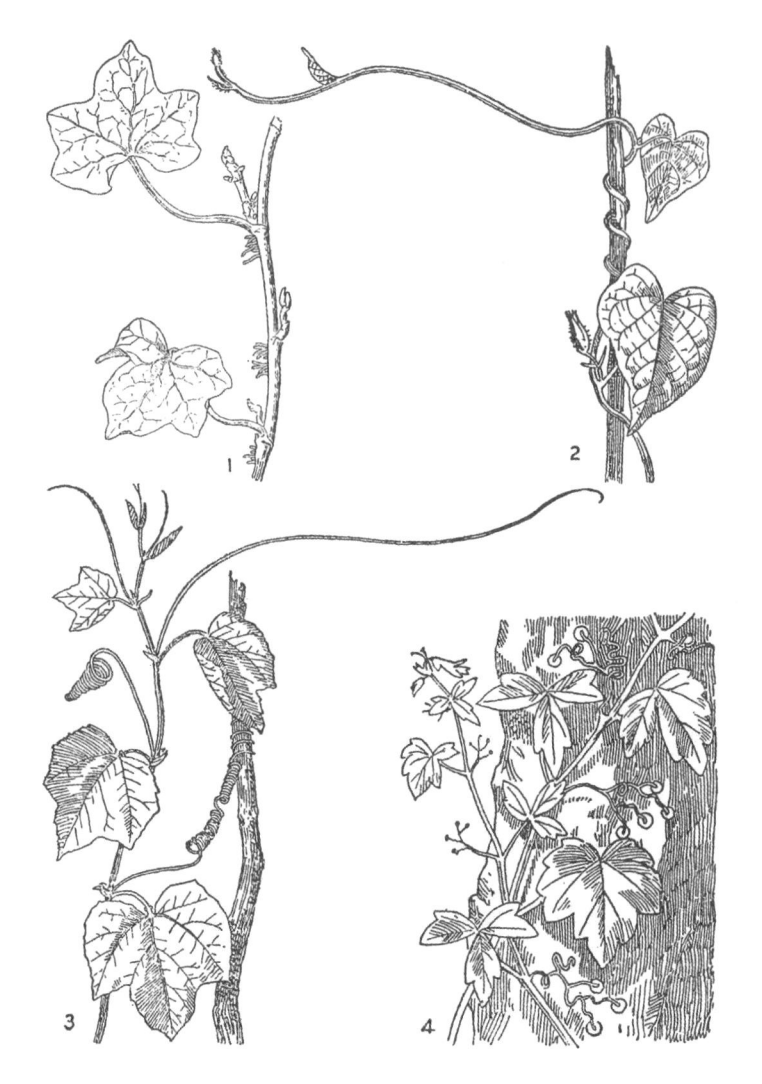

圖 14　攀爬機制。

1. 英國常春藤，顯示不定攀援根；

2. 牽牛花，纏繞攀爬；

3. 西番蓮，帶纏繞卷鬚；

4. 波士頓葡萄藤，靠卷鬚攀爬，卷鬚最後形成附著的圓盤。

引自亞薩・格雷（Asa Gray）和肯納

在纏繞植物中，主莖能夠在靠近其頂端的地方呈環形轉動（圖14，2）。它可以自由轉動，直至碰到支撐物，然後繞著支撐物螺旋式旋轉上升。完成纏繞的機制有些複雜。莖的一側生長速度比另一側快，與此同時生長的面積也在增加。但究竟是什麼控制了這種不平衡生長，目前尚不清楚。當碰到支撐物時，自由端緩慢的伸展就停止，然後接觸支撐物又刺激了植物依附支撐物螺旋生長。在同一種植物中，莖的纏繞方向總是相同的，雖然有些植物是向右，有些是向左。另外，這種纏繞與光線或其他周圍條件無關。牽牛花這樣嬌嫩的攀緣植物無法纏繞直徑太大的支撐物。它們可以纏繞在一根線上，但無法纏繞在中等大小的柱子上。如果纏繞的尖端遇到一個太大而不能環繞的支撐物，它就會向上滑動，並在較近的一側越過支撐物。

第四類攀援植物具有非常特殊的纏繞器官——卷鬚。它可能是莖、葉或者部分葉的變態形式。葡萄的卷鬚是一種特殊的莖——主軸的延續。它被腋芽推到側面的位置，然後取代腋芽成為主莖。卷鬚對著葉子，但它下面沒有葉子，卷鬚的分枝來自於變態葉狀物——小苞片的腋部。所有這些事實顯示，葡萄卷鬚是變態的莖而不是葉子。另一方面，豌豆的卷鬚是複葉的末端，包括葉軸的末端和最上面的一對小葉，由此發育成卷鬚。鐵線蓮的葉柄纏繞成一到兩個螺旋體。綠薔薇在葉子基部長出一對卷鬚。

卷鬚及其分支的運動與纏繞莖的運動是相同的。尖端成環形擺動，繞著小的支撐物成螺旋狀纏繞。例如，當葡萄的卷鬚長到一定程度，它會突然收縮成螺旋體。如果卷鬚在收縮發生之前沒有接觸到支撐物，就會形成單一螺旋體，對後面植物的生長幾乎沒有用處。如果卷鬚接觸並纏繞支撐物，就會在葡萄莖和卷鬚支撐物之間形成一個雙螺旋體。其中一個朝某一方向纏繞，另一個朝相反方向纏繞。雙螺旋體是純粹無意識狀態下形成

的。如果橡皮筋一端固定，另一自由端纏在手指上，那麼自由端就會旋轉。如果兩端都固定，在中間纏繞，那麼就會像卷鬚一樣形成雙螺旋體。位於支撐點（圖14，3）下方的卷鬚線圈將主莖拉得更靠近其支撐物，也可以發揮彈簧的作用，承受由風或其他力量引起的植物的任何運動。

某些卷鬚在其末端形成圓盤。藉由圓盤，它們將自己附著在扁平的支撐物上（圖14，4）。像日本爬山虎或波士頓葡萄藤一樣，維吉尼亞爬山虎也是這樣攀爬的。這在美國東部城市的房屋牆壁上很常見。

第三章
植物的繁殖方式

　　到目前為止，我們一直在思考的是植物日復一日的生長。儘管因為許多情況，個體存活時間差異很大，但遲早，它必定因意外或者老化而死亡。像動物一樣，大自然經由繁殖來維持物種的延續。例如，最簡單的生物──細菌和單細胞藻類，就是將一個細胞分裂成兩個細胞進行繁殖。每一個細胞在輪到它分裂時都能成長到正常大小，以此類推。在某些細菌中，分裂的頻率高達每20分鐘一次。這種分裂類似於植物的生長。細胞分裂但仍彼此相連。酵母的活性部分是一種微小的單細胞生物，其中的細胞是經由出芽形成的。也就是說，從細胞的一邊突出來，直到新的細胞和原來的細胞一樣大。單一個細胞很快就會形成一群鬆散、很容易分離的細胞。在絲狀藻類中，可能只有一排細胞。當細胞分裂時，它們末端相連，纖維的長度也隨之增加。在一般高等植物中，細胞分裂是生長的基礎，但分裂發生在兩個或三個方向，形成一個堅固的組織。

　　然而，通常情況下，即使在低等植物中，也有某些特殊的部位或器官使植物繁殖。在低等植物中，這些部位被稱為孢子；在高等植物中，被稱為種子。

　　當然，動物的性徵現象是眾所周知的。動物個體若非是雄性便是雌性，雄性使雌性受精，進而形成一個新的個體，即後代。植物的受精過程（兩個原生質個體結合形成單一個個體）與動物大致相同。最簡單的受

精可以由某種絲狀藻類來說明。這一種藻類中，相鄰的兩個絲狀細胞的細胞壁突起，形成導管。這些導管相遇，形成一個連續的通道。經由這個通道，一個細胞的原生質物質進入另一個細胞，然後結合形成一個具有厚細胞壁的球體。這個新的生命體就是一個孢子，通常被稱為休眠孢子。絲狀體由於其生長的池塘的水凍結或乾燥而解體，孢子沉入底部並保持休眠狀態，直到恢復適宜的條件。此時孢子萌發，形成新的個體。

在我們一直討論的藻類中，兩個結合的細胞之間似乎沒有區別。但生理上接受原生質的細胞是雌性細胞，而給予原生質或使原生質受精的細胞是雄性細胞。除了最低階的生命形式之外，兩性細胞在外觀上都有明顯的差別。在一些藻類中，可能是受到雌性細胞散發出的某種化學物質的吸引，雄性細胞能夠游向雌性細胞。在菌類和藻類中所觀察到的受精方法種類繁多，引人注目。

除了有性形成的孢子外，菌類和藻類經常在不受精的情況下產生孢子，即無性繁殖。無性孢子通常有助於物種的迅速傳播，而有性形成的孢子更有可能形成抗體，使物種度過不利季節或不利條件。

大家都很熟悉許多真菌的孢子，如麵包黴菌。麵包黴菌會產生一團纏繞在一起的細線（菌絲），這就是黴菌體（圖15）。一段時間後，可以看見基質（即麵包）上分布的小黑點。這些小點是充滿微小孢子的小孢子囊。它們非常輕，經由空氣飄到其他麵包片上，在那開始生長。水果、麵包和蔬菜上常見的藍色黴菌會形成微小的孢子團。在穀物的葉子和莖上，小麥銹病（菌）肉眼可見的部分是孢子——呈現紅色或黑色的斑點或線條。典型玉米黑穗病難看的黑色粉末物質，是由無數金字塔狀的孢子組成的。最後，蘑菇、毒菌、塵菌、蒲公英、托架真菌等，都是孢子攜帶者——真菌可見的部分。真菌的菌絲穿透腐爛的木材和肥沃的土壤，這部分被稱為菌絲體。

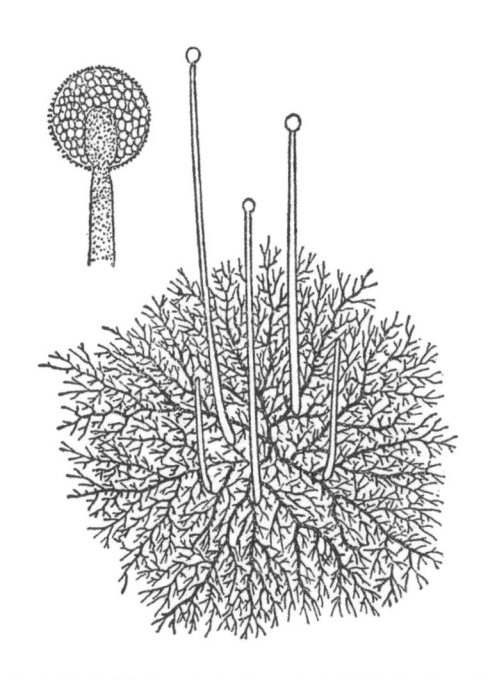

圖 15　顯示菌絲分枝的黴菌；直立的器官有微小的孢子囊。小圖顯示經高倍放大的、含有孢子的麵包黴菌的孢子囊。

引自卡爾・里特・馮・戈培爾（Karl Ritter von Goebel）

苔蘚的孢子生長在莖頂部的小囊中，而蕨類植物的孢子大部分生長在葉子或複葉背面上的斑點或線狀物中（照片 17）。

開花植物的生殖器官是種子。種子是幼小的植物，已經準備好長成像它們親本一樣的個體。如果剖開一個蘋果、一顆豆子或一顆花生的種子，就會發現它由兩片厚厚的小葉子組成，葉子之間有一個芽。這是整個植物的縮影。芽，也叫胚芽，是一個小莖，向上發育成葉子，向下發育成根。所有的種子都是由花產生的。順便說一句，雖然橡子和核桃都是種子，但橡子樹和核桃樹也有花，這可能會讓一些人感到驚訝。

花由一個高度特化的、帶葉子的分枝組成，並且完全奉獻給下一代。像百合這樣，大又相對簡單的花，可以用來說明花的構成（照片 9）。外面

有一組很顯眼的6枚花被片，分2層，每一層3片。外層是花萼，由萼片組成；內層是花冠，由花瓣組成。在這些花被片裡面有6個雄蕊，每一個雄蕊有一個細長的柄（花絲），花絲上面是雙細胞的花藥。花藥包裹著花粉。花的中心是雌蕊，由增大的基部（子房）、纖細的柄（花柱）和增寬的頂端（柱頭）組成。子房裡面是小胚珠，之後變成種子。其他植物的花，在形狀、大小和花被片的數量方面可能與百合花有很大的差異。例如，玫瑰花有綠色的花萼，白色、紅色或黃色的花冠，以及大量的雄蕊和雌蕊。

花的受精過程值得描述。當花藥成熟時，就會破裂，釋放出花粉。花粉由微小的、通常是黃色的粉末組成。花粉的顆粒肉眼幾乎看不見。經由各種方式（後面將描述），花粉轉移到柱頭上。當柱頭成熟時──也就是準備接受花粉時，其表面通常是黏性的或有毛的，這樣花粉顆粒就附著在柱頭上。花粉粒子在柱頭中生長出很像根毛的細的花粉管，向下穿過花柱進入子房。花粉管似乎被它穿過的細胞中的、某種化學物質的吸引力引領著穿過花柱。每一個胚珠內都有一個細胞：卵細胞。其功能是受精，也就是接受花粉。花粉管最後穿過胚珠的小開口，到達卵細胞。一直靠近生長端的，花粉管裡的內含物，與卵細胞融合。這個過程就是受精。一個花粉管能使一個卵細胞受精，而且只有一個。如果要使所有的卵細胞受精，花粉管的數量必須與卵細胞的數量相等。

受精後，卵細胞分裂，再分裂，也就是開始生長。最後形成一個幼苗。這樣，胚珠轉變為種子，但仍然留在雌蕊內。同時雌蕊發生變化，成為果實。大多數種子經過一段時間後會停止生長。這時，種子和果實就成熟了。種子實際上是由小植株（胚）和胚內部或其周圍的大量營養物質組成，以支持其進一步生長（發芽）。整個種子被種皮包裹著。有些種子的胚顯而易見，比如牽牛花和楓樹的種子。皺巴巴的子葉可能是綠色的，隨時準備開始再生。在其他種子中，胚僅僅是嵌在營養物質中的一個小顆粒。

玉米粒下端的一側有一個小的直立的胚。在花生中，胚占據了種子內部的所有空間，由兩個面對面的大的子葉、小莖和一對小葉（胚芽）組成。發芽時，小莖的底部生長出根，一對小葉中間長出嫩芽。

儲存在種子中的主要營養物質通常是澱粉。比如穀物、大豆和豌豆。油脂儲存在蓖麻和所有油性種子中。玉米粒裡也有一些油。蛋白質（含氮化合物）也存在於種子裡，尤其是在豆類及豆科植物中。小麥的麥麩是一種蛋白質。許多種皮非常堅硬，具有保護性。例如，皂莢，各種被沖上南方海岸的海豆，甚至蘋果的種皮。

這種堅硬的種皮可以阻止種子水分的流失，也可以阻止種子過早吸收水分。

只有一個胚珠的雌蕊形成單種子果實，具有種子的外觀。向日葵和所有其他菊科植物——向日葵屬的科，都有所謂的「種子」。這些種子實際上是單種子果實。如果難以區分果實和種子，只要打開不確定的實物，就會找到簡單的區分方法。如果是果實，就會發現裡面的種子是鬆散的，外面裹著一層薄薄的果皮。如果是一顆種子，就會發現種皮緊靠著裡面的物質生長。這種區分不適用於穀物（小麥、玉米等），因為在這些穀物中，種子快速地緊貼著果壁生長。

授粉

花粉到達柱頭的方式各式各樣，既奇怪又有趣，並不總是像人們想像的那麼簡單。有些花的花藥緊鄰柱頭，所以花粉能直接接觸同一朵花的柱頭。所以說這一類花是自花授粉。如果有人不辭辛苦，去研究身邊的花，他會立即注意到，通常沒有非常接近的花藥和柱頭。事實上，大多數花的結構，都使自花授粉不可能或者很困難。或者至少比異花授粉的可能性小。

異花授粉是指一朵花的花粉使另一朵花的柱頭受精。查爾斯·達爾

文[009]注意到了這種情況，並問自己：「為什麼大自然如此普遍地憎惡自花授粉？」他進行了一系列實驗，比較自花授粉與異花授粉的結果。他利用幾種植物進行平行試驗。方法是每種植物的一半是手工自花授粉，另一半是異花授粉。在幾乎所有的試驗中，異花授粉的植物結出了更多更好的種子。另外，異花授粉的種子發育的植物通常比自花授粉的植物長得更旺盛。

整體而言，異花授粉，即：有兩個不同的個體作為親本，對後代是有利的。在這裡，我們只能提及眾多奇特的異花授粉方式中的幾個。但是讀者會發現，研究身邊的花卉並確定其授粉方式非常有趣。

少數幾種花的花粉是經由水傳播的。但大多數花是利用風和昆蟲（有時是蜂鳥）作為傳播媒介。苦草是利用水流授粉的一個顯著例子（圖16）。這些植物是雌雄異體。雄蕊花蕾在膨脹之前，脫離花梗漂浮在水面。它們在水面膨脹，並且同時被送到水面的雌花周圍撒播花粉。授粉後，雌花的莖盤繞成螺旋狀，把花拖到水底使其種子成熟。

以風為媒介傳粉的植物產生大量的乾花粉──花粒的數量是需要受精的胚珠的數千倍，因為風是一個揮霍的傳播者。風媒傳粉的花朵通常不引人注目。許多樹木和灌木，在長出葉子之前就已經開花，因為葉子會干擾花粉的飛行。榆樹、灰樹、一些楓樹、香料樹、橙木和榛子樹在葉子還光禿禿的時候就已經開花。許多風媒傳粉的植物（尤其是樹木和灌木）的花是單性的，雄蕊和雌蕊在不同的花朵中生長。它們可能像是莎草（苔屬植物）、玉米、橡樹和山核桃那樣生長在同一植株上；或者像柳樹和楊樹

---

[009] 查爾斯·達爾文（Charles Darwin，西元 1809～1882 年），英國生物學家，演化論的奠基人。曾經乘坐小獵犬號艦進行歷時 5 年的環球航行，對動植物和地質結構等進行了大量的採集和觀察。出版的《物種起源》（*On the Origin of Species*），提出了生物演化論學說，從而摧毀了各種唯心的神造論以及物種不變論。除了生物學外，他的理論對人類學、心理學、哲學的發展都有不容忽視的影響。「演化論」被列為 19 世紀自然科學的三大發現之一（其他兩個是細胞學說、能量守恆定律），對人類有傑出的貢獻。西元 1882 年 4 月 19 日，達爾文在達溫宅逝世，享年 73 歲，葬於西敏寺大教堂。

那樣生長在不同的植株上。橡樹、山胡桃樹、樺樹和橙木的雄花在柔韌的莖軸上數量眾多，形成花絮。花粉很容易被風搖晃出來。但是它們生長在靠近細枝的少數雌花下面，所以花粉不會落在這些花上。

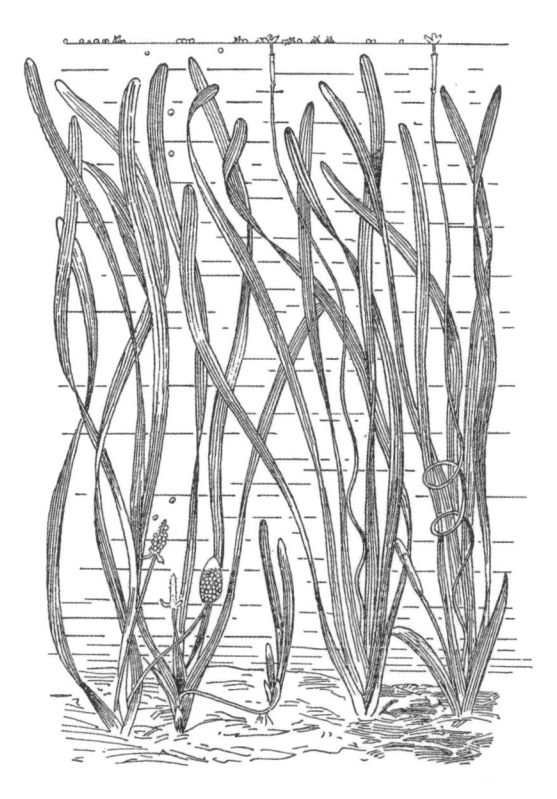

圖 16　苦草的授粉。沉浸在水中的植物把雌蕊推到水面。雄蕊（含苞待放）在水中脫落，但會浮在水面，任意漂浮，觸碰柱頭。

引自肯納

即使是完全花，也就是既有雄蕊又有雌蕊的花，像百合花，通常也有一些結構或特徵有助於異花授粉。在風媒傳粉和昆蟲傳粉的植物中發現了這種性質的兩項普遍特徵。第一個叫做「外來花粉優勢」。這意味著當外來花粉以及來自同一類植物的花粉落在指定的柱頭上時，外來花粉「動作」更快，也就是說，經由胚珠的花柱向下生長得更快。另一個特徵是，

第一篇　植物的世界

有些特定的花，花葯成熟的時間與柱頭接受授粉的時間並不相同。如果柱頭接受授粉在先，那麼它必須從另一朵花受精。如果花葯成熟在先，那麼大部分花粉在柱頭成熟前就離開花葯了。

與風媒傳粉的植物相比，昆蟲授粉的植物產生的花粉要少得多，而且許多花粉顆粒是黏性的——有些植物，如蘭花和乳草，其花粉黏性非常大，它們成群地附著在一起。在昆蟲授粉的花之中，可以見到最高度特化的異花授粉方式。

這些花通常有豔麗的花冠，例如，玫瑰、矮牽牛花和牽牛花；或者，如果花很小，它們就像紅三葉草、蓍草或野生胡蘿蔔那樣，聚集成頭狀花序；再或者，如果花本身不顯眼，那麼它們可能被豔麗的苞片包圍著，比如開花的山茱萸、銀邊翠和聖誕紅。馬蹄蓮或者叫馬蹄蓮百合，是不顯眼的花被豔麗的苞片包裹著的典型例子。

因為「百合」是佛焰苞[010]包裹著真正的小花。這些小花生長在球桿狀的軸上。這種炫耀被認為是對昆蟲的引導。但無論是否如此，真正吸引昆蟲的不是花粉就是花蜜。而且，許多花有一種吸引昆蟲的氣味。這種氣味可能（對人的鼻孔來說）是令人愉快的，對飛蛾、蝴蝶和其他一些昆蟲也是有吸引力的。或者，像是腐肉花和臭白菜的氣味，對人來說是不愉快的，而對蒼蠅和甲蟲是有吸引力的。

在昆蟲授粉的花中，雄蕊和柱頭之所以有如此安排，是因為當昆蟲到花中採蜜時，花葯接觸到昆蟲身體的某一部位，把花粉撒到上面。花粉被擦刮下來到下一朵花的柱頭上，而此花的花葯還未到達柱頭。

由於昆蟲眾多，花卉眾多，導致異花授粉的方式幾乎無窮無盡。通常鼠尾草（圖17）由大黃蜂授粉。當昆蟲進入花朵採蜜時，牠會撞擊雄蕊花

---

[010]　佛焰苞是指天南星科植物特有的佛焰花序中，肉穗花序被形似花冠的總苞片包裹，此苞片被稱為佛焰苞。「佛焰苞」是因其形似廟裡面供奉佛祖的燭臺而得名。而整個「佛焰花序」，恰似一枝插著蠟燭的燭臺。

絲的下部,並將花藥壓在其背上。此時柱頭還不成熟,仍在花上面的葉片中。之後,柱頭打開,向下彎曲到某個位置,摩擦來訪的蜜蜂並收集其背部的花粉。

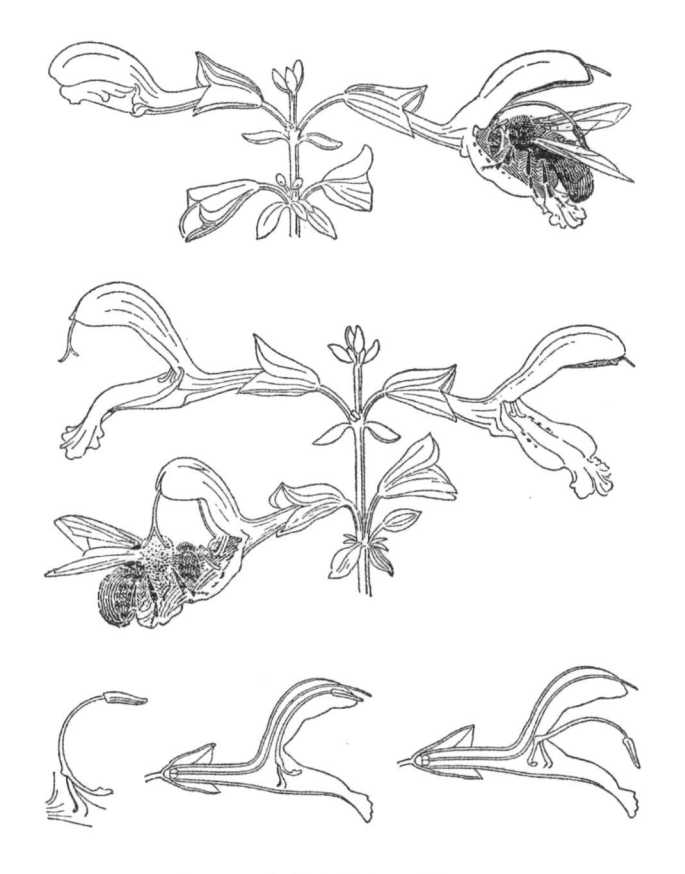

圖 17　大黃蜂為鼠尾草授粉。

上圖,大黃蜂進入一朵花,花的柱頭(上面)尚未成熟,黃蜂碰撞花藥細枝的下部,把細枝的上部下拉到牠的後背;

中圖,蜜蜂進入另一朵花,其成熟的柱頭(裂片分開)從蜜蜂背上刮下花粉(這朵花的花粉已經脫落);

下圖,雄蕊的結構示意圖。

引自羅伯特・約翰・哈維・吉布森(Robert John Harvey Gibson)

第一篇　植物的世界

　　圖18顯示的是鳳仙花或杓蘭的授粉過程。當一隻大黃蜂造訪這一朵花時，正如第一幅圖所示，牠掉入其中。黃蜂啜飲著靠近柱頭的絨毛間的花蜜，最後用唯一可能的方式逃離，即經由花基部的開口。一路上，牠被迫先經過柱頭，柱頭從牠的背上刮下花粉。然後經過花藥，花藥在其背上摩擦，為牠的下一朵花提供新的花粉。

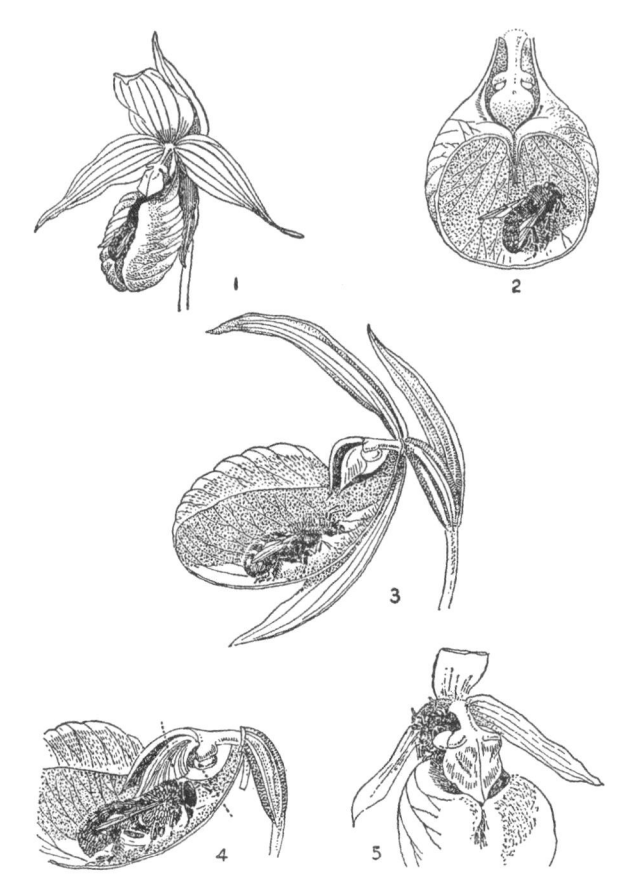

圖18　鳳仙花的授粉

1.蜜蜂進入花粉囊；2、3.在囊內，食用花蜜；4.在柱頭上摩擦其背部（覆蓋著另一朵花的花粉）；5.在離開途中從花藥中獲得新的花粉來源。

引自羅伯特・約翰・哈維・吉布森

第三章 植物的繁殖方式

照片 10 曇花，一種攀緣仙人掌。每一朵花有許多萼片、花瓣和雄蕊。一個雌蕊有幾個柱頭。

A‧S‧希區考克拍攝

照片 11 加利福尼亞，威爾遜山上生長的絲蘭。這些花由絲蘭蛾授粉。

引自費迪南‧埃爾尼安（Ferdinand Herngreen）

第一篇　植物的世界

圖 19　絲蘭的授粉。
其中一朵花被切開，顯示飛蛾在柱頭之間的凹陷處撒播花粉。

引自肯納

　　絲蘭的授粉（圖 19）是植物界最奇異的授粉之一，因為其中包含看似理性的昆蟲的本能活動。絲蘭花的結構與百合花的平面圖接近：鐘形的，有六個花被，六個雄蕊，及一個帶有三個短枝的柱頭。絲蘭蛾相當短小，還不及牠在其中產卵的花的子房大。飛蛾的幼蟲以成熟的種子為食。絲蘭花只有藉助這種飛蛾才能授粉。如果用紗布把飛蛾擋在外面，種子就不會發育；如果絲蘭沒有生長在飛蛾出沒的花園裡，那麼飛蛾也無法生存。飛蛾不會在其他植物中產卵。因此，植物依靠飛蛾授粉、形成種子；飛蛾也依賴植物為其幼蟲提供營養──這是絕對的相互依賴關係。但這還不是這種關係最奇妙之處。在產卵之前，飛蛾會到一朵花上採集大量的花粉，並把花粉放在「下巴」下面的一個球裡，即頭部下面。然後牠飛到另一朵

花的子房裡產卵。緊接著，牠爬到柱頭上，從儲存的花粉中取出一些，散布在柱頭的三個分支的分叉處，然後向下壓實。這個過程可能不止重複一次。通常蒴果中只有三分之一的種子被幼蟲消滅。當然，如果所有種子都被消滅了，蛾就會使絲蘭滅絕，並成為自己的掘墓人。

某些種類的植物和某些昆蟲之間，有許多相互依存的例子，其花朵已經改變到只有一種昆蟲可以到達蜜腺，並在此過程中為柱頭授粉。這種組合中，一種昆蟲壟斷了一種植物，昆蟲依賴這種植物獲取食物，即花蜜。在此情況下，植物和昆蟲必須生活在同一個地區。這在蘭花中比較常見。有理由相信，曾經有過這樣的例子：昆蟲的滅絕導致了植物的滅絕，反之亦然。

有些高度特化的花朵，只適應一種昆蟲；有些簡單開放的花，比如毛茛，會吸引很多種昆蟲來採蜜。在這兩者之間，有各種的類型。在異花授粉失敗的情況下，很多植物的花朵都可以利用自己的花粉進行自花授粉。小麥花只開放大約 15 分鐘進行異花授粉。但如果異花授粉失敗，花朵閉合後就會進行自花授粉。

大自然的精心安排有時會被繞開，或者我們可以說兩個方案有時候會衝突。某些大的管狀或鐘形花，如紫薇花（黃鐘華屬），在花冠的基部分泌相當多的花蜜。這種花通常由長舌蛾、蝴蝶或蜂鳥授粉。現在，大木蜂學會了咬穿其基部附近的花冠，竊取花蜜。有時候，在這些長花冠上看到的洞就是這些昆蟲偷竊行為的最佳證據。

各種授粉方法以及確保異花受粉的技巧對園藝有重要的影響。例如，草莓的種植者知道某些草莓品種只有雌蕊。雖然野生草莓有完全花，但是有幾個栽培品種的雄蕊數量減少或發育不全。種植這樣的品種本身就是徒勞，因為花朵不會被授粉，所以不會結出果實。

因此，種植者會間隔種植一排排產生大量花粉的其他品種的植株。

昆蟲 —— 大部分是蜜蜂 —— 傳送花粉。

果園的水果種植者發現,附近有蜂群對他們有好處。尤其是當果園很大的時候。否則可能沒有足夠數量的昆蟲來為花朵授粉。

大約四十年前,有一個果園結果不理想,引出了一個以前不為人知的有趣事實。一個種植者決定大規模商業種植巴特利特梨。當果樹林成熟時,他失望地發現,儘管樹木自由地開花,但結果卻很少。巧合的是,結出的果實僅限於果園邊緣的果樹。這增添了幾分神祕的色彩。美國農業部的一位研究人員對此案例進行了研究,發現巴特利特梨是自花不育的,即花朵不能經由自己的花粉授粉。因為所有的巴特利特梨樹都是由一棵原始的樹嫁接而成,它們本質上是單一個體的一部分。因此,如果一棵樹用它自己的花粉自花不育,那麼同樣地,用同一品種的其他樹的花粉也是不育的。果園邊緣結出的為數不多的果實,是蜜蜂從遠處攜帶的其他梨樹品種的花粉偶然授粉的結果。這個問題的解決辦法是,在果園中,間隔地種植其他品種的梨,並飼養蜜蜂來運送花粉。後來人們發現,其他幾個品種,不僅是梨,還有其他水果,包括好吃的醇露蘋果、伯班克李子、野鵝李子、拿破崙櫻桃和J‧H‧哈勒桃子,都是自花不育或幾乎如此。如果不在附近種植其他品種以提供雜交授粉的花粉,就無法盈利。

園藝家們學會了利用異花授粉,人工培育植物新品種。嚴格地說,兩個品種之間的授粉結果是雜合。兩個不同物種之間的授粉結果是雜交。人們並不總是嚴格區分這些術語。雜合或雜交過程中,需要用手把花粉從一種植物的花藥轉移到另一種植物的柱頭上。同時,必須保護待授粉的柱頭,不能被自己的花或任何外來花授粉。通常,雄蕊在成熟前就從待授粉的花上被摘除,去除雄蕊的花用袋子或其他方法保護起來,防止外來花粉進入。近年來,大量蘭花、鳶尾花、水仙、玫瑰、果園和小水果、穀物,以及許多其他對人類有用的植物的理想新品種,都是經由雜合和雜交產生。但是,並不是所有的雜交品種都比親本好。經過無數次試驗培育出來

第三章　植物的繁殖方式

的大量個體中，只有少數表現出卓越的特性，值得進一步關注。

獲得了結合兩個親本理想性狀的雜交品種後，如果可能的話，就可以用無性繁殖的方式進行繁殖，以保證所有植物（在類似條件下）的一致性。當然，一年生植物通常只能經由種子繁殖。那麼有必要對後代進行檢測，只選擇那些表現出親本優良性狀的後代進行後續繁殖。為了商業目的，一年生植物的種植者不斷進行篩選，以保持品種的純粹並符合所需要的類型。

種子是跨越時間和空間傳播物種的工具，也是處於休眠或休息狀態的活的植物。在此期間也在進行物種傳播。幾種植物，例如熱帶海岸常見的紅樹林，沒有這樣的休眠時間。種子掛上枝頭的同時，胚胎繼續生長。這種樹長出又粗又重的樹根，嫩苗從樹上掉下來，根扎在泥土裡。種子休眠一段時間的植物，其休眠時間因物種而有很大的差異。楓樹或銀白楓的種子，成熟幾天後便發芽。但即使在這麼短的時間內，它們的大種翅也可以藉助春天的大風，把種子帶到很遠的地方。另一方面，糖楓的種子直到秋天才發芽。野生稻（菰屬）的種子一旦變乾就不能發芽。有些種子需要很長一段時間的休眠，而且還不能強迫它們提前發芽。有些需要一段時間的低溫處理。對植物種植者來說，了解種子這些方面的特性非常必要。有些種子只保持一個季節的活力，而有些則保持很多年。人們對於各式各樣的種子，根據壽命進行了許多試驗來測試其生存能力。一位作家發現三種豆科植物的幾粒種子在長成 80 年後仍能發芽。根據長壽種子喪失生存能力的速度判斷，人們認為任何種子生存能力的極限可能在 150 至 250 年之間。從古墓中取出的種子發芽的故事可視為神話，或是出於導遊或工匠的詭計。

種子的傳播

眾多奇特的、確保交叉授粉的方法都與有利於種子傳播的適應性相匹配。種子經由四種主要的方式傳播：巧妙地將種子推送到遠處、風、水和動物。在巧妙的推送方法中，成熟的豆莢中產生一種張力，最終爆發，使

第一篇　植物的世界

種子散落。含羞草或鳳仙花就是有趣的例子。紫羅蘭豆莢突然猛烈地分裂成三部分，把種子拋到了幾十公分遠的地方（圖20）。金縷梅豆莢的力量大到足以把它的兩個黑色種子夾擠出來，並送到大約 6 公尺甚至更遠的地方。許多豆莢由於兩半突然捲繞而打開。熱帶沙匣樹有很大的木質豆莢，豆莢會猛烈地爆炸，拋擲直徑 1.3 公分左右的堅硬透鏡狀種子，從而危及路人。

圖20　巧奪天工的播種方式。

左圖，紫羅蘭的豆莢，突然張開，把種子擠壓出來；

右圖，菜豆豆莢的兩半突然捲繞，把種子撒播出來。

引自肯納

就像許多花朵靠風把花粉送到受粉的柱頭一樣，也有許多植物靠同樣無所不在的媒介來傳播種子。小種子被風帶到很遠的地方，不需要特殊的適應性。在北方國家，晚熟的種子通常藉助積雪的地表，以驚人的速度遷移。在開闊的鄉村、平原和大草原，風滾草會掙脫開來隨風滾動，邊走邊撒下種子。俄羅斯薊（其實不是薊，而是藜草的一種），是一種引進的一

第三章 植物的繁殖方式

年生植物，在靠近地面的地方脫落。現在，在北美大平原北部很常見。其枝幹輕盈而堅硬，植株整體呈球狀輪廓。這些風滾草大量地在平原上翻滾，甚至有人看到它們在車廂後面的疾風中，被裹挾著追趕特快列車。搔癢草和巫師草輕巧、分岔的圓錐花序，也以同樣的方式分離和傳播。大堆大堆的風滾草可能沿著柵欄和其他障礙物堆積成丘。

有些果實，如榆樹、楓樹和白蠟樹的果實，都有翼瓣（圖21）。紫荊非常薄的豆莢和菩提樹小果實莖上的苞片充當翼瓣。梓樹纖細的種子被輕盈的翼瓣包圍著。帶翼的果實和種子在樹木中比在草本植物中更常見。這是它們進行空中飛行的良好開端。但大量的樹木和草本植物的果實和種子都有叢生的像羊毛或絲綢一樣的軟毛。柳樹和白楊樹、鐵線蓮、乳草、柳草、蒲公英、萵苣和薊都是經由這種方式在風中傳播。

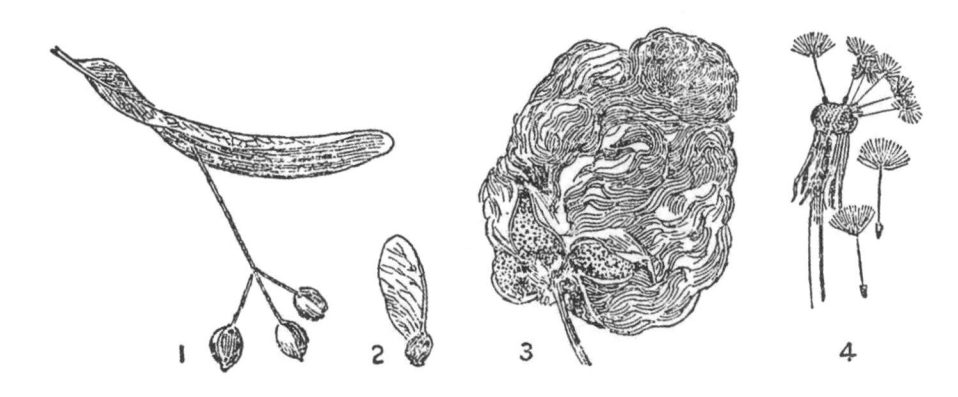

圖21　風傳播種子。

1. 椴木果叢，有翼瓣支撐苞片；2. 長著翼瓣的楓樹果實；
3. 棉花，有茸毛附著在種子上；4. 蒲公英，果實長有傘狀的毛簇。

引自肯納

有些植物，如紫蘇草、省沽油、地櫻桃的果實，裹挾在小氣球裡，隨風滾動。水，是很多在水裡或水附近生活的植物傳播手段。為了利用水

流，果實或種子必須能夠漂浮，不受到水的傷害，而且必須能夠在它們沉積的環境中發芽和扎根。為保證足夠輕，周圍組織在許多情況下是多孔或者有氣泡的。海濱植物（沙質海岸的植物）的分布主要由洋流決定。這一項媒介可能把種子帶到很遠，甚至數千公里的地方。

一些最有趣的適合植物傳播的方法，是在由動物傳播的果實中發現的。蒺藜草（蒺藜草屬）、蒼耳子（蒼耳屬）、鬼針草（鬼針草屬），鶴蝨屬植物和許多其他植物都有附屬器官，很容易沾黏到毛髮或皮毛上（圖22）。這種偷乘的方法是一種最受偏愛的方法，在古老田地和雜草叢生的路邊野草中很常見。秋天走過低窪的樹林或草地，一定會在衣服上留下一堆這樣的果實。長葉車前草（也叫大蕉）的種子，潮溼時是黏性的，黏附在動物身上甚至乾燥的葉子上。第二種情況下，種子是由風攜帶的。

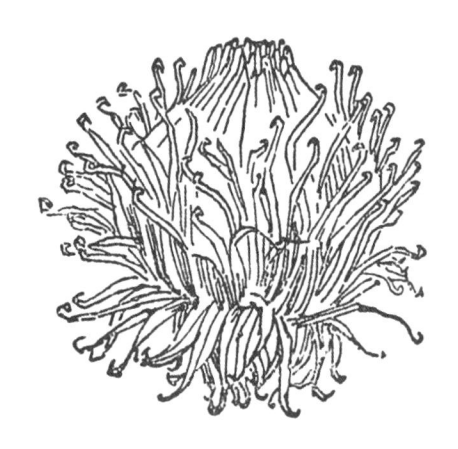

圖22 牛蒡的果實。刺果的鉤狀苞片鉤住動物的毛髮。

引自威廉・奧斯汀・坎農（William Austin Cannon）

豐滿多汁的果實不會偷乘載體，但會為它們的遷徙之路付出巨大代價。因為幾乎所有的果實都被某種鳥類或野獸吃掉了。較小的果實會被整個吃掉，由於種皮不透水，種子會安然無恙地經過消化道，然後被丟棄在遠處，有時距離它們被吃掉的地方有數公里遠。籬笆上常見的荊棘和紅

杉，都是鳥兒棲息在籬笆上時栽下的。順便說一句，鳥類對植物的傳播作用幾乎就像昆蟲對植物的異花授粉一樣。堅果和橡子被松鼠、金花鼠和其他嚙齒類動物埋在土裡而大部分就留在那裡。

我們不該忘記，人類是自然的一部分，而且已經存在很久。在遷徙中，人類無意中把大量的未栽培植物從一個地方帶到另一個地方，如雀麥、蒲公英和許多其他雜草。但是，更重要的是，人類還帶走了那些我們樂意稱之為栽培植物的種子，並經由商業管道將這些種子傳播到四面八方。

在田野和森林中悠閒漫步的觀測者，可能會發現研究他周圍植物種子的傳播方式既快樂又有趣。他會注意到許多不尋常的適應性。因為陌生新奇的東西不必到陌生的地方去尋找。它們都是為那些用眼睛觀察的人準備的。

當種子周圍條件適宜的時候，它們就會發芽。也就是說，胚恢復其生長。這個過程的第一階段是吸溼。經由酶的作用，儲存在種子中的營養（儲存在胚周圍，或是在其增厚的子葉中）轉化為液體形式，並被生長中的胚吸收。第一個明顯的變化通常是主根的突出，在葉子出現之前，主根可以長到相當的長度，並被根毛覆蓋。

胚主要有兩類：單子葉的（單子葉植物）和雙子葉的（雙子葉植物）。玉米，或稱印第安玉米（圖23），是第一類的例子。從籽粒的中間縱向切開，可以很容易地看到這種植物的胚。種子萌發過程中，種葉或稱子葉仍留在種皮內。但第一片生長的葉子會伸長並從種皮中掙脫出來，儘管它的頂部仍然包裹在裡面其他葉子上。如果種子被泥土覆蓋，第一片生長的葉子就會毫無損傷地穿過泥土顆粒，直至到達地面。然後下一片葉子破土而出，很快變綠，幼苗就長成了。如果玉米粒被埋得太深，小葉子或護鞘，就不能到達地面。如果穀粒落在地表，保護葉從種皮中冒出後很快就裂開，露出其他的葉子。並不是所有的單子葉植物都按照上面描述的方式發芽，但這種方式卻是禾本種植物的主要特徵。

圖 23　印第安玉米或玉米。

穀粒的橫截面和縱斷面，一個胚被拿掉。發芽的兩個階段。

引自亞薩·格雷

雙子葉植物發芽主要有三種類型：第一種，子葉留在種皮內；第二種，子葉露出種皮，但只作為植物養分的倉庫；第三種，子葉會展開，發揮樹葉的作用。

豌豆是子葉（豌豆的兩半）留在種皮中的類型（圖 24，中圖）。根伸出後不久，兩個子葉之間的小芽（胚芽）就向地面生長（如果種子被土壤覆蓋）。但是，生長部分是彎曲的，就在頂部下方。因此，不是嫩枝頂端，

而是莖幹的小小彎曲，將土壤顆粒擠到一邊。到達地面時，頂部伸直並展開它的葉子。橡樹是這種類型的另一個例子（圖24，右圖）。橡子肥厚的子葉留在殼內，而根和莖突出來。

四季豆是種子發芽的第二種類型（圖24，左圖）。兩片厚厚的子葉之間的小莖下端萌發出根，並向上伸長。如果種子被土壤覆蓋，它的上端會形成一個彎曲，向後仰，將子葉從種皮中拉出來。因此，首先露出地面的不是子葉，而是這個彎曲的部分。一旦子葉被拉出來，莖就伸直（種皮留在地裡），子葉張開，但不生長。第二對葉子迅速張開，長得更長，然後變綠。幼苗就這樣長出來了。

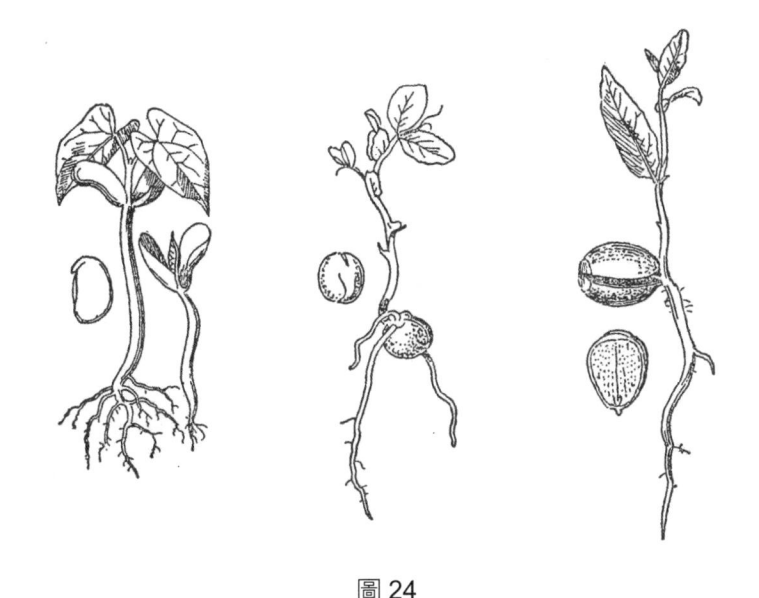

圖24

左圖，去掉種皮的種子（胚）及菜豆發芽的兩個階段；

中圖，豌豆的胚和幼苗；

右圖，橡子切片及橡樹幼苗。

引自亞薩·格雷

在大多數雙子葉植物中，普遍存在第三種發芽方式。與第二種的不同之處在於，子葉會變大、變綠，並具有葉子的功能，儘管它們通常在形狀上與後來長出的葉子有所不同。如果將子葉埋在土壤中，莖的彎曲部分就會把它從土壤中拉出，將種皮留在土壤中。牽牛花和楓樹的發芽就屬於這一種類型（圖 25）。

圖 25　紅楓樹發芽。帶翼翅的果實，一端有種子，
縱向切開種子露出胚，去掉胚，展開胚，處於三個生長階段的幼苗。

引自亞薩·格雷

當種子埋在土壤表面下時，所有類型的雙子葉植物的莖都會彎曲。這似乎是出於一種不可思議的本能。事實上，這只是由於生長發生在頂部以下。如果種子在地面上，莖的生長推動種子尖端向前生長，就不會彎曲。如果在地下，頂部不能穿過土壤。結果，莖形成一個環，把它拉出地面。

倭瓜、南瓜屬植物、西瓜和其他葫蘆科植物的種子在發芽時，巧妙地克服了一個障礙。當根向外延伸時，種皮在尖端裂開一點。但是，這些又

大又扁的種子，其堅硬的外皮與裡面的幼苗相比更大，而且種皮緊壓在子葉上。若不是巧奪天工的方法，子葉是不可能冒出來的。幼莖剛好在一個子葉下形成一個「肩膀」，這個肩膀牢牢地緊貼一側種皮，在莖向上伸長時，快速頂起，把子葉從結實的種皮中拉出。實際上，胚抓住結實種皮的一個窄小開口，把口推開，與此同時，子葉被拉出來。

當種子發芽時，幼苗的根向下生長，莖向上生長，這是很常見的現象。通常，植物的根向下生長，莖向上生長。是什麼導致了這種反向生長呢？實驗顯示，原因是重力。如果種子在一個垂直的、緩慢轉動的輪子上發芽，那麼重力被中和，根和莖就會順著種子發芽的方向生長。如果輪子旋轉得很快，根部就會遠離輪子的中心，而莖會向著中心方向生長。離心力取代了重力。這種反應被稱為向地性。

■ 無性繁殖

儘管種子——通常是雙親的後代——會延續物種，但是許多植物經由無性繁殖使自身延續。種子將物種傳播到四面八方。無性繁殖使單一個體能夠迅速占領附近的領地。所有無性繁殖都是一個個體分裂成兩個或更多的個體。後代都是原生植物的組成部分，具有相同的特徵，就像一棵樹的一側樹枝與對面的樹枝相似一樣。不同的倭錦蘋果樹都很相像（除了氣候和其他環境因素的影響外），就像從原來的樹中生長出來的不同分枝一樣。但是，不同品種的蘋果表現出明顯的差異，儘管它們可能都屬於同一個物種。

自然界中，植物的無性繁殖主要由以下方式實現：形成匍匐地下莖（根莖或根狀莖）；匍匐繁殖根；匍匐莖；塊莖、球莖、鱗莖以及側枝。根莖可能肉質肥厚，如菱鰲和鳶尾花；也可能是細長的，如庸醫草和籬天劍（圖26）。細長的根莖從節點上發出嫩枝。根莖細長、生機勃勃的植株成群地生長，形成濃密的草皮或草團，正如池塘周圍、海邊鹽沼所看到的草

地、莎草和蘆葦。它們長得如此密集，以至於其他植物都無法生長。

繁殖根與根莖相似，但不同之處在於，它沒有脫落的葉（鱗片），而根莖是真正的莖。芽在繁殖根上以不規則的間隔形成，然後長成嫩枝。有些樹木，如白楊、野生李子和洋槐，由繁殖根形成密集的根出條。有些令人討厭的雜草，例如：加拿大薊和野旋花，形成繁殖根，極難根除。普通的蒲公英雖然沒有匍匐繁殖根，但能夠在粗壯的主根上產生不定芽，尤其是當主根受傷時。由於這個原因，如同草坪除草一樣，經由剪斷蒲公英冠毛下面的主根來剷除它是徒勞的。芽在被切斷的根部上端形成。以前有一棵蒲公英的地方，可能會有兩棵或三棵取而代之。當然，每隔一小段時間反復切割會把主根耗盡，但最好把整棵植株連根都挖出來。蔓生莖是一種匍匐繁殖莖，長在地面，每隔一段距離扎根，形成一棵新的植株（圖27）。草莓有這樣的蔓生莖，這些品種經由新的植株進行商業繁殖。百慕達草在地下產生根莖，在地上產生蔓生莖或稱為匍匐莖。

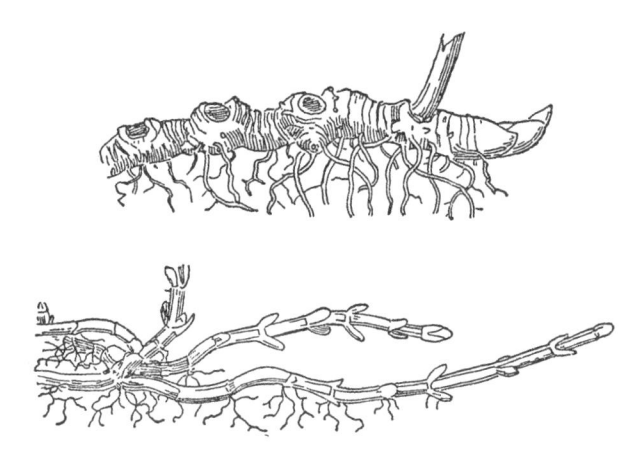

圖 26　根莖或根狀莖。
上圖，四年生豐滿的菱蕤根莖，每年長出一段莖；
下圖，薄荷細長的爬行根莖，每年長出幾根莖。

引自亞薩‧格雷

第三章 植物的繁殖方式

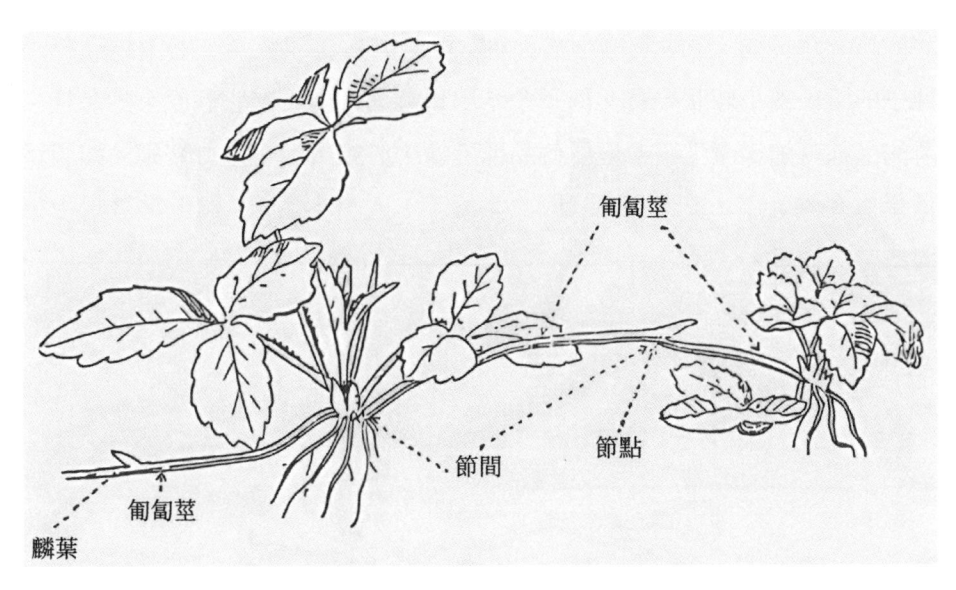

匍匐莖
節點
節間
匍匐莖
鱗葉

圖 27　草莓的蔓生莖或匍匐莖。每一個節點產生一株植物。

引自亞薩・格雷

　　這種草通常在備好的土壤中以適當的間隔，種植一塊塊的蔓生莖或者根莖來繁殖。每一塊都變成一棵新的植株，一塊田野很快就被覆蓋了。黑樹莓有變態的蔓生莖，它的莖或藤彎曲，在末端生根。根葉過山蕨也是如此。進行商業繁殖的甘蔗是把藤條切成塊種植。每一塊上都必須有一個節點，因為節點上有嫩芽，可以長出新的嫩枝。

　　一般的白馬鈴薯（所謂的愛爾蘭馬鈴薯）長出典型的塊莖（圖28）。最先出現的細長根莖最終在末端增大，長成可食用的馬鈴薯。塊莖的「芽眼」是芽，由此長出嫩枝。每一個芽或芽眼（靠近基部，可以看到陳舊的根莖）下面有一個小鱗片或未發育的葉子。當馬鈴薯儲存在箱子裡時，很可能在春天發芽。如果在黑暗處，嫩枝仍然是白色或黃褐色（黃化）。一段時間後，塊莖的物質，主要是澱粉，變成嫩枝，塊莖變得乾癟。眾所周知，塊莖被切成小塊才能用於繁殖。但每一塊（所謂的種子）必須至少有一個芽眼，否則不可能長出嫩枝。嫩枝一旦接觸到光線，就會形成葉綠素

而變綠。馬鈴薯（至少它的很多品種）可能開白花或藍花，隨後結出帶小種子的漿果或小球狀果實。種子會結出馬鈴薯，但不是它們原來的品種。新的品種就這樣產生了。但要使品種延續，必須用塊莖進行繁殖。如果塊莖暴露在陽光下，它會變綠（因為葉綠素），並開始產生與正常莖葉中相同的苦味物質。

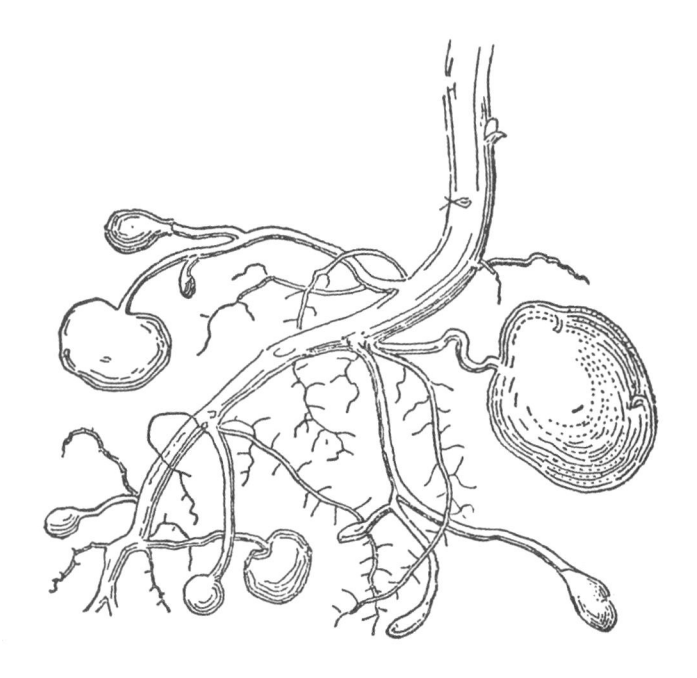

圖 28　馬鈴薯的塊莖。細長的根莖在末端膨大形成塊莖。

引自亞薩·格雷

與馬鈴薯的塊莖相反，甘薯有肉質根。儘管它像馬鈴薯一樣儲存營養，肉質豐滿，但它是沒有芽眼的真正的根。把甘薯放在土壤中，在適當的條件下，它就會長出嫩枝。正是這些嫩枝開始繁殖植物。而這些嫩枝都是由不定芽發育而來。

多年生草本植物通常在基部產生一連串枝條或嫩枝，稱為側枝或根出條。在園藝實務中可以利用他們來繁殖物種。某些龍舌蘭和絲蘭、香蕉和

鳳梨都是經由這種方式繁殖。其他形成直立芽冠的多年生植物經由芽冠的分裂進行繁殖。這種方法被稱為根的分生繁殖。

鱗莖植物（如洋蔥、鬱金香、水仙和許多百合）和球莖植物（如番紅花和劍蘭），經由子鱗莖和子球莖進行繁殖（圖29）。鱗莖由肉質的葉子或鱗片組成，位於基部的短支撐莖或芽上。洋蔥在植株頂部，花的位置產生小鱗莖，而虎百合在葉腋部產生小鱗莖。這些小鱗莖被用來繁殖植物。球莖與鱗莖的不同之處在於，它是實心的。莖的發育是以葉子為代價，葉子在球莖表面縮小成鱗片。

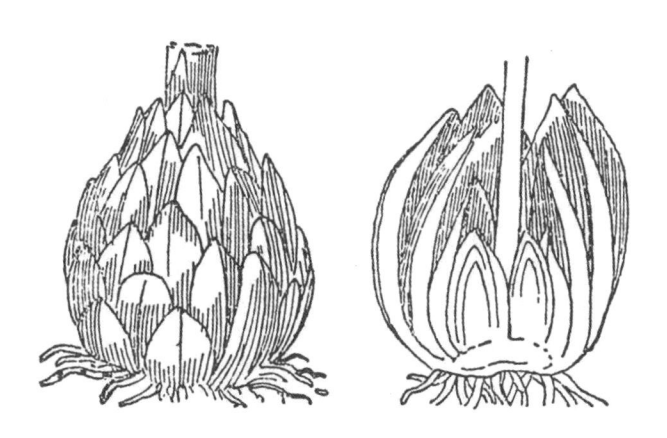

圖29　百合的鱗莖。如截面圖所示，這是由一連串重疊的肉質葉子組成，從芽狀的莖上發育而來。

引自亞薩・格雷

目前所提到的繁殖方式都是在自然界中發現的，或直接適應自然界的結果。人類還發明了其他幾種繁殖方法，如扦插繁殖、芽接繁殖和嫁接繁殖。

理論上，扦插繁殖方法很簡單。把小枝或分枝剪下，放在生根的介質中，如土壤、沙子或水中。過一段時間，下端發育成根，芽發育成嫩枝。有些樹很容易生根，嫩枝甚至是小原木都能生根。柳樹、楊樹和許多草本

植物很容易從插條中生長。室內植物中，天竺葵就是常見的此類繁殖的例子。插條通常被稱為「插穗」。另一方面，有些植物扦插很難生長。但在大多數情況下，這種困難源於缺乏相關知識，比如一年中最適合扦插的時間、植物適合扦插的最佳部位以及最有利於生根的條件。

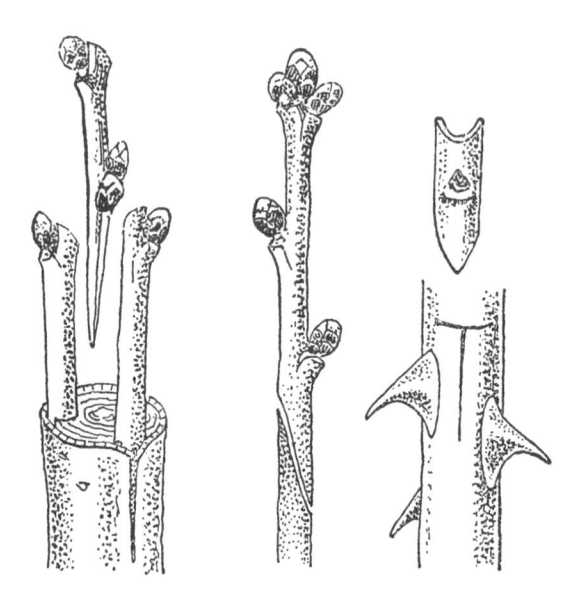

圖30 嫁接和芽接。

左圖，三個小的接穗嫁接在一個大的砧木上；

中圖，接穗在相同大小的砧木上嫁接；

右圖，準備插到砧木裡的芽。

引自愛德華・斯特拉斯伯格（Eduard Strasburger）

芽接繁殖的過程，是指從一株植物上取下一個芽，然後把它放在另一株植物的樹皮上（圖30，右圖）。桃子通常是以這種方式繁殖的。芽被切下來，保留著小枝的一小片樹皮，切割的深度到形成層。在即將出芽的植物幼皮上切開一個到達形成層的小開口，在開口下面，將芽滑入並捆綁在適當的位置。與芽接觸的形成層成為細枝的一部分。剪掉芽上面的細枝，

芽繼續在原來的地方生長。在實務上，桃樹的幼苗用來做砧木，所需品種的幼芽被移植過來。如此，成熟的樹木就是所希望的變種，但根系是幼苗的根系。

人工繁殖的第三個方法是嫁接（圖30，左圖）。它與芽接繁殖的不同之處在於，想要繁殖的品種的整個嫩枝（接穗）與某個粗壯但不想要的植株（砧木）結合在一起。如果砧木和接穗大小相同，那麼一般的種嫁接方法是，把兩個都切成斜面，放在一起。每一個表面切成舌頭形狀，有助於接穗處於合適位置。然後將連接處牢固地綁在一起，有時用蠟覆蓋。兩個形成層結合在一起，接穗成為砧木的一部分。嫁接有很多種，但在所有的嫁接中，接穗的形成層都與砧木的形成層相接觸，結合處被捆綁、保護起來，直到結合體產生。在根嫁接中，砧木是幼苗根的一部分。在頂端嫁接中，接穗被嫁接到樹的頂端。在不同時間成熟的很多種水果，可以在一棵樹上生長。

此外，一個物種的接穗，可以嫁接到同一屬甚至相關屬的其他物種的砧木上。杏仁、桃子、杏子和李子可以互相嫁接；木瓜、蘋果、梨和山楂也是如此。園丁通常能夠在耐寒品種的根部種植出理想的品種，而這種品種本身的根部無法承受這種條件。

經由嫁接和芽接，人類已經能夠大幅地擴大有用植物的栽培並使其多樣化。這些方法從史前時代流傳下來。下面的例子就足以說明這些方法對人類是多麼有用。法國和其他一些歐洲國家的葡萄產業，曾經因為從美國傳入了葡萄根瘤菌（木蝨）而遭受滅絕的威脅。經由將歐洲葡萄嫁接到對這種昆蟲的攻擊有免疫力的美國本土葡萄的根部，使葡萄產業得以挽救。

第四章
植物運動與食肉植物

在第一章中,我們提到植物沒有神經系統。然而,它們確實在有限的程度上具有運動的能力。海藻易動的孢子移動非常迅速。這些孢子經由細毛或纖毛到處游動,其擺動速度之快,肉眼借助顯微鏡都無法跟上。這些動作是自主的,也就是說,是由於某種內在的刺激。

前面已經提到重力和光引起的植物的移動;纏繞莖和卷鬚的活動;花開放和閉合的動作,各式各樣與授粉和散播有關的動作。還有使很多植物,尤其是豆科植物的草酸小葉和羽狀葉在夜間聚集在一起的「睡眠」活動。小葉的活動是由基部小隆起(葉枕)的不均衡膨脹引起的。在某種刺激物(光、熱、觸碰)的影響下,葉枕的上部從鄰近組織吸收水分而變得更加膨脹,而葉枕下部變得不那麼膨脹。這使器官向下移動。相反的過程使器官向上移動。這種動作通常相當緩慢,但在少數植物中,它們的動作如此之快,以致給予人神經反應的印象。

含羞草,原產於熱帶的敏感植物,通常生長在北方的溫室中,對觸碰反應靈敏(圖31)。葉子呈雙羽狀。也就是說,成對的主葉有成對的次葉。主葉柄3至4公分長,基部有葉枕。在主葉柄上有四個主要的分支,每一個分支大致與葉柄一樣長,在基部都有一個葉枕。每一個分支都有無數小葉,每一個小葉基部都有一個葉枕。如果葉子被觸碰到,主葉柄迅速反應,四個分支朝彼此方向下落,小葉向上閉合。在溫暖的陽光下,這些活

第四章　植物運動與食肉植物

動幾乎是瞬間發生的。如果有人在不影響葉的其他部分的情況下，掐住一個分支的末端小葉，這一個刺激就會沿著該分支向下傳播，使小葉一對接一對閉合，然後四個分支會合在一起，最後主葉柄下垂。如果有人在不搖動莖的情況下小心地擊打一片葉子，葉子作出反應，片刻後，上面的葉子和下面的葉子也會反應，以此類推，直到刺激消失。很快地，葉子慢慢恢復到正常位置。很明顯，存在著一個通道，刺激由此傳遍葉片和莖。這裡似乎像是一個不成熟的神經系統。

圖 31　敏感植物（含羞草）。
左圖，正常位置的葉子；
右圖，被觸碰或振動後的葉子。

引自肯納

照片 12　維納斯捕蠅草。大多數捕蟲器是開著的，但有些一碰到昆蟲就關閉。這些植物大約有六英寸高。

肯納修飾

　　捕蠅草是另一種對刺激幾乎立即反應的植物（照片 12）。這種植物生長在北卡羅來納東部的沼澤中。葉子的末端有一個近乎圓形的、扁平的「陷阱」，直徑約 2 公分，葉子的中脈從其中間穿過。陷阱的邊緣是許多又長又尖的齒狀結構。在每一半的中心部分有三根比邊緣鋸齒短的棘狀突起。當昆蟲碰撞到其中一個突起時，陷阱就會迅速閉合，抓住入侵者。這種誘捕器會立刻在昆蟲身上滲出汁液，溶解昆蟲並被植物消化吸收。奇怪的是，如果用鉛筆的末端碰觸這些突起，陷阱會關閉，但很快地又會打開。而如果昆蟲被抓住，陷阱會關閉好幾天，直到含氮養分被消化。

　　除了捕蠅草外，其他植物也有捕捉小昆蟲的特殊構造。這種植物被稱

為食肉植物，因為它們不僅捕捉昆蟲，而且藉助一種特殊的分泌物消化昆蟲並吸收營養。另一方面，有些植物會在莖葉上分泌黏稠的液體來捕捉昆蟲。但這些植物不會消化和吸收它們的戰利品。例如，捕蠅草開花時，在節間區域分泌一種黏性物質，其目的似乎是阻止螞蟻沿莖爬到花上，去偷取昆蟲用於幫助授粉的花蜜。順帶一題，在這種關係中，我們發現植物受到各式各樣的保護，以免受到動物傷害。荊棘、刺和突起都發揮了保護作用，似乎就像刺草和其他一些植物的刺毛一樣。葉子中味道糟糕的物質可以阻止食草動物。少數植物有一種活性物質，當葉子被觸碰時，會釋放毒性。常見的毒藤和毒橡樹都屬於這一類植物。東印度群島致命的見血封喉樹，從它的乳白色汁液中產生一種活性的毒藥。但它能摧毀半徑 15 公尺或更大範圍內所有生命的故事卻純屬虛構。同樣毫無根據的，還有關於另一種植物（當然是來自某個鮮為人知的熱帶國家）駭人聽聞的故事。這種植物有長長的觸角，可以抓住迷路的受害者並吸吮他們的血液。

除了捕蠅草以外，最著名的食肉植物是狸藻、茅膏菜和豬籠草。狸藻靠無數個小囊袋漂浮在池塘的靜水中。每一個囊袋有大頭針頭部大小，囊袋的入口由一個陷阱門把守，微小的水生動物可以經由它進入但無法逃脫。這些微生物很快就會死亡，牠們體內的有機物質被吸收。

毛氈苔葉子表面有無數的柄狀腺體，分泌一種黏性物質，以此來捕捉昆蟲。如果一隻昆蟲接觸到黏糊糊的表面，牠就會一直黏在那裡，除非牠有足夠的力量使自己掙脫。小蒼蠅是跑不掉的。很快地，有柄腺體或觸手就抓牢獵物。如果獵物還沒有在中心的話，就會逐漸朝那裡移動。在那裡它將被最多數量的腺體覆蓋。值得注意的是，不僅與昆蟲接觸的觸鬚會向下彎曲，而且所有的觸鬚最終都會彎曲與它接觸。然後分泌消化液，吸收獵物體內的物質。意味深長的是，風和雨不會使觸鬚行動；沙粒等惰性物體，甚至糖等非氮有機物質也只會引起輕微的擾動。但是一隻活的昆蟲或

一塊肉就會產生這種奇特的舉動。

豬籠草之所以叫豬籠草,是因為它的葉子呈杯狀或陶罐狀,幾乎是直立的。這種結構使昆蟲可以很容易地爬進豬籠裡,但豬籠口周圍向下的硬毛和光滑的內表面阻止了昆蟲逃跑。葉子似乎從被浸軟和腐爛的動物身上吸取了營養。

由於所有的肉食性植物都生活在沼澤或缺乏氮的潮溼土壤中,人們認為這種特殊的肉食性習慣可能有助於提供所需的元素。

第五章

植物群

　　現在，除了永久積雪或極端沙漠地區外，地球都被植物覆蓋著。當然，植物生長的條件在全球不同地區差異很大。熱帶植物在北極地區不可能生存；海邊的植物會在山頂上枯萎；沼澤植物會屈服於沙漠條件。很顯然，對於大多數漫不經心的觀察者而言，在一定的條件下，例如，在沼澤中生長的植物，不會在其他地方生長。植物的種子被散播到四面八方，在遠遠超過它們可能找到的生長空間，大量繁殖。激烈的競爭無所不在。首先是為了一個發芽的地方，然後是使幼苗成熟所需的土壤、空氣、水和陽光。正如撒種者的寓言所說，智者都熟知這一條法則：播種者播種的大部分種子都沒有存活下來，但一部分落在了沃土上，「裸果百倍」。自然界中存在著一種持續的「生存競爭」。廣義而言，這導致了「適者生存」。每一個物種必須與適應特定條件的所有其他物種競爭；個體必須與同一物種的其他個體競爭。這是最激烈的競爭。

　　此外，占據某地的植物抵制移位。事實上，物種的傳播往往取決於由於災難造成的土壤的開放性。原始森林可能會無限期地存在，排斥所有外來物種，即使是同一物種，除非颶風橫掃或大樹翻倒，才會為種子提供空間。草原上的草皮，可能會持續數百年甚至數千年不被破壞，除了地鼠和土撥鼠到處出沒，水牛或家畜的踐踏和抓翻，或其他一些偶然的情況。

　　地球上發現的每一種環境，無論是岩石、森林、海岸、平原還是沼

澤，都支持著適應它的植物。在某種環境下發現的一些植物也可以在其他條件下生長，儘管它們可能無法與其他物種競爭。因此，禿頭柏樹天然生長在沼澤中，即「沼澤柏」。但在公園的一般土壤中種植時也能茁壯成長。人類的農作物如果不加以保護，很快就會因當地物種的入侵而滅絕。

研究植物適應環境的學科被稱為生態學。廣義上，植物可以根據環境分為四類：水生植物、旱生植物、鹽生植物和中生植物。第一類（水生植物），適應水多的地方，可以在水中或潮溼的地方發現。它們也許生長在水中，或是葉子漂浮在水面；或者植物可能露出水面，但根在飽和的土壤中。我們可以認為水生植物在取水方面不會有困難。儘管如此，它們通常具有類似於某些沙漠植物的葉片結構，以使它們能夠抵抗水分蒸發。例如，菖蒲和貓尾香蒲有較厚的垂直葉子，露出相對較小的表面。通常，在雨季之初，這些植物的葉子會遭遇水分蒸發，此時根部被水包圍，因為水太冷，不容易被吸收。因此，儘管水資源豐富，但葉子如果沒有特殊結構的保護，可能會因為根系的不活動而枯萎。

第二類（旱生植物）生長在水分很少的土壤。例如，不能保有水分的砂土；缺少降雨的乾旱地區土壤；或者是脫水很快的岩石地帶。這一類包括大多數的附生植物，即生長在其他植物（尤其是樹木）的表面，但並非寄生在上面的植物（照片13）。旱生植物面臨的問題是防止蒸發造成過多的水分流失，並在適宜的季節儲存水分，以使植物度過乾旱期。這些植物經由各式各樣的結構和適應性來解決這些問題，例如：葉片厚厚的表皮；蠟質、黏性或多毛的葉面；黏性汁液；大幅縮小的葉面，如仙人掌；葉片的捲曲，從而使呼吸孔（氣孔）位於表面內部；肉質地下莖；鱗莖以及在土壤表面下儲存水分的肉質根。所有這些鬼斧神工都是為了適應供水不足的情況。

第三類（鹽生植物）適應於礦物鹽過量的土壤。支持鹽生植物的土壤

中過量的礦物質通常是鹽或蘇打，但也可能存在過量的其他礦物成分。鹽生植物分布在沿海、沿海沼澤以及鹽湖或泉水周圍。無排水設施的盆地經由蒸發，在土壤表面累積礦物成分。鹽生植物的問題是獲取足夠的水，而不會由於攝取過量的礦物質而自滅。因此，這些植物具有許多在旱生植物中減少蒸發的結構：葉子表面積減少；植物肉質豐滿；汁液黏稠；葉片堅硬且呈纖維狀。鱗莖和肉質根莖或肉質根並不常見，因為通常不需要儲水以抵禦乾旱。

照片 13　活橡樹，樹枝上掛著附生的西班牙苔蘚。苔蘚對樹木沒有任何傷害，只是可能會干擾樹葉的功能。

美國林業局提供

第四類（中生植物）包括水供應充足但不過量的植物。它們在適中的條件下生長。典型的中生植物，如熱帶雨林中的植物，具有寬而薄的葉

片。植物中的水分很容易經由葉片蒸發。而且它們缺乏特殊的結構來抵抗水分蒸發或儲存水分。然而，許多被歸類為中生植物的物種，在一年中的部分時間會受到旱生條件的影響，並具有適應這些條件的能力。例如，溫帶的落葉樹木在冬季落葉，這時植物很難獲得水分，而常青樹木藉由減少葉子，產生樹脂液來滿足冬季條件。

當然，所提到的四類之間的界限並不明顯。但分類是研究的基礎。

植物在地球上存在的漫長過程中，自然條件在逐漸變化，正如化石紀錄顯示的那樣，植物不得不適應這些變化，否則它們就會滅絕。

植物的地理分布

正如我們所說，除了永久積雪或極端沙漠地區以外，植物覆蓋著地球所有其他區域。缺水阻礙了植物生長。但在地球的任何地區，這種短缺很少或從來不是永久性的。最乾旱的地區，如智利北部海岸，在持續數年的乾旱之後偶爾也會下雨。在罕見的降雨之後，植被的生長速度驚人，豐富的程度出人意料。植被可能只會持續幾週時間。但在這一段時間內，種子成熟並一直休眠到下一場雨。

因此，從海平面到最高山脈的永久積雪邊緣，從赤道到兩極周圍的永久積雪，都可以發現陸地植物。甚至海洋，沿著大部分的海岸線到深及光線可以穿透的海平面以下，都有豐富的植被。即使遠離陸地，海洋也在海面附近支持著數量驚人的浮游微小植物群（矽藻類）。這些植物最終形成了大多數海洋動物賴以生存的食物基礎。

所有現代植物學家都認同的演化論認為，現在的所有植物物種都源自過去彼此關聯的其他植物物種，並且所有植物在基因上都有關聯，儘管在數百萬年前，族譜序列可能已經開始分化。如果是這樣的話，為什麼在我們選擇的任何植被區域發現如此複雜的各種植物的混合物？為什麼我們發現在任何一個特定的地方，植物緊密地生長在一起，這能否代表植物生命

的所有主要分支?我們的答案是,在物種演化發展過程中,來自遠古祖先的族系經過反覆的分化,已經相互糾纏在一起。情況並非如此簡單。我們發現:在彼此相距遙遠的地區,生長著密切相關的植物;日本的植物與美國東北部的植物關係密切;同一物種的個體分布在相隔甚遠的山頂上,彼此之間沒有代表性;某些植物群可能在南非和南美洲都有代表性。如何解釋這些差異?

前面已經討論過的種子的傳播方式,可以解釋在一個地區同樣條件下植物的分布。風會把蓬鬆的或帶翼翅的種子吹到相當遠的地方;動物可能會把刺果從一個地方帶到另一個地方;河道可能將種子帶到下游。這些因素將在相當程度上解釋物種的區域性混合,而且的確會導致物種的緩慢遷移。但是,為了解釋目前地球表面植物的地理分布,我們必須在廣闊的地區中長時間尋找產生的原因。其中有些原因可能正在影響目前的變化,有些在過去的地質時代導致了根本性的變化。

目前的一個原因是,一個國家的植物由於人的因素,無意當中被引進到另一個國家。遙遠國家之間產品的廣泛交流使種子的意外運輸變得相對容易。在歐洲種植並進口美國堪薩斯州使用的苜蓿種子,可能會帶來歐洲雜草的種子。來自阿根廷的羊毛可能會將種子帶到德國,其中一些可能會立足扎根。美國東北部的亞薩·格雷(Asa Gray)《植物學手冊》(*Manual of Botany*)中對於開花植物的歸納說明,大約 4,000 種植物中,有 666 種是引進的。某些引進的草種(雀麥、野生燕麥、大麥草)已將加州山谷和山麓大片地區的本土物種趕出。引入的物種已經徹底取代了檀香山附近的原始植物群,現在很難找到本地物種,除了城市數公里範圍內的某些海濱植物。不熟悉夏威夷植物群歷史的遊客會認為番石榴、馬蘭花和希洛草(兩耳草)是本地植物,它們分布廣泛,數量豐富。現代運輸方式強化了植物群的相互融合。但數千年來,植物一直在沿著古老的商路傳播。

| 第一篇　植物的世界

照片 14　銀劍，一種非常罕見的旱生植物，生長在夏威夷群島火山口的熔岩中。

A・S・希區考克拍攝

　　植物學家注意到，淡水池塘和沼澤中的典型植物分布廣泛。毫無疑問，這主要是由於遷徙的水禽傳播了這些植物的種子。泥土中的種子黏到鳥的腳上，少量黏到羽毛上。這種傳播方式特別奏效，因為種子保存在適合其發芽及隨後生長的地方。

　　植物往往在沒有障礙物，例如高山山脈或不毛荒地的陸地地表，緩慢地從一個地區遷移到另一個地區。這種平緩的傳播已經持續了無數年。但它很容易遇到障礙物，導致植物群構成的巨大變化。因為我們知道地球的地形在過去經歷了許多變化。陸地相對於海平面上升或下降。眾所周知，現在被寬闊的水域隔開的某些陸地，以前是連接在一起的。當時的遷徙可能不受限制，然而現在卻是不可能的。在岩石中保存的植物化石中，我們有大量證據顯示，植物群的構成發生了巨大變化。很容易理解這些變化的

第五章　植物群

原因。地形的改變影響了氣候的變化，正如穿過巴拿馬運河的墨西哥灣流的改道，將深刻影響不列顛群島的氣候一樣，這種氣候的變化當然會改變植物群。

在上一個冰河時期之前，冰蓋一直延伸到溫帶地區（南至美國愛荷華州和堪薩斯州東北部）。正如溫暖地區典型的棕櫚樹，以及其他植物化石遺跡所顯示，北極地區氣候溫和。隨著冰河時期的形成，這些植物逐漸向南移動。假設沿著緯度平行線的環境條件始終不變，那麼植物就會沿著經線遷徙。然而，環境條件千變萬化。南遷過程中，除非它們遇到有利條件，否則物種就會滅絕。因此，在冰河時期之前，高海拔地區連續分布的某些物種在向南移動時分化，一部分沿著東亞沿海地區遷徙，另一部分沿著美洲東部沿海地區遷徙。只是在這些地區，這些物種才找到了適合的生存條件，而在其他地方的物種都滅絕了。遷移速度如此緩慢，以至於遷入東亞的部分物種有時間與遷入美洲東部的物種區分開來。然而，目前日本和東北亞的植物群顯然與美國東北部的植物群密切相關，而且關係遠比與美國太平洋海岸的植物群關係更為密切。有許多植物屬類，其中有一些物種分布在美國東北部和亞洲東北部的一些地方，但在世界任何其他地區都沒有。

大冰蓋向南推進的另一個結果是，與北美同緯度地區的植物系相比，目前，格陵蘭島植物群中的物種數量較少。在歐洲大陸上，冰蓋將植物在陸地上向南推移，因此，在冰層消退時，它們逐漸向北移動。但在格陵蘭島，這些植物已經沒入大海，因此沒有任何植物可以跟隨冰層返回。目前的植物群主要是冰河時期以來意外引進的結果。

冰蓋下降的第三個結果是，許多北極物種出現在溫帶高山頂部。被冰層推動來到這些山峰的物種無法跟隨冰川退回。因為在下山的過程中，它們遇到了無法驅逐的溫帶植物群。一種在北極低海拔地區和環極地區常見

的草（三毛草），沿著南北走向的山脈向南延伸。分布在白山、阿迪朗達克山脈和羅安山（北卡羅來納州）的山頂；洛磯山脈、內華達山脈、墨西哥高山和安地斯山脈的高山地區；然後再下降到南極的低海拔地區。也分布在喜馬拉雅山和東半球，包括紐西蘭和澳洲的其他高山。

植物在全球分布的另一個因素是洋流運輸。在不同的地方，將瓶子託付給海浪，人們獲得了大量的洋流資訊，瓶子裡附有拾到返還的說明。許多這樣的瓶子是在距離它們出發地很遠的地方得到的。植物學家們（很著名的有 H・B・古比[011]）進行過洋流運送種子和果實的研究。只有當植物的種子（或果實）能夠長時間漂浮，不受海水侵害，並在其沉積的地方找到發芽和生長的有利條件時，植物才能從洋流中受益。人們在挪威、英格蘭甚至南抵摩洛哥和維德角群島的國家，都發現了西印度植物的種子，它們是被墨西哥灣流運送到這些地方的。

洋流可能是海濱植物分布的主要因素。赤道以南的洋流很容易將種子從非洲海岸帶到巴西。這就部分解釋了這兩個地區的海濱植物的相似性。過去的年代，洋流的流動可能是目前某些濱岸植物分布異常的原因。我們必須想到的是，由於陸地表面的不同形態，過去地質時代的洋流流動與現在的不同。

如果人們了解，主導植物分布的因素大部分已經作用了數百萬年；如果在我們只部分知情的情況下，歷經這些年代，植物的演化一直在進行；如果很多數不清的關聯已經消失，那麼現在植物分布的複雜性就不那麼令人驚訝了。

今天生活在地球上的植物是無數代，代代相傳倖存下來的結果。確定它們彼此間的關聯是植物學的基本問題之一。植物的分類試圖說明這種天

---

[011] H・B・古比（H.B. Guppy，西元 1854～1926 年），英國地質學家、生物學家、攝影師、外科醫生。

然的關係。這種嘗試是基於對當今植物王國中相對較少的部分，以及化石所代表的更少部分的研究。目前世界的植物群是追溯到數不清的世代族譜的一個橫截面。化石能向我們呈現的某些關聯，仍然留在岩石中，但其中大部分已經消失。我們被迫根據相似性進行分類。

第一篇　植物的世界

第六章

植物之間的關聯

赫伯特・史賓賽[012]在他有些生硬的語言中表示，「生物是根據其整體形態的相似性進行分類。」有些植物之間的關係非常明顯，善於觀察的人類，自遠古以來就辨別出了某些群類。棕櫚樹、松樹、橡樹、豆科植物、十字花科植物、菊科植物、禾本植物、蕨類植物和苔蘚類植物一直被認為是植物類群。每一類都包含相關的植物品種。但有許多植物，關聯性不那麼清楚。在我們的分類中，這些植物被暫時放在某些位置上。但是隨著進一步研究理解，它們可能又被放在其他地方。

植物通常被分為四大類：藻類植物、苔蘚、蕨類植物和種子植物。

▰ 藻類植物（原植體植物）

藻類植物是最低等的類群。這一類植物不分莖和葉。在最簡單的形態中，植物體由單細胞構成，或者由簡單的或帶分支的細絲組成；在高等形態中，植物體可能變得相當複雜，但仍然不能分化為莖和葉。

根據葉綠素的存在與否，有兩大類：藻類和菌類。藻類擁有葉綠素，儘管它可能被紅色或棕色物質所掩蓋。菌類完全沒有葉綠素。

▰ 藻類

藻類（見第三篇）幾乎完全局限於水或潮溼的地方。生活在海洋中的

---

[012] 赫伯特・史賓賽（Herbert Spencer，西元 1820～1903 年），英國哲學家、社會達爾文主義之父，他提出將「適者生存」應用在社會學。

第六章　植物之間的關聯

類型，通常叫做海藻，可以是綠色、棕色或紅色。大多數淡水藻類是綠色或藍綠色。有時在磚房和樹幹的北面，靠近地面的地方發現的綠色孢衣，由微小的單細胞或簡單型的綠藻組成。稱為矽藻的淡水和海洋植物，是一種單細胞的淡黃色藻類，非常奇特，具有矽質細胞壁。在顯微鏡下，細胞壁的形狀和花樣都很漂亮。由於細胞壁中存在二氧化矽，所以矽藻在細胞內物質死亡後仍保持其形狀。這些微小的植物大量存在於海洋中，獨立漂浮，並隨洋流移動。它們直接或間接地，構成了海洋中大多數動物生命的基本支持。矽藻也廣泛分布於淡水中，形成溪流、池塘和溝渠中常見的木棍和原木上的黏稠孢衣。在過去的年代，這些微小的藻類數量如此之多，以至於它們的矽質殘留物在海底形成了巨大的矽藻土床。在歲月的長河中，地質變化使許多的土床上升到海平面以上，並使其得以進行商業開發。例如，該材料與硝化甘油混合，用於製造某些等級的炸藥。有些土床的厚度有上百公尺。當人們發現一立方公分可能包含250多萬個矽藻殼時，就可得知構成它們的矽藻的數量了。

有一些絲狀藻類形成綠色浮渣（池塘浮渣），通常在晴朗的天氣下在死水處可見。光合作用過程中形成的氧氣氣泡非常明顯，往往使這些氈狀團漂浮起來。夜間，細絲下沉到水面以下。浮萍也會在死水表面形成浮渣，但這些植物有小而平的植物體，並不是由細絲或毛茸茸的團塊組成。

海草主要分布在潮汐界限之間的岩石海岸，儘管有時它們可能出現在水面以下約180公尺的地方。它們有根狀的突起，經由這些突起，海藻牢牢地抓住固定物。但這些附著物不吸收營養，也不具有根的結構。大型的棕色海藻通常被稱為海帶。太平洋海岸的巨型海帶可以長達150公尺。某些海帶看起來像橡膠管，有著巨大的囊狀隆起，經常被沖到海岸邊。在退潮時暴露在空氣中的海藻因其堅韌和黏性而不會乾枯。大量馬尾藻（圖32）漂浮在西印度群島東北部的大西洋的巨大漩渦中，覆蓋的面積約為40

多萬平方公里,被稱為馬尾藻海。漂浮的海藻為無性繁殖。藻類上的小漿果狀物體不是植物的果實,而是它漂浮的囊。植物體由一個中心軸及展開的分支組成,看起來類似於高等植物的莖和葉。橫渡大西洋的輪船甲板上經常可以看到小團馬尾藻。

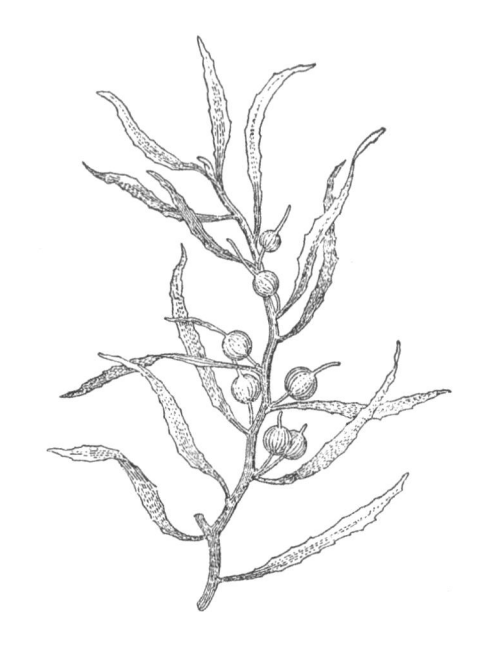

圖 32　馬尾藻。球狀物體是有氣泡的漂浮器官。

引自肯納

某些海藻是可食用的。其中一種是瓊脂,或叫瓊脂膠,是一種在實驗室中常用於人工培養細菌的物質。

菌類

菌類植物沒有葉綠素,必須從活的或死的有機物中獲得營養。如果它們從活的動、植物中獲得營養,它們就是寄生生物;如果是從死的物質獲得營養,它們就是腐生生物。我們對於最簡單的菌類,即細菌感興趣。因為它們會引起土壤中的發酵、腐爛和固氮,尤其是因為它們會導致人類、

第六章　植物之間的關聯

家畜和栽培植物的許多嚴重疾病。由細菌引起的人類疾病包括霍亂、白喉、破傷風、肺炎、肺結核和傷寒；在家畜疾病中有炭疽熱、黑腳病和雞霍亂；在植物的疾病中有蔬菜的軟腐病、黃瓜和馬鈴薯的枯萎病。細菌在發酵、致病等方面的快速作用是由於它們繁殖迅速。某些細菌的分裂頻率可達每 20 分鐘一次。順道一題，有些傳染病是由單細胞生物引起的，這是動物王國中一個結構簡單的群體。

曾經有很多人，在其有生之年，一直認為腐爛是「自發產生的」。乾草或肉的汁液短時間暴露在空氣中，就會分解，產生細菌。由於沒有向液體中添加任何物質，也沒有看到任何物質進入液體，人們很自然地推測，在分解物質中發現的生物體一定是自發產生的。西元 1864 年，法國科學家路易‧巴斯德[013] 最後證明，如果採取某些預防措施，排除空氣中漂浮的細菌，腐爛就不會發生。他將煮沸的汁液放在兩個試管中。一個試管打開，另一個試管用棉花塞住保護，不讓空氣排出。第一個試管的汁液腐爛了；第二個則沒有，因為空氣中的微小細菌已經被過濾掉了。他很難克服年齡的偏見，但年輕人還是被他的觀點說服了。巴斯德的一生好像一本小說。他是第一個證明狂犬病是由細菌攜帶的人；他發明了一種由抗毒血清組成的治療方法，用於治療這種可怕的疾病。他不得不再次與同事的偏見對抗。他拯救了一個被瘋狗咬傷的孩子的生命的經歷，無疑是科學的傳奇故事之一。

麵包酵母的活性部分是一種類似於細菌的微小生物。單細胞個體經由出芽而非分裂進行繁殖。細胞的一側鼓起，形成一個「芽」，很快就變得和原始細胞或母細胞一樣大。新細胞可能以菌群形式附著，也可以單獨存

---

[013] 路易‧巴斯德（Louis Pasteur，西元 1822 ～ 1895 年），法國著名的微生物學家、化學家。他研究了微生物的類型、習性、營養、繁殖等，把微生物的研究從主要研究微生物的形態轉移到研究微生物的生理途徑方面，從而奠定了工業微生物學和醫學微生物學的基礎，並開創了微生物生理學。

在。在新陳代謝過程中，酵母釋放二氧化碳。正是這種氣體使麵糰中產生氣泡，並使麵糰發酵。

較高等的真菌是許多植物疾病的罪魁禍首，嚴重消耗了我們的農業資源。一位作家推測，在美國，僅因黑穗病（照片 15 和 16）一項，就導致一年的穀物減產約 437 萬噸。其他真菌也會造成損失。較常見的真菌疾病是黑穗病、銹病和寄生黴菌。如馬鈴薯黴菌和葡萄黴菌。真菌的細絲穿透宿主植物細胞，或分散在表面，並向細胞內送入小的吸吮突起。孢子是最顯眼的部分，通常在真菌表面形成，可能被風吹散。小麥銹病和玉米黑穗病是常見的例子。

照片 15　莖和葉染上了黑銹病的小麥。

美國植物工業局提供

第六章　植物之間的關聯

照片 16

上圖，飽滿健康的麥粒；

下圖，因小麥銹病而枯萎的麥粒。

美國植物工業局提供

　　另一類真菌，廣泛而言通常指的是肉質真菌，包括蘑菇、傘菌、馬勃菌、層孔菌及其同類。真菌最突出的部分，是孢子體，而菌絲體或細絲穿透它們賴以生長的支撐物。如果把毒菌的菌蓋切掉，背面朝下，在黑色的紙上放置幾個小時，孢子就會從菌褶上脫落，在紙上形成菌褶的痕跡。這些肉質真菌大多是腐生的。黑暗的地窖中作為食物種植的一般蘑菇，可以說明腐生生物的生存方式。把蘑菇的菌絲或菌絲體，即一團白色菌絲種植在準備好的、分解有機物的基座上。一段時間後，真菌的孢子體出現並被採集出售。

　　需要與真菌一起談論的是另一類奇異的生物，地衣。地衣由某種真菌和藻類組合而成（圖33）。這種組合（對於生命來講）稱為共生，因為這是

第一篇　植物的世界

互惠互利的。真菌包裹、保護著藻類，為其提供水和礦物鹽；同時以藻類為食，吸收它多餘的養分。真菌雖然寄生在藻類上，但藻類不會被真菌所破壞，仍然處於良好狀態。這種關係有點像人和乳牛之間的關係。

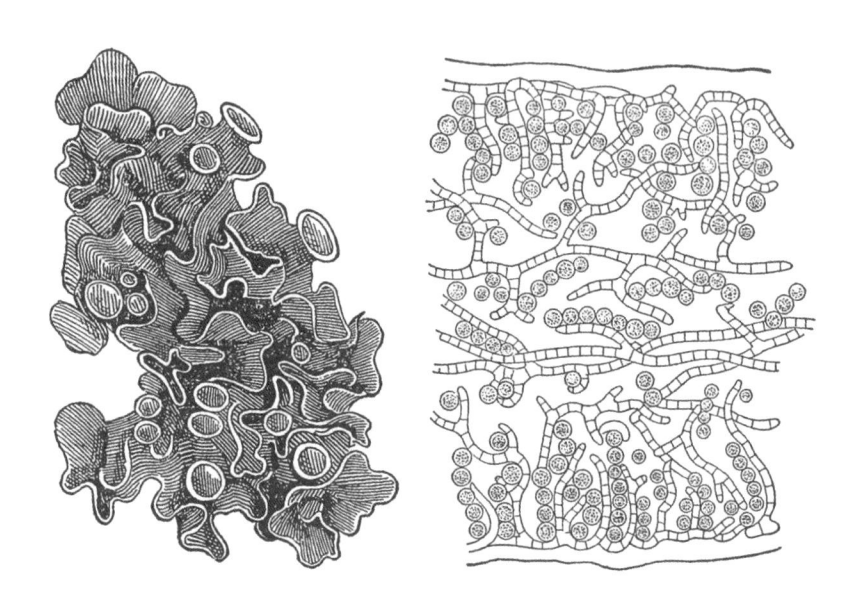

圖 33

左圖，岩石上生長的葉狀地衣（杯狀結構中含有孢子）；

右圖，多葉地衣的橫截面（細絲屬於真菌）。

引自肯納

地衣很常見。它們在樹皮上形成灰綠色的葉子孢衣，在岩石上形成紅色、黃色和黑色斑點，在地面上形成扁平或捲曲的葉狀體。北方地區，為馴鹿和北美馴鹿提供大量食物的所謂馴鹿苔蘚就是地衣。曾廣泛用於肺部疾病治療的冰島苔蘚也是地衣。

苔蘚（苔蘚植物）

第二大類植物是所有森林中漫步的人都很熟悉的苔蘚（圖34）。它們有莖和葉，但沒有明顯的維管系統。發育良好時，苔蘚經由根部吸收水

分。當接觸露水或其他水分時，它們也直接藉由葉片吸收水分。孢子體位於莖頂端的小囊中。

圖 34　苔蘚。頂端的孢蒴中含有孢子。
引自安德烈亞斯‧弗朗茨‧威廉‧申佩爾（Andreas Franz Wilhelm Schimper）

一般來說，苔蘚對人類幾乎沒有用處。泥炭蘚在北部地區形成巨大的沼澤（泥炭沼澤），用於盆栽植物的包裝和苗圃貿易。另外，由古老沼澤分解而形成的植被，主要由泥炭蘚組成，為我們提供了泥炭。在一些國家泥炭是重要的燃料。

▪ 蕨類（蕨類植物）

一般蕨類植物（第三類植物群）是生長在森林大樹下的常見植物，在熱帶潮溼森林中數量龐大，有些也生長在岩石和樹木上（圖35）。在溫暖地區，蕨類植物可能會變成樹木，類似棕櫚，並具有獨特的樹幹和巨大的

擴展複葉冠。蕨類植物群具有獨特的維管系統，與前兩大類植物群不同。孢子大部分以線或點的形式存在於葉或複葉的背面（照片 17）。

與真正的蕨類植物相關的是石松類植物，包括地松、卷柏樹（溫室裡的一種苔蘚狀裝飾植物）；還有馬尾草（又稱衝草）。它們有直挺、有節、無葉的綠色莖。由於組織中含有二氧化矽，所以莖很堅硬。蕨類植物還有其他一些不太常見的盟友。化石證據顯示，在過去的時代，尤其是石炭紀時代 [014]，蕨類植物在地球植被中占主導地位。

圖 35　蕨類植物。葉或蕨葉在幼小時呈奇特的盤繞狀。

引自愛德華・斯特拉斯伯格

---

[014]　石炭紀時代（Carboniferous），約處於地質年代 2.86 至 3.6 億年前，它可以區分為兩個時期：始石炭紀（又叫密西西比紀，3.2 至 3.6 億年前）和後石炭紀（又叫賓夕法尼亞紀，2.86 至 3.2 億年前）。石炭紀是古生代的第 5 個紀，開始於距今約 3.55 至 2.95 億年，延續了 6,500 萬年。石炭紀時陸地面積不斷增加，陸生生物空前發展。當時氣候溫暖、潮溼，沼澤遍佈。大陸上出現了大規模的森林，為煤的形成創造了有利條件。

照片 17　蕨類植物葉子的背面，高倍放大的孢子。
在這個物種中，孢子部分被薄膜蓋住。

種子植物

　　這是第四類，也是最高等的植物類。包括大多數我們所熟悉、平時常見的植物。它與前三類的區別在於，這一類植物經由胚胎形成種子。種子植物有兩個截然不同的分支 —— 裸子植物和被子植物。

裸子植物

　　裸子植物（意思是裸露的種子）也被廣泛地稱為毬果植物，因為許多裸子植物的毬果中含有種子。在北方地區，它們通常被稱為常綠植物，因為大多數裸子植物在整個冬天都是綠色的，而其他的樹木都是落葉的。這種差異在較遠的南方並不存在。那裡有許多其他種類的樹木是常綠的。裸子植物包括松樹、雲杉、冷杉、落葉松、紫杉、杜松子、紅杉（紅木和大樹）和許多其他植物，如類似棕櫚樹的蘇鐵，其樹幹短而粗壯、一簇大

葉子上有許多細長的小葉。蘇鐵被認為是裸子植物中最原始的一種，在早期地質時代大量存在。裸子植物的花與被子植物的不同之處在於，胚珠不封閉在子房內，而是裸露著，儘管通常受到周圍鱗片的保護。花粉不必穿過花柱和子房組織到達胚珠，而是直接穿過胚珠。大多數裸子植物的葉子是針狀的，如松樹；或是鱗片狀的，如紅雪松（一種杜松）。

被子植物

被子植物（意為封閉的種子）是一般的開花植物，其胚珠生於封閉的子房內。根據胚芽的子葉數量多少，這一類植物分為兩大亞類：單子葉植物和雙子葉植物。

就單子葉而言，已經描述過的玉米胚的結構，是單子葉植物的主要特徵。單子葉植物的花（萼片、花瓣、雄蕊和柱頭）通常是三瓣或六瓣，紋理平行的葉子是完整的（即邊緣不是凸凹不平的）。莖的結構不同於雙子葉植物。其維管束並非分布在具有中央髓的特定環中，而是穿過髓呈不規則排列（照片 18）。玉米莖具有這種分布特徵，但小麥及莖為中空的禾本科植物似乎違背這種分布。因為在生長早期，中心部分萎縮，維管束被迫進入環形區。然而，在這個區域內，它們呈不規則分布，用良好的顯微鏡可以觀察到。此外，莖（極少數例外）沒有形成層，所以在其組織達到成熟形態後，莖的直徑不會增加。棕櫚樹葉簇的基部慢慢形成樹幹。當它露出地面上時，樹幹的大小將與此時一樣大。

如前所述，雙子葉植物的胚胎有兩片子葉。除了針葉樹，所有北方的森林樹木都屬於這一類。就物種數量而言，雙子葉植物可能占到草本植物的三分之二。通常，花是四瓣或五瓣，葉子為網狀的紋理。維管束分布在中央髓周圍的環形區域。由於維管束中有實際或潛在的形成層，雙子葉植物莖的直徑可以增加。

第六章　植物之間的關聯

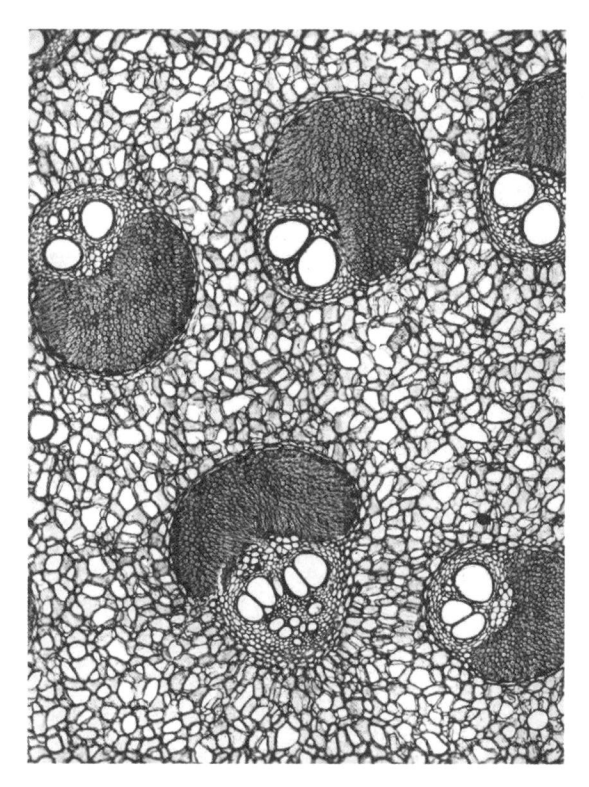

照片 18　顯微鏡下看到的棕櫚莖橫截面的一部分，顯示穿過髓的維管束。

美國林產品實驗室提供

在雙子葉植物的分類系統中，阿道夫・恩格勒[015]和卡爾・安東・歐根・普蘭特爾[016]列入 280 個科類的開花植物。列表以線性順序呈現。然而，植物的演化並不是沿著一條線，而是向多個方向發展。雙子葉植物出現在單子葉植物之後。但後者的最高類群蘭花比雙子葉植物的較低類群複雜得多。植物體本身的結構也說明了植物之間的關係。但與植物體相比，花朵不容易受到環境變化的影響，這也是遺傳關係的最關鍵之處。

---

[015]　阿道夫・恩格勒（Adolf Engler，西元 1844～1930 年），德國生物學家，他在植物分類學和植物地理學上有重要的貢獻。

[016]　卡爾・安東・歐根・普蘭特爾（Karl Anton Eugen Prantl，西元 1849～1893 年），德國植物學家。

比較知名的開花植物,尤其是溫帶開花植物的關係,將在本篇末尾的附錄中提供比這裡更多詳細的資訊。業餘園丁可能會從中發現,他憑藉經驗所熟悉的植物之間,有一些意想不到的親緣關係。

第七章
人類如何利用植物

　　人類的生存絕對依賴植物。人類也利用動物。然而相反地，動物又依賴植物。在上帝造物的故事中，植物出現在第三天，動物在第五天被創造出來，人類直到第六天才被創造出來。人們很早就了解到自己和其他動物離不開植物。

　　當然，人類自出現在地球上以來就一直在利用植物。但最初，他們發現植物就把它們取走，吃可以食用的根和果實。然而，在人類活動的早期，他們就開始以其他動物從未學會的方式，使植物適合人類所用。這一項成就使人類區別於其他動物。歸根究底，人類在動物王國的主導地位，也要歸功於此。史前，人類就學會了收集和儲存種子，種植許多植物，以確保獲得更多美味的食物。人類以某種方式學會了燃燒木材。這在人類的活動生涯中是一個巨大的進步。他們為自己無毛的身體穿上衣服，大多是動物的皮毛。但很早人類就想出了用樹皮做布以及用莖桿編織纖維的方法。

　　今天最原始的種族以多種方式利用植物，這些都需要人類的智力儲備。事實上，未開化的種族對其本土植物及其可能的用途有著驚人的了解。

　　有趣的是，今天幾乎所有重要且廣泛種植的經濟植物，自史前時代以來一直都在種植。

食物

除了豆類以外，人類的主食主要是澱粉。豆類中含有很高比例的蛋白質（含氮物質）。這是植物本身儲存碳水化合物供自身使用的部分。目前為止，最重要的主食是穀物，包括小麥、稻米、玉米、大麥和高粱。所有這些都屬於禾本科植物，在後續章節進行討論。除了穀物之外，可能最重要的澱粉類植物，至少對於白人來說，是白馬鈴薯（被誤稱為愛爾蘭馬鈴薯，因為它來自美洲）。白馬鈴薯不是根而是莖。甘薯（也來自美洲）在溫暖地區被廣泛種植，是真正的根。

豆類（豆科）因為含有蛋白質，而被廣泛使用。許多品種的菜豆、四季豆、皇帝豆（原產於南美洲）、歐洲的蠶豆以及中國和日本的大豆都是世界大部分地區的主食。在東部國家廣泛使用的其他豆科種子，有鷹嘴豆、鴿子豆和扁豆，儘管我們並不特別喜歡。

木薯，或稱樹薯，原產於巴西，現在是那裡的主食，因其肉質根而被廣泛種植。從木薯中提取的精製澱粉是一種商用澱粉。芋頭地面下的肉質部分（球莖或塊莖），是馬蹄蓮的近親，也提供了一種重要的商用澱粉。夏威夷人用它們製作芋頭食品。麵包果是東印度群島和南海群島的主食。大的球形果實煮熟後味道像新鮮的饅頭。

西谷米棕櫚樹幹提供的澱粉髓被南海群島本地人使用，精心製作的食品，西谷米已經開始商業化生產。香蕉和大蕉為熱帶地區數百萬人、尤其是非洲人提供食物。果實被煮熟後直接食用，或者晒乾後磨成麵粉。在阿拉伯和北非，棗是一種基本食物。無花果，無論是新鮮的還是乾的，都是地中海地區的一種食用植物。

可以作為食物的菜園蔬菜太多了。這裡只能提及一些比較重要的。甜菜、胡蘿蔔、歐蘿蔔、小蘿蔔、蕪菁甘藍塊根、洋蔥的鱗莖、蘆筍的幼莖、高麗菜、布魯塞爾球狀甘藍、羽衣甘藍、菠菜的葉子、花椰菜的莖和

未發育的花序、豌豆、菜豆、皇帝豆、紅花菜豆和其他豆類的種子，以及菜豆的可食用豆莢。這些蔬菜通常種植在氣候涼爽的地區。就烹飪用途而言，茄子、番茄、南瓜、黃瓜的果實可以歸類為蔬菜。春天，大黃或食用大黃多汁的葉柄可做成甘美的餡餅。結球萵苣、芹菜和水芹的葉子用來做沙拉。

食用水果自古以來就被當作輔助食品。氣候涼爽時，有蘋果、梨、木瓜、桃子、杏子、李子、櫻桃、葡萄（葡萄乾是乾葡萄，黑加侖是小的無籽葡萄乾）、覆盆子、黑莓、草莓（肉質花托）、醋栗、無籽葡萄乾、藍莓、蔓越莓、西瓜和甜瓜。幾種重要的水果從溫暖的地區船運貿易，有鳳梨、香蕉、柑橘類水果（柳丁、柑橘、檸檬、葡萄柚和酸橙）、棗和無花果（大多是乾燥的）。在熱帶地區還有更多。

某些植物產品可能被稱為輔助食品。許多堅果和乾果都是耶誕節的象徵。較常見的堅果有英國胡桃、榛子、山核桃和花生（豆類而非堅果）以及巴西堅果。除巴西堅果外，所有這些都是種植作物。巴西堅果來自亞馬遜河流域，其果實是堅硬、含有幾個有稜角種子的球狀體，是商用堅果。

一些植物產品被用作香料或調味品，不是嚴格意義上的食品。比如像蘿蔔根、辣根和一些香料：黑胡椒（果實）、丁香（花蕾）、甜胡椒（果實），肉荳蔻（種子）、肉桂（樹皮）、紅色或辣椒色胡椒（果實）、薑（根）和芥末（種子）。

香草，是一種最受歡迎的調味料，來自攀援蘭花的莢。一些花卉和果實提供用於製作調味品或香水的精油。最著名的香水之一是玫瑰花瓣製成的香精油。薄荷和薄荷油是薄荷科植物提取精油的例子。冬青油來自藍莓科植物。

製作食物用的主要植物油來自玉米、橄欖、花生、椰子和油菜籽。

藥物

許多植物性藥物的強大功效都歸功於生物鹼。長期以來，嗎啡被認為是一種止痛藥，是鴉片中的生物鹼，由罌粟的乳白色汁液製成。古柯鹼來自古柯樹的葉子，這是一種生長在秘魯和玻利維亞山坡上的灌木。安地斯山脈的土著人咀嚼摻有灰漿的樹葉。釋放的生物鹼具有興奮劑的作用。奎寧是一種抗瘧疾的特效藥，來自秘魯金雞納樹的樹皮，但現在廣泛種植在錫蘭、爪哇和鄰近國家。馬錢子鹼是一種劇毒物質，來自亞洲一種樹的種子。

其他一些常見的藥物有：阿托品（顛茄的活性成分），取自致命的茄屬植物的根和葉；番瀉葉，取自決明子葉（豆科）；蘆薈，取自蘆薈汁（百合科）；吐根製劑，取自南美洲藤蔓植物的根；桉樹油，取自澳洲桉樹；洋地黃製劑，取自於毛地黃的葉子；撒爾沙製劑，取自美洲熱帶綠薔薇（菝葜屬）的根；黃樟，一種常見的家庭用藥物，取自黃樟樹根的樹皮（美國東部）；烏頭（狼毒），取自附子的葉子。咖啡因是咖啡、茶和可樂果的活性成分。蓖麻油，我們童年的禍根，來自蓖麻籽。樟腦是從亞洲樹木的枝條和木材中提取出來的。大麻，或稱印度大麻，是一種由產生大麻纖維的同一種植物的種子製成的藥物。喬木籽油，取自緬甸樹的種子，最近因其對治療痲瘋病有益而備受關注。約瑟夫・洛克[017]博士在其原生棲息地，歷經艱難險阻尋找種子的故事，成為植物學上的浪漫佳話。如今人們正在栽種這種樹，其籽油很快就會被廣泛使用。

飲料

直接來自植物的三種常見飲料是：茶，在中國、日本和印度種植的一種灌木的葉子；咖啡，生長在兩半球熱帶涼爽山區小樹的種子；可可，原

---

[017] 約瑟夫・洛克（Joseph Rock，西元 1884 ～ 1962 年），美籍奧地利探險家、植物學家、地理學家和語言學家。曾於 20 世紀初，以美國《國家地理雜誌》（*National Geographic*）、美國農業部、哈佛大學植物研究所的探險家、撰稿人、攝影家的身份到雲南滇緬邊境以及西藏考察。

產於南美洲的一種樹的種子,但現在正被廣泛種植。瑪黛茶,或巴拉圭茶,一種灌木的葉子,在南美洲南部被廣泛使用。酒精飲料都是植物的間接產品。

◼ 纖維

到目前為止,世界上最重要的纖維植物是棉花。這種商品是從種子上生長的細長纖維中獲得的。其他四種重要的纖維植物是亞麻、大麻、黃麻(這些植物由莖提供纖維)和呂宗麻(馬尼拉麻),其有鞘的葉柄提供纖維。亞麻提供製作亞麻製品的精細纖維;其他纖維植物提供用於繩索和粗布的粗纖維。劍麻,是用猶加敦半島百年植物的葉子製成,用於製作穀物收割的綁繩。還有許多其他不那麼重要的纖維。

現代最重要的發明之一是紙,因為紙是書籍製作的基礎,書籍帶來了知識的廣泛傳播。造紙的原料是植物纖維素,從亞麻和棉纖維中獲得。近年來也從木漿、稻草和其他材料中獲得。人造絲或者人造絲綢也是木材和其他含纖維素物質的產品。

在古代,有一種書寫材料是用紙莎草製成,紙莎草是一種生長在淺水中的高大莎草。

◼ 木材

我們的森林為建築、家具和其他用途提供了多種木材。針葉樹是木材的主要來源。以前廣泛使用的白松越來越稀缺,其他種類的樹木正在取代這種珍貴的樹種。太平洋海岸的花旗松和紅杉現在正運往世界各地。在櫥櫃製作中,人們使用黑胡桃木、楓木、橡木、樺木等,因為它們需要高度拋光。鬱金香樹提供一種軟木材,櫥櫃製造商稱之為黃楊木,儘管它與楊樹毫無關聯。特殊用途需要特殊木材,如白蠟樹和山核桃樹。

很多熱帶樹木,如桃花心木、烏木、紫檀和檀香木,提供需要高度拋

光的堅硬緻密木材。來自英屬蓋亞那的綠心硬木用作海港碼頭和船塢的樁體，因為這種木材能抵制蛀船蟲或船蛆的侵蝕。藤是一種攀援棕櫚樹，用於製作家具，劈開的藤條則用於椅座。

染料

以前，人們大量使用植物染料。但近年來它們已逐漸被人造產品所取代。靛藍來自生長在印度的一種豆科植物的莖和葉；番紅花來自一種藏紅花屬植物的柱頭。洋蘇木是美國熱帶地區的一種樹木，其木材提取物是幾種染料，尤其是黑色染料的主要成分。紅色染料是由一種草本植物的根製成的。一種常見的染料是從巴西蘇木的心材中提取的。

其他用途

製革材料來自於橡樹皮、紅樹林以及其他幾種樹木和灌木。橡膠是由幾種樹木的乳白色汁液製成。其中最重要的是原產於巴西的巴拉橡膠樹。幾年前，橡膠只是從野生樹木中生長出來。但後來在馬來西亞、爪哇島和東部其他地方種植了這種橡膠。在美國，人們正試圖用沙漠灌木、銀膠菊來製作橡膠。兩種相關的物質是：杜仲膠及樹膠。前者來自馬來亞樹的乳白色汁液，後者來自中美洲霸王樹，是製作口香糖的主要成分。

菸草取自一種美國茄科植物（尼古丁）的葉子，其效果源自一種生物鹼，尼古丁。

有一些植物油，尤其是橄欖油（來自橄欖果實），廣泛用於製造肥皂、烹飪及作為其他油的調和物。椰子果肉乾燥後稱為乾椰子肉，從中可以提取椰子油。棕櫚油來自非洲油棕。

在前面的段落中已經提到花生油和棉籽油。它們是我們最重要的植物油之一，用途多種多樣。

有幾種重要的商業植物產品通常被歸類為樹膠、香脂和樹脂。

阿拉伯樹膠來自埃及樹的汁液。松樹樹液中的松脂經過蒸餾後，產生松節油或松節油精；殘渣生產普通松香。加拿大香脂來自香脂冷杉。琥珀是一種化石樹脂。

煤是歷經漫長歲月由植物演變而來的產物。我們可以把大量從煤中提取的物質，如煤氣、焦油和許多煤焦油衍生物，包括人造染料和合成藥物，歸類為植物產品。

飼料植物對人類來說不可缺少，因為人們用它們來餵養家畜。

栽培的飼料植物主要屬於草科和豆科。栽培的豆科飼料有三葉草和紫花苜蓿、大豆、絲絨豆、蠶豆以及幾種同屬的植物。

下表列出了比較重要的經濟植物及其所屬的科、可利用的部分及起源的半球：

名字	科	利用的部分	起源地[018]
主食			
小麥	禾本科	種子	
稻米	同上	同上	
玉米	同上	同上	A
大麥	同上	同上	
黑麥	同上	同上	
燕麥	同上	同上	
高粱	同上	同上	
馬鈴薯	茄科	塊莖	A
甘薯	旋花科	肉質根	A
菜豆	豆科	種子	A

---

[018]　標記為「A」的原產於西半球（美洲）。其他的來自東半球。某些類群的某些物種，如李子和葡萄，起源於一個半球，而同一類群的其他物種起源於另一個半球。這些類群在起源地一欄標記為「A（部分）」。

名	科	利用的部分	起源地
皇帝豆	同上	同上	A
大豆	同上	同上	
木薯	大戟科	肉質根	A
芋（芋頭）	天南星科	塊莖	
山藥	山藥科	肉質根	
麵包果	桑科	果實	
西谷米、西谷米椰子	棕櫚科	莖澱粉髓	
香蕉	芭蕉科	果實	
芭蕉	同上	同上	
椰棗	棕櫚科	同上	
無花果	桑科	同上	
蔬菜			
豌豆	豆科	種子	
菜豆	同上	同上	A
皇帝豆	同上	同上	A
紅花菜豆	同上	同上	A
四季豆	同上	豆莢和種子	A
甜菜	藜科	肉質根	
胡蘿蔔	傘形科	同上	
歐防風	同上	同上	
蕪菁甘藍	芥科	同上	
高麗菜	同上	葉子	
球芽甘藍	芥科	葉子	
花椰菜	同上	莖和未發育花序	
洋蔥	百合科	球莖	
蘆筍	同上	幼莖	

名	科	利用的部分	起源地
菠菜	藜科	葉子	
茄子	茄科	果實	
南瓜	葫蘆科	同上	
倭瓜	同上	同上	A
黃瓜	同上	同上	
番茄	茄科	同上	A
大黃	蓼科	多汁的葉柄	
小蘿蔔	芥屬，十字花科	肉質根	
芹菜	傘形花科	葉柄	
萵苣	紫苑屬	葉子	
水果			
蘋果	薔薇科	果實	
梨	同上	同上	
柑橘	同上	同上	
桃子	同上	同上	
李子	同上	同上	A（部分）
杏子	同上	同上	
櫻桃	同上	同上	
覆盆子	同上	同上	A（部分）
黑莓	同上	同上	A（部分）
草莓	同上	果實的肉質花托	A（部分）
葡萄	藤本	果實	A（部分）
鵝莓	虎耳草科	同上	A（部分）
無籽葡萄乾	同上	同上	
藍莓	杜鵑花科	同上	A
蔓越橘	同上	同上	A

名	科	利用的部分	起源地
菠蘿或鳳梨	鳳梨科	果實	A
橘子	芸香科	同上	
柑橘	同上	同上	
檸檬	同上	同上	
葡萄柚	同上	同上	
酸橙	同上	同上	
西瓜	葫蘆科	同上	
甜瓜	同上	同上	
芒果	漆樹科	同上	
酪梨	樟科	同上	A
香蕉	芭蕉科	同上	
調味料			
辣根	十字花科	肉質根	
黑胡椒	胡椒科	果實	
甜胡椒	桃金娘科	同上	
丁香	同上	花蕾	
肉桂	樟科	樹皮	
肉荳蔻	肉荳蔻科	種子	
紅辣椒	茄科	果實	A
芥末	十字花科	種子	
薑	薑科	根	
香草	蘭科	豆莢	A
糖類			
甘蔗	禾本科	莖	
甜菜	藜科	肉質根	
楓樹	楓科	樹液	A

第七章 人類如何利用植物

名	科	利用的部分	起源地
堅果			
英國核桃、胡桃	胡桃科	種子	
美洲山核桃	同上	同上	A
榛子	樺木科	同上	
花生	豆科	同上	A
巴西堅果	玉蕊科	同上	A
栗子	殼斗科	同上	A（部分）
杏仁	漆樹科	同上	
腰果	同上	同上	
藥物			
麻醉劑	罌粟科	奶白色汁液	
嗎啡	同上	同上	
古柯鹼	古柯科	葉子	A
奎寧	茜草科	樹皮	A
吐根	同上	根	A
士的寧、番木鱉鹼	雲灰蝶亞科	種子	
蓖麻油	大戟科	同上	
大木瓜油	大風子科	同上	
樟腦	樟科	木質	
印度大麻製劑	桑科	種子	
阿托品	茄科	根和葉	
番瀉葉（輕瀉藥）	豆科	葉子	
蘆薈	百合科	汁液	
桉樹油	桃金娘科	葉子	
洋地黃、毛地黃	元參科	同上	
撒爾沙植物	百合科	根	A

125

名	科	利用的部分	起源地
黃樟	樟科	根的皮	A
烏頭草提煉的強心止痛劑	芍藥科	葉子	
飲料			
咖啡	茜草科	種子	
茶	山茶科	葉子	
可可飲料	梧桐科	種子	A
纖維			
棉花	錦葵科	種子的纖維	A（部分）
亞麻	亞麻科	莖的纖維	
大麻	桑科	同上	
馬尼拉麻	芭蕉科	葉柄的纖維	
劍麻	龍舌蘭科	葉子的纖維	A
櫥櫃用木材			
桃花心木、紅木	楝科	木質	A
烏木、黑檀	柿樹科	同上	
紫檀木	豆科	同上	A
白檀	檀香科	同上	
藤	棕櫚科	莖	
染料			
靛藍	豆科	莖和葉子	
藏紅花、橙黃色	鳶尾科	柱頭	
楊蘇木	豆科	木質	A
茜草染料、茜草色	茜草科	根	
巴西蘇木	豆科	木質	A

名	科	利用的部分	起源地
油			
橄欖	木犀科	果實	
玉米	禾本科	種子	A
椰子	棕櫚科	同上	
棕櫚	棕櫚科	種子	
花生	豆科	同上	A
棉籽	錦葵科	同上	A（部分）
其他混雜植物			
橡膠	大戟科	奶白色汁液	A
古塔膠、杜仲膠	山欖科	同上	
製作口香糖等			
樹膠	同上	同上	A
菸草	茄科	葉子	A
阿拉伯樹膠	豆科	汁液	
松節油、松脂	松科	樹液	A（部分）
樹脂	同上	同上	A（部分）

附錄

按科分類的知名植物群

一、單子葉植物

單子葉植物最低階的科是香蒲科、眼子菜科（莖和葉被淹沒，但也經常有漂浮的葉和不顯眼的綠色小花）、澤瀉科（常見的是沼澤植物，有箭頭形的葉子和白色的花）和水鱉科（包括緩慢溪流中常見的帶子草，葉子呈帶狀，淹沒在水中）。

禾本科植物的結構相當簡單，是由簡化的（從更複雜的種群演化而來）而非原始的形態組成（見第四篇）。莎草科是一個近親科，與禾本科植物相似，但花的結構不同，有三排葉子，莖有三個稜角。莎草科植物通常在沼澤中生長，在那裡形成不同的植被帶。

這一科植物雖然很龐大，但包含的經濟物種很少。溫室裡的傘狀莎草和埃及人的紙莎草就是例子。早期的紙張就是紙莎草製成的。所謂的克利克斯地毯是由一種叫做苔草的莎草製作而成。

美麗而優雅的棕櫚樹構成了一個植物科，被認為是有史以來的一個天然種群。它們是熱帶地區特有的喬木和灌木。儘管有幾個物種，像南部各州的龍鱗櫚，一直延伸到溫帶國家，而且在阿拉斯加發現了棕櫚化石。阿拉伯和北非的椰棗樹現在生長在加利福尼亞和亞利桑那州，很早就因為其果實而被種植，這是北非綠洲的主食。非洲油棕的種子提供製造肥皂所用的大部分油脂。也許最有名的棕櫚樹是椰子，熱帶國家的旅行者都很熟悉。

椰子出現在所有描述溫暖氣候的廣告中，令人們深深著迷。除了是一種美麗的樹木，椰子還是最有用的植物之一。它的葉子、木材和果實有多種用途。椰子「奶」是一種非常美味的飲料。成熟堅果的乾燥椰子肉主要從熱帶國家出口，椰子油用於製作肥皂及其他用途。

商業藤條是攀緣棕櫚的莖。西谷米棕櫚的澱粉質木髓是南海諸島的主食。

天南星科植物在熱帶地區數量眾多，但在北部地區很少。馬蹄蓮可能是這一科植物中最常見的例子。最顯眼的部分是經過特殊改良的葉子，裡面的小肉質葉柄上是細小的花朵。其他代表性植物還有印度天南星、臭冷杉、菖蒲、秋海棠，還有溫室奇特的攀爬蓬萊蕉（學名龜背竹），葉子很大，上面有大的排孔。

最小、也最簡單的開花植物是浮萍，它們類似於天南星科植物。由於很少開花，所以與天南星科植物的關係通常不明顯。它們是無莖植物，直徑 0.1 至 1cm 不等，在靜水表面上自由漂浮。夏季和秋季，這些植物可能會完全覆蓋池塘和溝渠的表面。它們屬於無性繁殖，也就是說，從一種植物在另一種植物上發芽繁殖的方法。

鳳梨科植物，包括許多附生植物或氣生植物。其中一種是長苔蘚，或西班牙苔蘚。這種苔蘚厚厚地掛在南方各州的活橡樹和其他樹木上。鳳梨原產於美國，但現在已在所有熱帶地區種植。

百合科和石蒜科關係密切，可以一起討論。我們的許多觀賞性多年生草本植物都屬於這一類。除了各式各樣的百合和喇叭花之外，還有水仙（包括黃水仙花和龍舌蘭）、谷幽百合、絲蘭和龍舌蘭。

在我們的菜園蔬菜中，這些科的成員包括洋蔥、韭菜、大蒜以及蘆筍。

山藥科植物很重要，因為它包括山藥，這是熱帶地區數百萬人的主

食。大的山藥澱粉根通常重達幾公斤。

在美國，屬於完全不同科的各式各樣的甘薯，都叫做山藥。

鳶尾（美國也稱藍鳶尾）科與百合科類似，但花有三個而不是六個雄蕊，花柱非常顯眼，分成三個帶狀的分割槽，彎曲在三個萼片上。每一個分割槽的背面都有一個唇瓣，或叫皮瓣。這是真正的柱頭。

這種奇特的構造都是為了幫助授粉。一隻來訪的昆蟲，例如大黃蜂在柱頭分割槽下向下推；如果蜜蜂背部有花粉，就會被皮瓣刮去，然後蜜蜂會從皮瓣下的花葯中獲得更多花粉。番紅花和唐菖蒲就屬於鳶尾科。

香蕉、薑、美人蕉和竹芋是一組相互關聯的科。它們都有不規則的花和寬而薄的葉子，有許多側脈從中脈延伸到邊緣。香蕉是一種類似樹的草本植物，結了一束果實後在地上枯萎，莖被腋芽代替。在熱帶地區廣泛用作食物的大蕉，是香蕉的近親。另一種同類植物，主要生長在菲律賓和相鄰國家，提供馬尼拉麻或馬尼拉大麻。美人蕉，或稱小花美人蕉，是一種常見的觀賞植物，開紅花或黃花。商業生薑來自一種類似美人蕉的植物的根莖。商業竹芋是一種易於消化的澱粉，用作久病衰弱者的食物，來自同樣植物的根莖。

蘭花在單子葉植物中演化程度最高。花是不規則的，許多花的形狀和顏色都很漂亮。在物種數量上，蘭花是兩個最大的植物科之一，儘管通常不會同時發現大量的個體。授粉方法通常很複雜。許多蘭花品種都改變很大，以至於每一種蘭花只依賴於一種昆蟲攜帶花粉。並不是所有的蘭花品種都有大而豔麗的花朵，比如我們溫室裡看到的卡特蘭、石豆蘭、石斛蘭等。大多數有小的或不顯眼的花，有些花並不比大頭針的頭部大，但所有花的形狀都很奇特。數量巨大的蘭花物種中很多都是附生植物，生長在熱帶地區的樹枝上。但也有很多不是附生的，生長在熱帶以外的地方。美國東北部，共有 18 個屬、68 個蘭花物種，全部生長在地面上。杓蘭屬（意

思是兜蘭）的杓蘭，或鳳仙花有大的囊狀唇瓣，被花被的三個狹窄分區向外側拱起。這些蘭花——粉色的、黃色的和白色的，常見於潮溼的鐵杉或松林上、沙質沼澤和溼地以及茂密的樹林中。幾種帶邊飾的蘭花——紫色的、深黃色的和白色的——如玫瑰色的水神、美鬚蘭和朱蘭，都生長在沼澤、溼地和潮溼的樹林中，形狀和顏色都非常精緻。而許多陸生蘭花，有不顯眼的白色或綠色小花。在眾多蘭花中，只有一種被用於商業目的，而不是作為觀賞植物。這是香子蘭，是美洲熱帶的一種藤蔓植物，它的提取物用於製作調味品。

二、雙子葉植物

著名的柳樹科由柳樹和楊樹組成。這兩類植物早已被人們所知。微小的單性花沒有花冠，長在花序中，因其酷似貓的尾巴而得名。這些初春時出現在一些柳樹上的灰色小花序是開花前的小柳絮，皮毛是眾多小苞片上的軟毛。雖然花的結構相當簡單，但它們似乎是高度演化的科類植物的簡化形態，而不是像木蘭花那樣真正的原始形態。

柳樹和楊樹屬於木本植物，成樹前的灌木狀態只有 2.5 至 5cm 高，且形狀不一。它們很容易經由插枝繁殖。但應該留意，插枝複製植物的性特徵，那些來自雄蕊樹的插枝只繁殖有雄蕊的植物。如果想要繁殖一般的棉白楊（楊樹的一種），不想要雌蕊樹的大量起毛的種子，則應選擇雄蕊樹上的插枝。

橡樹構成另一個人們已經認識很久的天然群體。橡樹的植物學名稱，*Lûercus* 是維吉爾[019]經常提到的橡樹的拉丁名。橡樹有橡子，這是一種與眾不同的果實。

---

[019] 維吉爾（Publius Vergilius Maro，西元前 70～西元前 19 年），出生於曼托瓦，羅馬詩人。被認為是世界文學史上最偉大的文學家之一，作品有《牧歌集》（*Eclogues*）、《農事詩》（*Georgics*）、《艾尼亞斯紀》（*Aeneid*）等，其中的《艾尼亞斯紀》長達十二冊，是代表著羅馬帝國文學最高成就的巨著。

第一篇　植物的世界

　　與橡樹有關的是栗樹和山毛櫸，它們直接在枝條上開一到四朵不顯眼的雌花，在柔荑花序中開雄花。

　　橡樹和山毛櫸的花序很小，在春天葉子剛長出來時出現。但是栗樹在夏天開花，形成堅挺的、芳香四溢的白色細長物，在綠葉的映襯下，格外醒目。與這些樹關係不太密切的是胡桃和山核桃。它們有相似的花和果實。此外還有榛樹（包括歐洲榛樹）、樺樹和榿木。後兩種有微小的帶翼翅堅果，長在錐形的花序上。這些類群中，每一個都是一個屬，樺樹和榿木組成一個科，所有類群一起組成一個目。

　　另一目包括我們所知的榆樹、桑樹和蕁麻等幾個同類。其中一種桑樹為桑蠶提供食物。桑樹科包括熱帶麵包果和無花果。無花果樹有很多種，但最重要的是商業無花果樹。飯店大廳有厚厚光滑葉子的人造植物，就是一種無花果樹。蕁麻科包括刺人的蕁麻，這是我們童年在籬笆角落探險時的禍根：刺痛的絨毛把毒素注入到皮下。與蕁麻相關的是蛇麻和大麻。

　　蕎麥家族包括製作蕎麥蛋糕的穀物，以及用多汁的酸性葉柄製作餡餅的大黃或大黃葉柄。我們花園裡的幾種雜草（蓼、酸模和酢漿）和荏蓼都屬於這一科。本科許多品種的小果實都是發亮的三角形。

　　莧菜（豬草科）和藜腳類（鵝掌科）是姊妹科。它們的花很小，沒有花瓣。也包含有幾種常見的雜草（豬草和藜），以及花園裡的雞冠花。在某些分類中，無花瓣科被單獨劃分為雙子葉植物的一個分支。但現代分類傾向於將它們劃分在相關的花瓣科中。紫茉莉屬於類似的科，沒有花瓣，但花萼像花冠一樣豔麗。九重葛是溫暖地區常見的觀賞藤蔓植物，屬於同一科。但這種植物，構成豔麗花序部分的是苞片而不是花瓣。

　　粉色科植物以粉色和溫室的康乃馨、石鹼花和小繁縷而聞名。

　　很多植物學家認為木蘭科植物是雙子葉植物中最原始的一科。

有幾個從中國和日本引進的栽培品種，在早春葉子出現之前就開滿了白色或粉紅色的大花。萼片、花瓣、雄蕊和雌蕊從幾個到數個不等，都彼此分開。鬱金香樹屬於這個科，儘管它只有三片萼片，六片花瓣。這種樹的葉子與其他樹的葉子不同，它寬大的頂端看起來像是用剪刀剪下來似的。

月桂科包括許多木質和樹皮芳香的木本植物，如樟樹（從其木質中蒸餾出樟腦）、肉桂（其樹皮提供香料）和檫木。另一種月桂，酪梨或酪梨樹，原產於熱帶美洲，在佛羅里達州南部和加利福尼亞州種植，其果實運往北方市場。在羅馬時代，南歐月桂的葉子用於製作象徵勝利的皇冠。

與月桂樹類似的一科包括東印度群島的肉荳蔻樹，其種子是商業肉荳蔻。商業肉荳蔻的皮是種子的果肉覆蓋物。種子由一種鴿子傳播，鴿子吞下帶皮種子，消化果肉，並完好無損地將肉荳蔻種子中的核仁排泄出。

毛茛及其類似植物是與木蘭科植物關係密切的草本植物。它們的雄蕊和雌蕊通常很多，如常見的黃色毛茛。屬於同一科的植物有：東部森林中的鐵線蓮、獐耳細辛、銀蓮花，還有沼澤金盞花、藍花耬斗菜、附子和飛燕草。

池塘裡的睡蓮（Water Lily）是一個類似的科，花朵呈現出許多部分，就像玉蘭一樣。它們根本不是現代意義上的百合花（Lily）。早在復活節百合及其同類被命名為百合屬植物之前，這個詞就被用來指稱任何特別可愛的花。

十字花科或芥菜科植物是比其他許多植物科更自然的類群，因為花的結構遵循一個非常明確的預期。早在用任何現代方法對植物進行分類之前，人們就已經注意到了這個群體。它們是帶有刺激性汁液的草本植物。白色或黃色（很少粉色）的花，有四個萼片、四個花瓣、六個雄蕊（其中兩個比其他的短）和一個雌蕊。雌蕊在果實中形成雙細胞的莢果。四片花瓣呈十字形展開，故名十字花科。

第一篇　植物的世界

　　幾種菜園的蔬菜屬於這一科：高麗菜及其衍生品種——花椰菜、抱子甘藍、羽衣甘藍和球莖甘藍（所有這些都源於野生高麗菜）、白蘿蔔、蘿蔔、辣根、還有水芹。芥末、胡椒草和薺菜是常見的雜草。商業芥末是由栽培的白芥末和黑芥末磨細的種子製作而成。

　　屬於不同科但彼此類似的科有小檗科和蘋果亞科；罌粟科和北美罌粟科；牡丹科和荷包牡丹亞科；豬籠草科植物；茅膏菜科和捕蠅草科。

　　虎耳草科包括加侖、鵝莓和幾種觀賞灌木。像繡球花、山梅桔和馬桑溲疏。

　　薔薇科家族是大家熟悉的，也是很重要的。一般玫瑰的花朵就能顯示其結構。花萼和通常豔麗的花冠內有許多雄蕊和（通常）許多雌蕊，如較原始的木蘭。但雄蕊和花瓣附著在花萼杯上，顯示出較高的演化程度。經由對草莓、黑莓和蘋果的花進行比較，可以看出它們非常相似。因此無論外觀（草本、灌木和樹木）有什麼不同，它們通常都被歸入同一科。許多常見的水果都屬於這個家族：蘋果、梨、木瓜、桃子、李子、櫻桃、杏子、草莓、覆盆子和黑莓；還有許多觀賞植物，如玫瑰和繡線菊。

　　豌豆或豆科植物是一個大科類，其成員因花朵的特殊形狀而很容易辨識。香豌豆、豌豆、豆子（多種）、扁豆、三葉草、紫花苜蓿、刺槐和美麗的紫藤都是這一科中常見的成員。仔細觀察一下這些花，就會發現它們十分相似。例如，三葉草頂部的單花與香豌豆花的結構大致相同。果實儘管大小不同，但也很相似（都是莢果）。

　　花生因其油脂而被廣泛種植。我們在花生田地可以發現，其獨特之處在於，在地面上形成的花自行埋在土裡，使果實在地下生長。

　　當然，這種埋土有助於耕作。豆莢裡有一到三粒種子，即我們吃的「堅果」。花生種子與大豆的種子相似。當種子的兩半或稱子葉分開時，可以在基部看到小胚芽或小莖。

附錄　按科分類的知名植物群

　　與豆科植物類似的科類成員包括：天竺葵，通常作為室內植物種植；亞麻，其纖維莖可以製作亞麻製品，其種子（亞麻籽）產生寶貴的油和殘渣（油餅），油餅是牛的營養食品；酢漿草和白花酢漿草，以其酸性、三葉草般的葉子以及一碰就爆裂的豆莢而聞名；花園裡的旱金蓮，有奇怪的盾形葉子（莖或葉柄從圓形葉片的中心生長出來）。

　　芸香科對我們來說很重要，因為其中包括柑橘類水果。拉丁語通用名 Citrus，形容詞，意思是柑橘屬植物。我們還有檸檬酸。這是柑橘類水果的酸，在酸橙和檸檬中含量最豐富；還有香櫞，其果皮可加工成蜜餞。我們市場上常見的柑橘類水果有柳丁、橘子、檸檬和葡萄柚。酸橙不太常見，生長在西印度群島，用於製作酸橙汁和檸檬酸。在東部各州，這一科的代表植物有花椒樹和啤酒花樹。

　　大戟科植物包含許多常見的物種。菜園裡的巴豆通常種植在溫暖地區，它的葉子常常扭曲成螺旋形，顏色各異，斑駁得出奇。蓖麻籽看起來很像馬鈴薯瓢蟲，是藥用蓖麻油和潤滑劑的原料。這種植物因為生長迅速，仍然種植在世界遙遠角落的原始小屋旁。木薯（或樹薯）是僅次於穀物和馬鈴薯的世界上最重要的糧食作物之一。含澱粉的肉質根是使用的部分。有些品種含有氫氰酸，是一種致命的毒物。但是，可以經由烹飪去除。木薯的發源地是巴西，但目前在所有溫暖地區都廣泛種植。這種植物的可食用產品以提純為木薯澱粉的形式進入美國市場。屬於這一科的巴西漢樹是巴拉橡膠的來源。巴拉橡膠現在是最重要的商業橡膠，在馬來地區廣泛種植。橡膠也可以從其他科的植物中獲得。一些乾旱地區的大戟樹類似於某些仙人掌。基督刺，或荊棘之冠是一種大戟樹，有血紅色的小花和多刺的莖。許多大戟樹都有乳白色汁液。

　　漆樹屬於腰果科。毒常春藤和毒橡樹是同一物種的兩種形態。第一種是經由小根攀爬樹幹，第二種是灌木狀。葉子有三片小葉，果實是一簇白

色的漿果。樹葉中含有一種油，許多接觸過它的人，皮膚都會中毒。有紅色漿果的物種是無害的。一種常用於製造亮光漆的樹脂（油漆）是從一種日本漆樹中獲得。腰果、開心果和甘美的芒果屬於這一個科類。

與腰果樹相關的科有冬青科（這一科植物有：我們的耶誕冬青和巴拉圭茶——南美的一種常見飲料）；楓樹科，包括楓樹、七葉樹和馬栗樹；還有香脂科，包括我們花園中的蘇丹女眷，一種無核小葡萄和含羞草，以及潮溼森林中的野生鳳仙花。所有這些植物都有多汁的莖幹、不規則的花朵和爆裂的豆莢。

藤本科植物包括維吉尼亞爬山虎、波士頓葡萄樹以及其他葡萄樹。葡萄因其主要特點：果實和卷鬚而為人們所熟知。舊大陸葡萄自史前時代就開始種植。歐洲的釀酒葡萄和進口的鮮食葡萄都屬於這個品種，在加利福尼亞州也廣泛種植。除加利福尼亞州外，美國的葡萄品種多樣，是幾個美國品種的雜交品種。美國葡萄與歐洲葡萄的區別在於，其果肉可以從葡萄皮中被掐出來（因此有時稱為「滑皮」）。由於從美國傳入的葡萄根瘤蚜的肆虐，現在歐洲葡萄被嫁接到一種對昆蟲攻擊有免疫的美國品種的根上。

葡萄乾是某些葡萄品種如黑加侖（最初從希臘科林斯市進口的）脫水而成的，是一種小型無籽葡萄乾品種。

椴木、菩提樹或酸橙屬於一個科類，但在美國的代表性較差。沿用了一個世紀的兩輪輕便馬車的輪輻是用椴木製成的。製作袋子的材料黃麻纖維取自東印度群島的一種同科灌木。錦葵科植物以其特有的花朵而著稱，菜園中常見的蜀葵就是一個很好的例子。它們通常顏色豔麗，有大量雄蕊從中心豎起，非常醒目。棉花是這一科中的一員。除了食用植物外，棉花可能是世界上最重要的植物。棉花纖維是種子的副產物，由軋棉機取出。種子本身提供了眾所周知的棉籽油，以及榨油後廣泛使用的肥料和牛糧（油餅）。棉花的採摘是手工完成的，是一個費力的過程。但採摘機器現在

正在投入使用。幾年前，植物工業局的一位著名科學家在一次科學家會議上，談到需要一種採摘棉花的機器。他開玩笑說，也許可以訓練猴子來做這一項工作。結果，一位報社記者聽到了這句話，隨後一則猴子作為採棉工人的新聞報導出現在媒體上。很快地，該局就被要求提供進一步的資訊，如：在哪裡可以獲得這些受過訓練的猴子。這讓那位科學家感到非常尷尬。屬於錦葵科的植物還有：芙蓉花，包括中國芙蓉花（中國的玫瑰）、灌木蜀葵屬植物（沙崙的玫瑰）、其他觀賞樹木和灌木以及一種在南方流行的蔬菜秋葵。

臭椿樹，或稱天堂樹，是從亞洲引進的一種高大優雅的樹；可可樹，是巧克力和可樂果的來源。兩種樹屬於與錦葵科類似的科類。

可可樹是一種高大樹木，樹幹和大枝上有不定芽，開著芳香的白色小花。果實直接結在樹幹和枝條上，肉質豐滿，長度為 20 公分或更長。茶樹屬於相近的科類。

有幾個有趣的科類，大多是熱帶科，介於上述科和紫羅蘭科之間。其中紫羅蘭在美國有 100 多個品種，是最大的屬。紫羅蘭（包括三色紫羅蘭）構成了一個非常獨特的群體，花朵雖然大小和顏色不同，但只有一種圖案，所以很容易辨識。除了幾種我們都喜愛的花是由昆蟲授粉以外，大多數花是近距離授粉，莖桿短小，花瓣全部打開。整個夏天花都會一直綻放。圓形飽滿的莢果在樹葉下可見，或者部分埋在土壤中，一直到秋天。莢果成熟時就會猛然爆裂，種子撒向四面八方。

與紫羅蘭科關係相當密切的是高度特化的西番蓮科。這些美麗的花朵是早期牧師在荒野中發現的。西番蓮經常被用作教堂的刺繡品和裝飾圖案。美國南部各州生長著幾種西番蓮，大朵紫色的花朵美化了卡羅來納州的鐵路路堤。有些品種的果實可以食用。

秋海棠屬於熱帶和亞熱帶草本植物的一個小科。莖多肉，葉不對稱，

第一篇　植物的世界

通常顏色鮮豔，花朵質地光滑。它們是最受歡迎的室內植物，其中一些很容易從不定芽繁殖而來，不定芽是由切口處的葉子上發育的。

　　仙人掌科是一個異乎尋常的群體，起源於美國，高度特化，適應沙漠或半沙漠條件。莖被壓縮成肉質、多汁、通常多刺的柱狀、球狀或卵圓形或扁平厚塊。表面積減少，保護植物避免水分蒸發（大多數沒有常規的葉子），豐富的刺保護它們不受草食動物的傷害。亞利桑那州的巨型仙人掌是沙漠景觀中常見的部分，其柱狀莖有時高達 18 公尺。桶形仙人掌是沙漠中處境艱難的旅行者寶貴的水源。他們切下頂端，把桶形軀幹裡的果肉搗碎，濾出汁液，然後喝下。仙人掌有厚而平的大塊莖節，背面有刺。刺扎在果肉裡，很難取出。西南部的牧場主用汽油火把燒焦體刺，這樣家畜就可以吃到多汁的果肉，所以可以種植這些植物，燒去體刺供家畜每天食用。家畜聽到火把燃燒的聲音，從四面八方跑來。不需要圍欄，因為在植物被燒焦之前家畜無法接觸植物。已經培育出無刺的品種，但必須用柵欄把它們圍住並切割成飼料。有些品種的果實——仙人球或仙人掌，被當作食物。另一物種是胭脂蟲的藏匿處。這種昆蟲提供紅色染料。仙人掌汁，以仙人掌屬植物的名字命名，現在開始用於淨化鍋爐管道。早期的探險家們發現各式各樣的仙人掌時，非常好奇，把它們從美洲的沙漠帶回歐洲。尤其是仙人球，它們很容易從厚厚的節處繁殖，所以很快就在整個東半球適宜的地方落地生根。有一個物種在地中海乾旱地區占據了大片土地。而仙人球現在在澳大利亞是一種嚴重的禍害。印度無花果是仙人掌的一種，是巴勒斯坦非常獨特的一道風景，在許多描繪基督生活事件的古老繪畫中，格外引人注目，儘管這種植物直到所描繪的事件發生 1,500 年後才出現在該地區。

　　石榴、巴西堅果和紅樹林所屬的科是相近的。它們都與桃金娘科有關。桃金娘科包括桉樹（原產於澳洲，但現在生長在加利福尼亞、巴西和

附錄　按科分類的知名植物群

其他地方)、芭樂、多香果和丁香。這些群類的另一個近親是月見草科。此科包括夜間開花的夜來香。其中一些花有長達 10 公分的花冠管,由夜間飛行的天蛾授粉。美麗的室內植物紫荊(以早期德國藥劑師萊昂哈特・福克斯[020]的名字命名),屬於這一科。

歐芹科(傘形科)是我們擁有的最天然的科類之一。它的成員是草本植物,有帶溝痕的髓莖,經常開裂的葉子,以及芳香或辛辣的汁液。所有這一類植物中,花和果實的結構非常相似。小花成簇地生長在枝條末端,從大致相同的地方開始,就像傘的傘骨,形成平頂花序,稱為傘形花序。芹菜、胡蘿蔔、歐防風、香菜、茴香、歐芹,以及毒芹都屬於這一科。

與此密切相關的是五加科植物。其中包括英國常春藤、人參和其他藥用植物。山茱萸是一個小科類,主要是灌木,為我們提供許多觀賞植物。如開花的山茱萸和歐亞山茱萸。

杜鵑花科是雙子葉植物大類中的第一大科,花瓣大致合攏成杯狀。常見的該科植物有:歐洲石楠花、杜鵑花、映山紅和山月桂。它們在春天美化了我們的山坡和花園。此外還有藍莓、美洲越橘和越橘。杜鵑花科是高度特化的昆蟲授粉植物。在山月桂和其他一些植物中,雄蕊的結構類似觸發器,昆蟲的喙一離開,雄蕊就將花粉噴射到昆蟲身上。

栽培的報春花、仙客來和流星毬蘭屬於一個小科類,主要由草本植物組成。

黑檀科主要由熱帶喬木和灌木組成,在美國以柿子樹為代表。

黑檀木是從一個相關物種演變而來。

橄欖科包括白蠟樹、栽培的紫丁香和橄欖。相關科包括龍膽科和乳草

---

[020] 萊昂哈特・福克斯(Leonhart Fuchs,西元 1501 ～ 1566 年),德國醫生、植物學家、藥劑師。他為圖賓根大學醫學系的教授。於西元 1542 年出版了一本很有影響力的藥用植物學論著,書中有對於北美物種的描述。一些植物之名即源於其中。

科的植物，兩者在美國都有許多屬類。

牽牛花科的特點是花瓣完全合攏成杯形或托盤形。該科的成員大多是纏繞植物，包括柏樹藤和牽牛花、旋花類植物或野生牽牛花（旋花科植物的一種）和甘薯（蕃薯屬的一類）。甘薯原產於巴西，目前在全球溫暖地區廣泛種植。牽牛花科中數量較少的是菟絲子，或稱愛情藤蔓，是一種黃色寄生藤蔓植物，8月分生長在雜草上。

按目的順序排列，還有夾竹桃科（包括鬚苞石竹）、紫草科（包括天芥菜屬植物、勿忘我和馬鞭草）。

薄荷科植物是一個龐大的自然類群，有對生的葉子、方形的莖和芳香的葉子。這種不規則的雙唇花大部分是由昆蟲授粉。昆蟲飛落在下唇上作為降落驛站。許多薄荷產出精油，如胡椒薄荷、薰衣草和普列薄荷。有些像馬鬱蘭、百里香和鼠尾草等是家庭菜園中的美味草本植物。猩紅色鼠尾草通常是裝飾性植物。

茄科植物包含許多藥用植物，如顛茄、紅辣椒和莨菪。還有一些是為食用而種植的。白馬鈴薯（也稱愛爾蘭馬鈴薯）是世界上重要的糧食作物之一，也是澱粉的來源。白馬鈴薯起源於南美洲，但很早就傳入歐洲。番茄也來自南美洲，最初作為一種觀賞植物引入國外。但多年來，它被廣泛用作蔬菜。紅辣椒或卡宴胡椒和甜椒，與番茄相似，也起源於美洲。茄子來自亞洲。地櫻桃和草莓番茄的漿果包裹在一層囊狀外殼中。

菸草，是另一種美洲植物，因為菸草葉而在全球廣泛種植。矮牽牛花是一種花園植物。

玄參科植物玄參，也是玄參屬。之所以如此稱呼，是因為有一個物種的根曾被用於治療淋巴結核或瘰癧症。玄參科與薄荷科相似，它的大多數花朵都有雙唇花冠。但這些植物並不芳香。一般的毛蕊花屬於這一科，另外還有我們花園中的一些花卉，如：毛地黃、金魚草、龍頭花、腹水草、

釣鐘柳和蒲包草。

梓花、喇叭形藤蔓植物所屬科類以及列當科都與玄參科關係密切。

廣泛分布於草坪和荒地中的雜草，長葉車前草或車前草，構成一個單一的科和目，沒有現存的近親。

茜草科是一大科類，但只含有幾種常見的植物。梔子花、一種芳香的灌木、還有兩種重要的經濟植物——咖啡和金雞納樹都屬於茜草科風箱樹屬植物，從後者的樹皮中提取奎寧。與茜草家族相關的是金銀花科，包括接骨木、莢蒾、歐洲莢迷、錦帶花、金銀花和其他觀賞灌木和藤蔓植物。

葫蘆科主要由草本藤蔓植物組成，蔓生在地上或利用卷鬚攀援。這一個科類包括許多有用的植物：西瓜、甜瓜（包括哈密瓜）、黃瓜、南瓜和食用葫蘆科蔬菜。南瓜起源於美國，是清教徒登陸時印第安人種植的。長期以來，人們種植葫蘆是為了獲得硬殼果實。

當硬殼裡面被刮掉時，可以作為杯子和容器。葫蘆為美國拓荒者提供了許多便利，可以製作成各種器物，從勺子到球形織補架等。在遠離貿易路線的地區，人們仍在每天使用這些器物。野生黃瓜或野生苦瓜是一種觀賞性藤蔓植物。

在藍鈴花和半邊蓮的相關科類中，我們發現有許多花園中最受人喜愛的植物。如藍鈴花、吊鐘花、風鈴草和半邊蓮。從鮮豔的紅花半邊蓮到通常用於鑲邊的小藍邊半邊蓮。該系列的最後一個科，紫菀科，被認為是雙子葉植物中最發達、也是種類最多的。花很小，花序呈頭狀。其中許多花，像牛眼雛菊和向日葵，中間有不顯眼的花，邊緣有放射狀邊花，也就是花冠呈帶狀的花。整個造型就像一朵有無數花瓣的花。在蒲公英及其近親中，所有的花都有帶狀的花冠。而在鐵草和薊中，所有花都有細小的花瓶狀花冠。有一個奇怪的群體，豚草，被一些人視為一個獨特的科類。大

多數豚草的雄蕊花和雌蕊花在不同的頭狀花序中。它們被指責是花粉熱的罪魁禍首。雜草叢生的牧場的蒼耳屬於這一個群類。被稱為複合植物群的紫菀科植物，雖然數量龐大，但只有幾種經濟價值比較重要的植物。萵苣、菊苣和歐洲菊苣、蒲公英、婆羅門參、朝鮮薊（與薊有密切關係的植物的幼嫩頭）和洋薑（美國向日葵的塊莖狀根莖）為我們的餐桌增添了美味的蔬菜。向日葵種子在俄羅斯和其他地方被食用，在美國，除了是籠中鸚鵡最喜歡的食物外，還被餵雞。除蟲菊，製成除蟲粉；銀膠菊是橡膠的原料。兩者都屬於這一科。另外還有許多草藥，如艾菊、蘭草、蛇根草、蓍草、甘菊、山金車，被早期的母親們奉為家常偏方，儘管她們根本不是醫生。

許多美麗的栽培花卉都屬於這一科，比如：紫菀、菊花、矢車菊、朝鮮薊、大波斯菊、大麗菊、雛菊、天人菊、金輝、百日菊。在夏末，我們的原始叢林、草原和沼澤，都絢麗多彩，紫金相間。其中紫菀和金盞花最醒目。但是，有一個如此咄咄逼人，如此適應不同的環境，以至於超過了所有其他科類的植物群體，只能侵入人類不希望見到它們的地方，這些入侵者就是雜草。蒲公英、帶刺萵苣、牛蒡、魔鬼乾草叉或鬼針草、薊、狗茴香、豚草，還有其他許多品種，都是疲憊的園丁們最討厭的。

在前面的概述中，只提到了恩格勒和普蘭特爾分類系統中，280個開花植物科中的一小部分。

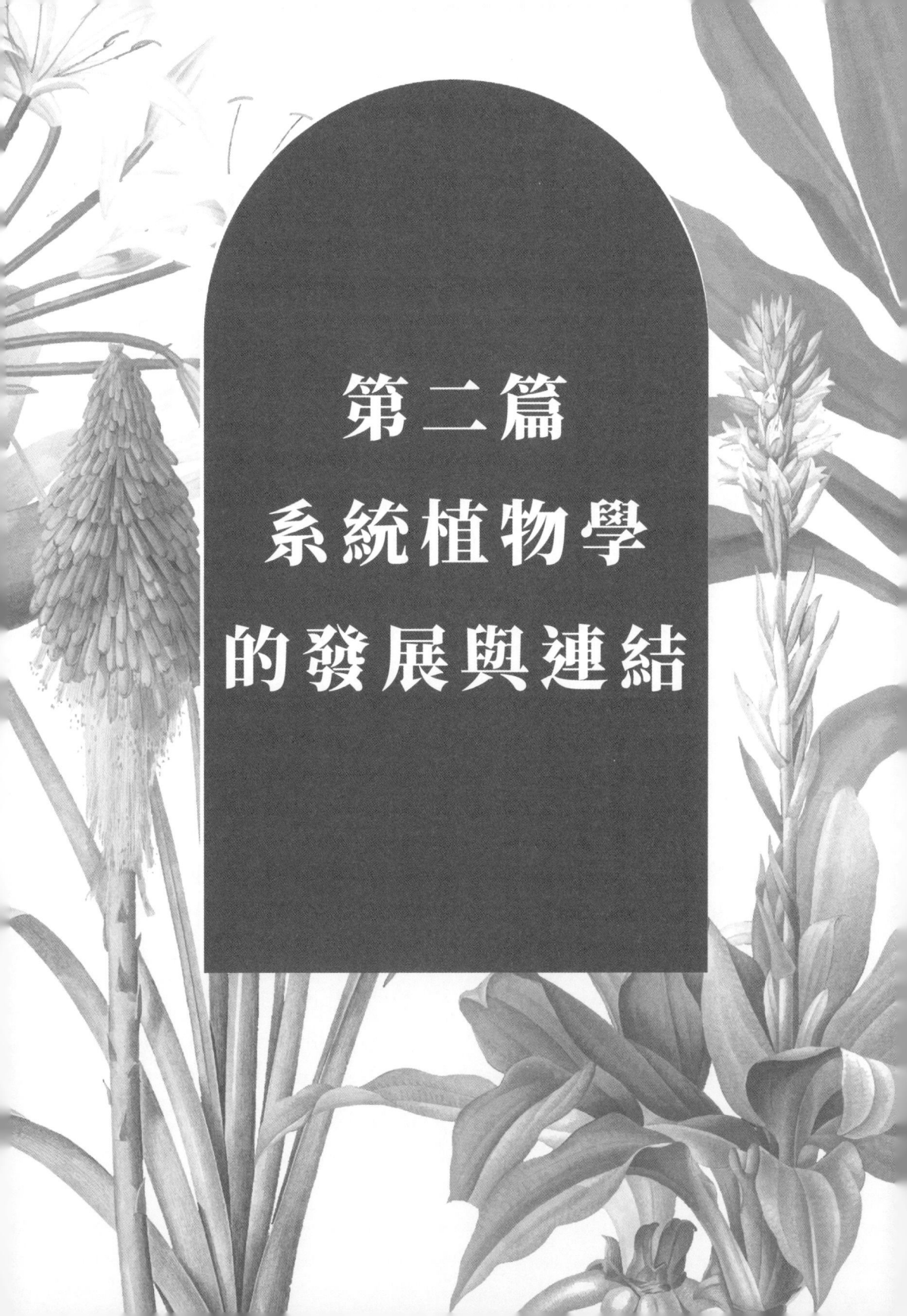

第二篇
系統植物學的發展與連結

第一章
系統植物學的起源與發展

　　植物學起源於史前時代。它產生於以下兩種實際需求：區分滿足人類需求的植物和不滿足人類需求的植物，即學會準確無誤地挑選出那些可以用作食物或藥物、住所、武器或其他工具的植物。每一種被列入有用植物類別的植物，必然有幾十種植物被丟棄或被排除在外。但是，如果可以從對當今原始民族的了解來判斷的話，被認為有用的，尤其是被列為藥用植物的數量，仍然非常龐大。

　　這種特殊的知識是原始人類經由試驗和觀察慢慢獲得的，並經歷數代人口耳相傳。這為我們提供了許多線索，尤其是在醫學方面，最終在我們高度複雜的現代生活中得到了最有益的應用。我們一次又一次地憑藉這種暗示，在遙遠的熱帶荒野中進行艱苦的探索，尋找原始人類提醒我們注意的有用植物產品的來源。從科學的觀點來看，這種簡單的、粗糙的、無組織的早期植物研究，在農業、醫學、園藝和許多相關的領域，對我們的生存和文化生活都有不可估量的幫助。

　　作為一門科學，植物學是經典的，也是自然史最古老的分支。如果我們要了解目前植物學的範疇，尤其是了解植物分類學與許多其他現代植物學研究領域的密切關係，我們幾乎免不了要從植物學的起源開始，簡要地追溯植物學的發展歷史，正如最早的關於植物栽培的著作中所展現的那樣。

■ 亞里斯多德[021]和泰奧弗拉斯托斯[022]

對於植物學這一個廣闊的領域，如同許多其他領域，我們首先要求助於古希臘。正如希波克拉底[023]被譽為「醫學之父」一樣，亞里斯多德也被公認為「自然史之父」。除了基於個人觀察得出的結論外，他的資訊來源廣泛分散在早期希臘詩人和哲學家的著作中，也存在於採根者可疑的做法和教義中。採根者是希臘人中一個半文盲的階層，多個世紀以來他們一直在從事著採集和出售具有藥用價值的植物根和草藥的工作。雖然亞里斯多德關於生理和性別區分的許多推論是不準確的，或是完全錯誤的。但是，我們可能還記得，他的繼任者的很多推論卻一直流傳至今。

繼亞里斯多德之後的是泰奧弗拉斯托斯（照片19），他補充了他前輩的工作，並將其不斷推進，從而贏得了「植物學之父」的稱號。西元前372年，他出生在愛琴海著名的米蒂利尼島（古稱列斯伏斯島）上的埃雷索斯，年輕時就和亞里斯多德一起成為柏拉圖在雅典的門徒。柏拉圖死後，泰奧弗拉斯托斯師從亞里斯多德。他與亞里斯多德的關係，似乎不僅是最受歡迎的學生，而且是忠實的朋友和同事。因為後者63歲去世時，他繼承了他的導師亞里斯多德極為豐富的藏書、自己的手稿和在雅典建立的植

---

[021] 亞里斯多德（Aristotle，西元前384年～西元前322年），古代先哲，古希臘人，世界古代史上偉大的哲學家、科學家和教育家之一，堪稱希臘哲學的集大成者。作為一位百科全書式的科學家，他幾乎對每一個學科都做出了貢獻。他的寫作涉及倫理學、形而上學、心理學、經濟學、神學、政治學、修辭學、自然科學、教育學、詩歌、風俗，以及雅典法律。亞里斯多德的著作建構了西方哲學的第一個廣泛系統，包含道德、美學、邏輯和科學、政治和玄學。

[022] 泰奧弗拉斯托斯（Theophrastus，西元前372年～西元前286年），古希臘哲學家和科學家，先後受教於柏拉圖和亞里斯多德，後來接替亞里斯多德，領導其「逍遙學派」。據說是亞里斯多德見他口才出眾而替他取的名字。泰奧弗拉斯托斯以《植物史》、《植物之生》（On the Causes of Plants）、《論石》（On Stones）、《人物誌》（Characters）等作品傳世，《人物誌》尤其有名，開西方「性格描寫」的先河。

[023] 希波克拉底（Hippocrates，西元前460年～西元前370年），古希臘伯里克利時代的醫師，被西方尊為「醫學之父」、西方醫學奠基人。提出「體液學說」。他的醫學觀點對後來西方醫學的發展有巨大影響。「希波克拉底誓詞」是希波克拉底告誡人類的古希臘職業道德的聖典。他向醫學界發出的行業道德倡議書，是從醫人員入學第一課要學的重要內容，也是對全社會所有職業人員言行自律的要求。

物園。在他漫長的一生中（據說他活到了 107 歲），泰奧弗拉斯托斯都在這裡學習、寫作和演講。他的門徒有兩千人。他的寫作量龐大，而且主題廣泛。在所有 225 多篇論著中，他的兩部植物學著作最為重要。其中，《植物史》(*Historia Plantarum*，幾乎完整，分為九冊) 更為重要。

愛德華‧李‧格林[024] 把泰奧弗拉斯托斯稱之為，現存最古老的獨特的植物學專著的作者。對此，人們詳細地引用、描述他在真正的植物學發展方面的獨一無二的地位，以及他成長的背景。格林說：「他的寫作來自一個先進的文明社會。在這種社會狀態下，人們進行大量的農耕，廣泛種植葡萄和橄欖，也種植水果、市場園藝植物、藥材、芳香植物、裝飾性開花的草本植物，以及灌木和樹木。在那個時代，人們經由栽培，培育出了各式各樣的改良品種。大家都清楚知道，這些改良品種不能依靠種子來實現，只能把種子保存下來。而經由根的分割、扦插和嫁接，增加了每一個品種的儲存量。」首先，憑著淵博的園藝知識、實務和理論，以及熟知的古代神話和「迷信寓言」，泰奧弗拉斯托斯已經完全為人們所熟知。按照格林的說法，如果他僅僅「是一個編年史學家，只是記錄下他那個時代不被傳授的產業和實驗植物學，以及當時構成部分希臘語的相當多的植物學術語，那麼他也已經為我們做出了不可估量的貢獻」。而實際上，他做得更多。他脫離了刻板的功利主義方法，用現在採用的比較組織學和形態學的方式，著重考慮不同種類植物之間及其與環境之間的關係。因為泰奧弗拉斯托斯主要研究的是長期種植的植物和已知效用的野生物種，所以在他所有的著作中，他大量提到了植物的經濟用途及特殊的植物產品。但他的態度是純哲學的。他對所有植物生命的好奇心是無法抑制的。這種興趣主要是為了研究植物本身。這使他對果實、花、葉、根、莖和卷鬚的微小結構，尤其是種子及其結構、發芽，以及幼苗的行為進行了最敏銳的觀察。

---

[024] 愛德華‧李‧格林 (Edward Lee Greene，西元 1843～1915 年)，美國植物學家，曾對大自然 4,400 個植物物種進行了詳盡描述。

照片 19　泰奧弗拉斯托斯,「植物學之父」。

　　泰奧弗拉斯托斯對後來的植物學研究和寫作產生了深遠的影響。無可否認,他不是旅行者,他的許多資訊來自古典和同時代的資源。然而研究方法是他自己的。而且許多真相是前所未有的,也是他發現的。他所記錄的觀察(如開花和結果的日期,乾旱和潮溼的影響)以及他的比較研究的廣度、徹底性和細緻性,無疑都展現了他對現存植物有第一手的了解。其中有相當數量的植物當時正在亞里斯多德留給他的花園裡種植。他總共討論了大約 450 種植物,從塊菌和海藻到松樹、家養的禾本科植物和薊。在他所區分的類群中,我們今天植物學書籍中所知的 100 多個屬仍然沿用著他命名的學名。例如,*Crataegus* 為山楂,*Aconitum* 為藥用烏頭草,*Asparagus* 為人們熟知的食用蔬菜蘆筍,*Aristolochia* 為奇形怪狀、開惡臭花的馬兜鈴屬攀緣藤本植物,我們稱之為「荷蘭菸斗」。對於一個獨特的植物名稱系統,除了是日常使用的希臘語之外,他似乎沒有什麼別的想法。在他的母語希臘語中,不同的植物都有不同獨特的名字。在隨後的幾個世紀裡,拉丁人研究植物學,幾乎都在使用泰奧弗拉斯托斯的希臘文字。不僅是他的描述,而且他的相當多的希臘植物名稱也都被帶入到較新的語言中。正因為如此,這些名字以拉丁化的形式流傳給我們。

其他希臘和羅馬作家

緊跟著泰奧弗拉斯托斯之後的同時期植物作家中，有很多是希臘人，拉丁人則相對較少。然而，這些作者主要關注園藝、農業和藥用植物學，而且大部分是複製或轉述泰奧弗拉斯托斯的著作，對整體的系統知識幾乎沒有什麼增加。從保存下來的他們的著作殘篇中可以看出這一點。有幾個人名字格外引人注目。他們是：尼坎德[025]是西元前二世紀的希臘博物學家。他創作的詩一般都是關於農業的，尤其是關於藥物和毒物，包括已知最早的關於有毒真菌的論文；老加圖[026]在其專著《農業志》[027]，論述了農業、園藝和優質水果的培養和繁殖，是拉丁文學中最早的此類作品；瓦羅[028]是一位多才多藝的天才，最傑出、最博學的早期羅馬人。他在繁忙的軍事生涯中抽出時間進行有關哲學、文學和政治史、古代史、航海、教育、語言和農業方面的創作，他最後的專著（共三本書）是在他80多歲時開始創作的；維吉爾，是最著名的拉丁詩人。他的田園詩，專注於農業和園藝，反映了對植物深刻的第一手知識，在數量和範圍上大大超過了任何其他早期的羅馬作家；迪奧斯科里德斯[029]，是尼祿時代[030]的西利西亞希臘人，博學的醫生和旅行家。不同於同時代的其他人，他為泰奧弗拉斯托斯的植物學增添了大約一百種藥用植物的知識。這些藥用植物是希臘和羅馬未曾使用過的。他對這些植物進行描述，並將其系統化，以造福醫學院

---

[025] 尼坎德（Nicander），西元前 2 世紀前後古希臘克羅豐的說教詩人、博物學家。
[026] 老加圖（Cato the Elder，西元前 234 ～西元前 149 年），古希臘博物學家、藝術家。
[027] 即 *De Agri Cultura*。
[028] 馬庫斯‧特倫提烏斯‧瓦羅（Marcus Terentius Varro，西元前 116 ～西元前 27 年），古羅馬學者和作家，先後寫有 74 部著作，唯一流傳到現在的完整作品為其晚年的《論農業》(*De Re Rustica*)，是研究古羅馬農業生產的重要著述。
[029] 迪奧斯科里德斯（Pedanius Dioscorides，約西元 40 ～ 90 年），古羅馬時期的希臘醫生、藥理學家，曾被羅馬軍隊聘為軍醫。其希臘文代表作《藥物論》(*De Materia Medica*)（或譯作《藥材志》、《藥物志》）在之後的 1,500 多年中成為藥理學的主要教材，並成為現代植物術語的重要來源。
[030] 即約西元 50 年。

學生。正如格林所說，他偶然間成為「第一位植物分類學大師」；老普林尼[031]是一個不知疲倦的羅馬人，珍惜分分秒秒。他的《博物志》有37本。其中16本與植物學有關，主要是關於藥學、園藝和農業方面。

老普林尼的工作相當程度上是從亞里斯多德、泰奧弗拉斯托斯、尼坎德和迪奧斯科里德斯的著作中抽取素材，進行彙編，很少包含全新的或哲學的內容。其著作的傾向絕對是經濟和實用性。然而，這些著作在中世紀早期享有很高的聲譽，無疑為16世紀現代植物學的開端做好了準備。

這裡還必須提到加倫[032]，一位希臘天才和博學的學者。他在早期醫學編年史的地位僅次於希波克拉底。他是一位頗有造詣的語言學家。年輕時，他就走遍了地中海沿岸的各個國家，探究「任何地方用於治療的每一種植物最完善的知識」。他懷疑草藥採集者和小販是否用心謹慎，否定將書面描述性評論作為鑑別植物方法的有效性。他力勸所有醫生必須了解植物的本質、獨特特徵及採摘的合適季節，以便自己能夠在藥理學上區分真假。然而，儘管他寫了大量的文章，但他的知識領域和成就只屬於講師和教師，他對描述植物學的貢獻相對較小。

■ 文藝復興時期

從上述世紀向前到16世紀，植物科學的發展記載幾乎消失了，如果確實可以說有任何真正的進步的話。然而，隨著印刷術在歐洲的發展，迪奧斯科里德斯的作品以希臘文出版（西元1499年）。不久之後出現了大量的拉丁文版本。迪奧斯科里德斯所知道的植物和植物產品有600種。他出色地描述了這些植物。「正因為他描述了這麼多，而且往往描述得很好，

---

[031] 老普林尼（Pliny the Elder，西元23～79年），古羅馬作家、博物學家、軍人、政治家，以《博物志》（*Naturalis Historia*）一書留名後世。

[032] 加倫（Galen，西元130～200年），古羅馬的希臘裔醫學家、哲學家，代表作有《氣質》（*The Temperaments*）、《本能》（*The Natural Faculties*）、《關於自然科學的三篇論文》（*Three Treatises on the Nature of Science*）。是古代史中最多作品的醫學研究者，他的見解和理論在歐洲成為具影響力的醫學理論，長達一千年之久。

所以在後來的年代裡，他被視為地位最高的植物學家」，他的著作「比起其他任何關於植物的書，都被更仔細地逐字研究，而且被更多博學的人所研究」。

在提到 16 世紀和 17 世紀的植物學復興時，「德國植物學之父」一詞通常被用來指稱四位著名的先驅草藥學家：奧托・布倫費爾斯[033]、萊昂哈特・福克斯、希羅尼穆斯・博克[034]和瓦勒留斯・科爾杜斯[035]。前兩位是主要從事藥用植物學的成功醫生。他們意識到藥用植物學已經陷入了混亂的狀態，於是開始出版新的、逼真的藥用植物版畫，使藥物的鑑別更加容易和明確。這些版畫取材於實際標本。

與布倫費爾斯和福克斯的努力形成強烈對比的，是博克和科爾杜斯的工作和方法。這兩位都是痴迷的學者。他們的想法是，拋開從遙遠的過去流傳下來的、被濫用的描述性材料，現在應該對各種植物進行準確的描述，批判性地關注每一個細節，而且要做到僅憑描述就能辨認植物，而不需要藉助插圖。

博克是第一位真正描述植物的所謂德國之父。起初，為了啟迪德國讀者，他用德語直接熟練地描述植物。而在相當程度上正是由於這種情況，使他的描述具備了極高的獨創性和卓越性。後來為了造福其他國家的學者，以拉丁文再版了他的著作。他的描述實際上是文字圖片。在他所謂的「偉大的自然之書」中涉及許多他以前在尋找和研究的未知物種。他是第一個研究雄蕊和雌蕊的科學家，也是第一個根據他對於季節的觀察記錄，

---

[033] 奧托・布倫費爾斯（Otto Brunfels，西元 1488 ～ 1534 年），文藝復興時期德國神學家、植物學家。他著有一本重要的草本植物志《活植物圖譜》（*Herbarum Vivae Eicones*）。為了紀念他對植物學的貢獻，番茉莉屬（Brunfelsia）以其名字命名。

[034] 希羅尼穆斯・博克（Hieronymus Bock，西元 1498 ～ 1554 年），文藝復興時期德國植物學家、醫師和神學家。其代表作《草藥志》（*Kreutterbuch*），涉及了近七百種植物。他將中世紀的植物學建立在觀察和描述的基礎上，開始了向現代科學的過渡。

[035] 瓦勒留斯・科爾杜斯（Valerius Cordus，西元 1515 ～ 1544 年），文藝復興時期德國醫生、植物學家。著有多本藥典作品，在德國植物學發展歷史上具有重要地位。

發表本土植物開花平均日期的植物學學者。然而，他可能確實相信一種穀物可以轉化成另一種穀物；相信「用我親手播種的非常古老的高麗菜種子」培育出了蘿蔔；也相信蘭花植物起源於鳥類的排泄物。

瓦勒留斯·科爾杜斯的工作更具有劃時代的意義。他被稱為德國文藝復興時期的植物學天才。受到傑出父親獨立思考和研究的訓練，年輕的科爾杜斯很早就成了一個不知疲倦的野外植物學家。在漫遊過程中，他在德國家鄉的田野和山林中發現了幾百個新的物種。他詳細地描述了這些植物。同時，他從實際標本中重新描述了許多具有藥用價值的經典植物。25歲的時候，他已經用拉丁文寫好了四冊《植物史》(*Historia Stirpium*)的手稿，詳盡地描述了446個物種。四年後（西元1544年），他在義大利去世。在此之前，他投入了一段時間的大學學習和最艱苦的探索，而且通常是在影響健康的地區。他偉大的手稿，加上第五本書，在他去世之後的西元1561～1563年間由康拉德·格斯納[036]進行編輯出版。不幸的是，在一位講求實際的出版商的堅持下，書中新增了280個摘自博克《草藥志》的插圖。這些插圖在某種程度上並不適用科爾杜斯詳盡描述的植物。結果出現了混亂。但即便如此，科爾杜斯最終還是被公認為第一位現代意義上植物描述的大師，第一位根據明確制定的計畫，進行完整的專業描述的人。

科爾杜斯的描寫都是基於成熟的活植物的開花或結果狀態，或者兩者兼而有之。通常首先討論的是每一株植物最明顯的部分，莖和葉；其次是繁殖部位──花序類型、與花相關的變態葉結構、果實和種子的特徵；然後是根，認真關注它的永續性，無論是一年生、二年生還是多年生；最後，說明植物的獨特滋味和氣味，而對藥用價值的提及相對較少。無論對於新的德國物種，還是追溯到迪奧斯科里德斯時代的古老藥用植物，科爾

---

[036] 康拉德·格斯納（Conrad Gesner，西元1516～1565年），瑞士博物學家、目錄學家。其五卷本巨著《動物史》(*Historia Animalium*)涵蓋廣泛，且搭配精確的插圖，被認為是動物學研究的起源之作。

杜斯都採用了同樣的描述方式。因此，這種深思熟慮的方法以及他對花的結構知識的重要貢獻，象徵著植物描述方法的巨大進步。科爾杜斯雖然本質上很保守，但他堅持以花的結構為依據，按照自然的科類關係對植物進行重新分類，如豆科植物、瓜類和毛茛。因而他被譽為是繼迪奧斯科里德斯之後，第一位建立大量植物新屬類的作者。這些新屬類植物大多是他自己在德國發現的。他的書也因此成為植物學的一個重要里程碑，值得後人進行探索性的研究。

這一段時期其他著名的人物包括：英國草藥醫生威廉・特納[037]；植物學教師和講師吉尼[038]，科爾杜斯曾在義大利和他一起從事研究，很顯然，他是第一位從乾燥的植物研究植物學，並建議將它們作為參考標本，附在紙張裡永久性保存的人；康拉德・格斯納，是一位瑞士醫生、目錄學家、編輯、教師、頗有成就的語言學家和古典學者，也許是最早的動物博物館的創始人，也是一名偉大的作家和熟練的繪圖員，以及博學的全能博物學家。他親手為其偉大著作《植物史》繪製了近 1,500 幅插圖。這一部著作直到他中年去世時仍未出版；約翰・博安[039] 和加斯帕爾・博安[040]，後者的傑出貢獻——《植物誌圖說》（Pinax Theatri Botanici），是一本描述性專著，系統性地介紹了大約 6,000 個物種，從禾本科植物開始，包括許多以前未描述過的植物，如丁香。在後來的植物學歷史上，博安《植物誌圖說》的影響證明是重大的，他使用的大多數學名被約翰・雷[041]、羅伯特・莫里森[042] 和約瑟夫・皮頓・德・圖內福爾[043] 所採用。

---

[037] 威廉・特納（William Turner，西元 1509～1568 年），英國博物學家、醫生、自然史學家。
[038] 盧卡・吉尼（Luca Ghini，西元 1490～1556 年），義大利植物學家、醫生。
[039] 約翰・博安（John Bauhin，西元 1541～1613 年），瑞士植物學家。
[040] 加斯帕爾・博安（Caspar Bauhin，西元 1560～1624 年），瑞士植物學家。
[041] 約翰・雷（John Ray，西元 1627～1705 年），英國博物學家，被譽為英國博物學之父。
[042] 羅伯特・莫里森（Robert Morison，西元 1620～1683 年），蘇格蘭植物學家、生物分類學家。
[043] 約瑟夫・皮頓・德・圖內福爾（Joseph Pitton de Tournefort，西元 1656～1708 年），法國植物學家。

特別值得一提的還有佛拉蒙人,植物學家卡羅盧斯·克盧修斯[044]、安德烈亞·切薩爾皮諾[045]、馬蒂亞斯·德·洛貝爾[046]和約阿希姆·尤恩久斯[047],他們都做出了巨大的貢獻。人們對植物的研究越來越多地是為了植物本身,而不是為了它們的實用價值。

研究結果不斷展現在植物學類學的新觀念中。這些觀念的發展雖然緩慢卻是穩固的。在英國,有莫里森和雷;在法國,圖內福爾創立了大量的屬類。除了植物分類,雷還對植物的性徵非常感興趣。他明確指出,雄蕊是雄性器官,花柱和子房是雌性器官。這一項學說幾乎在同一時期被卡米拉留斯[048]用實驗證明。

現代

接著登場的是卡爾·林奈[049]。他的拉丁名字,林奈(Linnaeus)更為人所知。他是一位傑出的系統學家(照片20)。在正規的博物分類方面,他的影響力大大超過了近代的任何其他人。23歲時,他成為隆德大學博物館館長。此後,他在北歐旅行了幾年。西元1741年在烏普薩拉大學定居。在他漫長而平淡的餘生中,他在那裡擔任植物學教授,教書並出版著作。他大量的著述嚴格致力於植物的描述和系統化,把當時的整個博物學都作為他的研究領域。在植物學方面,他的《植物屬志》(*Genera Plantarum*)和《植物種志》(*Species Plantarum*)出類拔萃。

因為這是第一次在堅實的哲學基礎上,建立了當時已知植物王國的完

---

[044] 卡羅盧斯·克盧修斯(Carolus Clusius,西元1526～1609年),法國植物學家,被譽為鬱金香之父。
[045] 安德烈亞·切薩爾皮諾(Andrea Cesalpino,西元1519～1603年),義大利植物學家、醫生。
[046] 馬蒂亞斯·德·洛貝爾(Mathias de l'Obel,西元1538～1616年),荷蘭植物學家。
[047] 約阿希姆·尤恩久斯(Joachim Jungius,西元1587～1657年),德國博物學家、數學家、邏輯學家。
[048] 卡米拉留斯(Rudolf Jakob Camerarius,西元1665～1721年),德國植物學家、醫生。
[049] 卡爾·林奈(Karl von Linne,西元1707～1778年),瑞典植物學家、動物學家和醫生,瑞典科學院創始人之一,現代生物分類學之父。

整結構：對物種進行簡要而準確的描述（部分引用了他的前輩發表的大量短語名稱和插圖）；把屬清楚而精確地表示為密切相關物種的群體；並在描述植物種名和屬名過程中始終如一地使用一套簡明的名稱系統。[050]

有人說林奈不是研究者，他的工作中沒有新的證據和重要發現。在不影響他作為文學工匠和創造大師名聲的情況下可以承認這一點。他把早期描述性作家出版的作品彙集起來並進行剖析，從整體中選擇和安排自己的新系統所需要的素材。「這個系統被他的同時代人和幾代仰慕他的學生譽為傑作。」林奈所採用所謂的性徵分類系統非常武斷，導致錯誤地將遠親群體之間的關係拉近。而這在當時，比較自然的排列都是基於明顯親緣關係特徵的時代，被普遍認同。從這一個立場來看，林奈的排列可以被恰當地稱為退步。

然而，推測它的影響可能在多大程度上阻礙了整體的進步是毫無意義的。無論如何，這是一個可行的系統。根據這一個系統，可以很容易地辨別植物，以及植物的功效，儘管它往往會模糊自然關係。此外，由於制定了簡單的二名法系統並將其付諸實踐，使得博物學的學生們一直都受惠於這一位頭腦敏銳、精力充沛的領導者。為了解釋林奈所認可的屬和種，我們在相當程度上必須查閱早期作者的著作。但我們仍然堅持他選擇的學名，並在可行的情況下盡量保留這些學名的通用用法，以符合所謂的二名法優先規則。林奈是這一項命名系統第一位始終如一的倡導者。

---

[050] 所謂的二名法，即每一個物種都有一個「雙重」學名，即屬名和種名。也就是說，屬名（如：*Polypodium*，多足蕨屬），適用於一群關係密切的物種的所有成員；種名本身（如：*vulgare* 一種蕨類植物），它附加在屬名之後，僅用於屬內的單一物種。因此，*Polypodium vulgare* 歐亞多足蕨，一種溫帶地區常見的蕨類植物；*Polypodium aureum* 鹵蕨，一種熱帶美洲蕨類植物，根莖呈金箔狀。這兩種都屬於多足蕨屬，但每一種都有其獨特的具體名稱。

照片 20　67 歲時的林奈。

引自老貝·克拉夫特（Per Krafft the Elder）的畫作

雖然林奈的分類系統在許多方面馬上受到歡迎，但提出更自然的分類法是不可避免的。首先是由法國著名植物學家，安托萬·洛朗·德朱西厄[051]提出的。他的《植物屬志》（西元 1789 年）證明他是我們現代根據科來理解植物關係的先驅。後來，這一部著作又成為奧古斯丁·彼拉姆斯·德堪多[052]經典植物學理論的基礎。其中強調植物解剖學是植物分類的關鍵。在西元 1844 年由他的兒子阿方斯·彼拉姆斯·德堪多[053]編輯出版的最後一版中，描述了 213 個植物的「目」或「科」，與我們現在公認的分類非常相似。

與此同時，人們又提出了其他各式各樣的分類方案，如史蒂芬·安德

---

[051]　安托萬·洛朗·德朱西厄（Antoine Laurent de Jussieu，西元 1748～1836 年），法國植物學家，主要貢獻是最早系統地將被子植物進行分類，其分類方法多數沿用至今。

[052]　奧古斯丁·彼拉姆斯·德堪多（Augustin Pyramus de Candolle，西元 1778～1841 年），瑞士植物學家。他首先提出了「自然戰爭」的概念，也因此啟發了達爾文。

[053]　阿方斯·彼拉姆斯·德堪多（Alphonse Pyramus de Candolle，西元 1806～1893 年），法國瑞士裔植物學家。

里歇[054]、亞歷山大・布隆尼亞爾[055]和約翰・林德利（John Lindley）的分類法。大量的研究資料源源不斷地從世界的四面八方湧來。英國獲得了很多成就，主要是由於約瑟夫・班克斯爵士[056]和博學多聞的羅伯特・布朗[057]的努力。班克斯，是一位著名的探險家，以他的智慧、對植物學事業的長期投入和慷慨的支持而聞名。班克斯和詹姆士・庫克[058]一起於西元1768～1771年間進行了第一次環遊世界，隨行帶著林奈最喜歡的學生丹尼爾・索蘭德[059]。後來班克斯把他所有的素材都交給了布朗。布朗在澳洲和紐西蘭旅居了四年之後，發表了關於澳洲和紐西蘭植物群的精采文章。除了在植物學各個領域細緻的研究，以及讓他因此聲名大噪的詳盡的專題論文之外，布朗也因其對澳洲與南半球其他地區植被的對比研究，奠定了地理植物學的基礎。他所遵循的分類系統，本質上是德堪多的自然分類系統。他於西元1858年去世，在查爾斯・達爾文的《物種起源》（*On the Origin of Species*）發表的前一年。

《物種起源》對自然科學的每一個學科，以及對文明本身的進步所產生的深遠影響，無論怎麼評價都不過分。事實上，最近一位植物學講師曾表示，這本書「對人類思想和努力的方向產生的影響，比任何其他出版的書籍都更深刻、更廣泛」。現代博物學本身本質上就是一種演化。它是從達爾文所遵循的無限艱苦的觀察和實驗方法，以及從對動、植物有機體的

---

[054] 史蒂芬・安德里歇（Stephan Endlicher，西元1804～1849年），奧地利植物學家、古錢幣研究專家和漢學家。他是維也納植物園的園長。

[055] 亞歷山大・布隆尼亞爾（Alexandre Brongniart，西元1770～1847年），法國化學家、礦物學家和動物學家。

[056] 約瑟夫・班克斯爵士（Sir Joseph Banks，西元1743～1820年），英國探險家、博物學家，曾擔任皇家學會會長。

[057] 羅伯特・布朗（Robert Brown，西元1773～1858年），英國植物學家，最早命名了細胞核。

[058] 詹姆士・庫克（Captain James Cook，西元1728～1779年），人稱庫克船長（Captain Cook），英國皇家海軍軍官、航海家、探險家、製圖師，他曾經三度奉命出海前往太平洋，帶領船員成為首批登陸澳大利亞東岸和夏威夷群島的歐洲人，也創下首次有歐洲船隻環繞紐西蘭航行的紀錄。

[059] 丹尼爾・索蘭德（Daniel Carlsson Solander，西元1733～1782年），瑞典博物學家。

遺傳、變異和繁殖現象的研究中推演出的原理演變而來。

達爾文很幸運，有湯瑪斯・亨利・赫胥黎[060]、約瑟夫・道爾頓・胡克爵士[061]，還有亞薩・格雷[062]作為堅定的擁護者。引用威廉・吉爾森・法洛[063]的話，認為「動、植物的變異和適應不是為了人類的利益，而是為了動、植物自身的利益。這是一種可怕的異端」，所以需要特別的宣傳。達爾文的理論儘管遭到了各方強烈的反對，但是又被迅速採納，實際上相當程度要歸功於胡克和格雷的有力影響。他們在任何時候都溫和而適度地表達了自己的觀點。

西元1855年，胡克本人被任命為皇家植物園邱園的副園長。喬治・邊沁[064]早在一年前就來到花園。兩人都是充滿熱情的學者。他們的工作主要是籌備一系列英國殖民地的「植物群」，其中包括聯手出版了三卷本的《植物屬》（*Genera Plantarum*）（西元1865～1883年）。這是由邊沁開創的一部不朽著作。其中用拉丁語描述了當時已知的所有植物屬和較大的開花植物類群。這一部著作實際上是德堪多系統的一種改進。可以說它曾一度取代了德堪多系統。但奇怪的是，儘管胡克關於物種起源的觀點眾所周知，但是它所展現的，能夠對植物學產生深遠影響的進步思想卻很少。和路易・阿加西[065]一樣，邊沁一直不能接受達爾文的觀點，直到《植物屬》出版進度加速之後，他才開始修改他的關於物種穩定性的觀點。

與此同時，由於漢瑞其・安東・狄伯瑞[066]、卡爾・威廉・馮・內格

---

[060] 湯瑪斯・亨利・赫胥黎（Thomas Henry Huxley，西元1825～1895年），英國生物學家，因捍衛查理斯・達爾文的演化論而有「達爾文的鬥牛犬」之稱。
[061] 約瑟夫・道爾頓・胡克爵士（Sir Joseph Dalton Hooker，西元1817～1911年），英國植物學家。
[062] 亞薩・格雷（Asa Gray，西元1810～1888年），美國植物學家。
[063] 威廉・吉爾森・法洛（William Gilson Farlow，西元1844～1919年），美國植物學家。
[064] 喬治・邊沁（George Bentham，西元1800～1884年），英國植物學家。
[065] 路易・阿加西（Louis Agassiz，西元1807～1873年），美籍瑞士裔植物學家、動物學家和地質學家，以冰川理論聞名。
[066] 漢瑞其・安東・狄伯瑞（Heinrich Anton de Bary，西元1831～1888年），德國植物學家、微生物學家和醫生。

里[067]、納撒納爾‧普林斯海姆[068] 對於隱花植物，或稱無花植物、其他人對較低類植物群、尤其是威廉‧霍夫梅斯特[069] 對蕨類植物及其同類的卓越研究，有關植物結構和生命歷史的知識穩步發展。在不討論研究細節的情況下，我們可以這樣說，現在整個植物世界被認為是一個統一的整體。人們認為，這是迄今為止縮小存在於隱花植物和種子植物之間，在結構和有性繁殖方法上的認知差異的一個橋梁。霍夫梅斯特的新發現完全符合達爾文的漸進演化理論。最後，植物王國被看作是一個連續的序列。最早的起源隱藏在遙遠朦朧不清的過去。許許多多的中階形式（這些通常極其重要）已經消失或只作為化石遺跡為人所知，現在的植物群本身是各種各樣物種的複雜混合體。其中一些物種非常古老，幾乎沒有改變它們原始祖先的形態。另一些則代表暫時成功但如今處於演化衰退線的最高峰。還有一些數量眾多、品種豐富的種群，代表著可塑性物種最活躍、最蓬勃的演化發展，它們已證明更能適應近代的環境條件。

隨著這一些概念被接受，人們對植物分類的程度和難度有了更真實的理解。這裡所作的敘述說明，從早期的植物學知識、神話和功利主義實務的混合基礎，發展到中世紀末期作為一門科學的真正的植物學研究，以及後來日益複雜的研究過程中，出現了停頓的腳步。這主要涉及描述性的方法，因為植物學研究的這一個階段不僅是最重要的，還是首度作為一門科學而發展起來，而且也是大多數博物館特別關注的領域。關於分類植物學對農業和商業，以及對文明本身的重要性，我們將在討論它與現代其他植物學的關係時，作更多的敘述，因為二者之間存在著最密切的從屬關係。

---

[067]　卡爾‧威廉‧馮‧內格里（Carl Wilhelm von Nägeli，西元 1817 ～ 1891 年），瑞士植物學家。
[068]　納撒納爾‧普林斯海姆（Nathanael Pringsheim，西元 1823 ～ 1894 年），德國植物學家。
[069]　威廉‧霍夫梅斯特（Wilhelm Hofmeister，西元 1824 ～ 1877 年），德國植物學家、生物學家。

第二章
系統植物學的連結與現狀

　　植物學分類的最終目的是解開那些極度糾結和不完整的演化線索,並重建真實的譜系模式。這是一項無窮無盡的任務,需要古生物學家、植物形態學家、解剖學家和遺傳學家,向分類學家提供一切幫助。無論所採用是恩格勒和普蘭特爾的分類法(這兩種分類法已經普遍取代了邊沁和胡克那一代人的分類法),還是較新的分類法,所追求的目的都是一樣的,即能夠反映漸進演化過程的有序排列。

　　系統植物學的根本任務主要在於:提供植物的正確學名、有關植物的普遍特徵和具體特徵、植物之間的關係以及植物地理分布的真實資訊。顧名思義,系統植物學的目的是對構成地球植被的不同種類的植物進行分類;描述每一個類別,彙集植物結構和繁殖的所有重要資料;以最終能夠呈現植物間真實的相互關係的方法進行分類;最後,要提供穩定的學名,以此可以容易地區分並大致了解所有的植物類別。完成這一項任務是一個龐大的工程,原因是這與動物學研究中遇到的問題並無本質區別。

　　理想的描述植物學,應該是在寫作時把活的植物放在手邊。因為這樣一來,才有可能在理論上進行完整真實的描述,提供有關植物顏色、形狀、結構、大小以及各部分之間關係的每個微小細節。

　　對於近在咫尺的區域性範圍而言,這種做法是可行的,有時也有人採取這種做法。但是,整體而言,這種研究方法是行不通的。因為描述性的

專著通常涉及很大的區域。而且在實際層面，也不可能把所有植物活的樣本彙集在一起，把手稿和它們一起帶到田野、沼澤和森林。時間和費用也需要考慮。

因此，暖房或者溫室，成為植物系統學家工作中非常有用的輔助設施。的確，如果沒有這種幫助，幾乎不可能順利地研究某些棘手的植物，例如蘭花、紫花景天，尤其是仙人掌。它們往往必須從很遠的地方，在未開花的狀態下採集回來，經過多年精心的培育，在開花時才能被描述。這些植物和其他某些科植物，統稱為多肉植物，很難做成標本室的標本。因此，對溫室中不同物種的活體個體進行比較研究具有更為重要的意義（照片21）。

大多數蕨類植物和開花植物，甚至蘚類植物、苔類植物，以及許多真菌和海藻，都可以很容易地作為乾燥標本保存下來，建立植物標本室，實際上是「乾燥的花園」。儘管有其局限性，但借助於活體植物的照片、保存在液體中的完整標本或部分標本以及對溫室和植物園中的活體個體的研究，植物標本室的標本，無疑仍將是系統學家的主要資源。雖然乾燥的標本並非堅不可摧，但如果製作得當、細心維護，它們完全有可能保存幾個世紀。現存的標本很多已有兩、三百年。有記載的是幾十年前，彼得里[070]在埃及法尤姆的一個希臘－羅馬墓園裡，挖掘出土的葬禮花束的有趣案例。這些花束雖然極其脆弱，但只要在水裡浸泡一下，就會變得柔韌，非常適合進行細緻的研究，甚至是有關最細小結構的研究。在這些古埃及花環中，人們發現了二十多種野生和栽培植物，很容易辨認它們的狀況。

當然，沒有一個植物標本室是完整的，甚至是近乎完整的。歐洲的研究機構由於長期的工作，具有明顯的優勢。例如，皇家植物園邱園的植物

---

[070] 彼得里（Donald Petrie，西元1846～1925年），蘇格蘭植物學家。

第二章　系統植物學的連結與現狀

標本室，收藏了 300 萬件以上的標本，其中很大一部分被一代又一代的學者認真地研究和注釋過。而大英博物館（自然歷史博物館）極為豐富的早期收藏，自然具有幾乎無可比擬的歷史價值，有賴世界各地的研究者對標本進行尋找和研究（照片 22）。

照片 22　倫敦大英博物館（自然歷史博物館）植物標本室正廳，收藏了許多具有重要歷史意義的早期植物。

大英博物館提供

在美國，位於華盛頓，由史密森學會管理的美國國家植物標本館，是最大的，也許也是最重要的標本館。裡面的藏品，僅開花植物和蕨類植物的標本就超過 150 萬件，而且來自北美大陸的素材尤其豐富。因此，在美國和加拿大已知的 17,000 種開花植物物種中，幾乎所有的都有呈現。除此之外，在墨西哥和中美洲現存的 16,000 種開花植物中，大約有 90% 可以在館內收藏中找到。相對數量較少的歐洲植物中（開花植物有 10,000 種或更少），約有 80% 的植物館內可見。

第二篇　系統植物學的發展與連結

　　由於美國植物學家在過去 30 年中完成的大量工作，他們從菲律賓獲得了非常豐富的植物系列。但至於亞洲大陸和非洲大陸，因為每一個大陸都有大約 40,000 種的開花植物群，所以情況就完全不同了，可能只獲得了其中不超過 20% 的植物。來自領土多樣化的南美洲已知的 50,000 種開花植物中，以標本呈現出來的不超過 30%。考慮到美國與南美洲國家的貿易不斷擴大，以及現代工業和文明對熱帶地區許多種原生植物產品的日益依賴，目前正試圖通過在南美洲北部的植物勘察，來彌補這最後的不足。本書第八篇對這些勘察作了一些敘述。

　　國家植物標本館的最初藏品主要來自：查爾斯‧威爾克斯[071]率領的美國考察探險隊、卡德瓦拉德‧林戈爾德[072]和約翰‧羅傑斯[073]率領的北太平洋考察探險隊，以及幾次政府對跨大陸鐵路路線的調查。除此之外，還有許多政府部門多年來貢獻的大量藏品，尤其是農業部，曾一度親自監管國家植物標本館。像其他公立性的大型植物標本館一樣，相當多的藏品也是經由交換和購買而獲得。而大型私人植物標本館則是經由饋贈或遺贈獲得。至於饋贈或遺贈，應該特別提到查爾斯‧莫爾[074]的藏品，它們主要來自阿拉巴馬州和美國南部；柯提斯‧蓋茨‧洛依德[075]收藏的 5 萬多件馬勃真菌和木本真菌標本；由喬治‧W‧范德比爾特夫人[076]贈送的比爾特摩植物標本館的美國南部植物；以及約翰‧唐納‧史密斯[077]植物標本館超過 10 萬份的標本，是這一位傑出的植物學家在他漫長的一生中收集的，代表

---

[071]　查爾斯‧威爾克斯（Charles Wilkes，西元 1798～1877 年），美國海軍軍官、船長和探險家。他領導了西元 1838～1842 年的美國探險隊。
[072]　卡德瓦拉德‧林戈爾德（Cadwalader Ringgold，西元 1802～1867 年），美國海軍軍官、探險家。
[073]　約翰‧羅傑斯（John Rodgers，西元 1881～1926 年），美國海軍軍官、探險家。
[074]　查爾斯‧莫爾（Charles Mohr，西元 1824～1901 年），美籍德裔植物學家、藥學家。
[075]　柯提斯‧蓋茨‧洛依德（Curtis Gates Lloyd，西元 1859～1926 年），美國真菌學家。
[076]　即 Mrs. George W. Vanderbilt。
[077]　約翰‧唐納‧史密斯（John Donnell Smith，西元 1829～1928 年），美國植物學家、生物分類學家。

了在任何機構中所能找到的最完整的中美洲植物系列。這些收集的藏品，雖然東半球的植物不多，但在研究北美植物群方面卻有非常特殊的價值，並成為大量文獻的基礎。

為了進一步貫徹史密森學會的傳統政策，國家植物標本館的植物標本免費借給符合條件的國內外學者。受益是相互的。通常，研究人員渴望從盡可能廣泛的區域獲得大量的、已辨識的或未辨識的標本，作為研究樣本，以便為他們的工作提供廣泛的基礎。另一方面，該機構受益於這些館藏標本，由專家們對其進行批判性的研究。研究結果更容易理解，也能夠為現在或未來的植物學家所利用。在標本館工作人員撰寫的論文中，許多發表在一般的植物學期刊上。其他論文，及館外學者根據國家植物標本館的素材撰寫的專題論文，發表在標本館的出版品中，分期發行，標題為「來自美國國家植物標本館的貢獻」。這一套叢書現已發行近三十卷，一部分是與特殊植物相關的技術論文，如蕨類、禾本類、棕櫚植物和仙人掌等；一部分是整卷的區域植物誌，如《西德克薩斯州植物》、《新墨西哥州植物誌》(*Flora of New Mexico*)、《阿拉巴馬州植物生命》、《華盛頓州植物誌》(*An Illustrated Flora of the Pacific States: Washington, Oregon, and California*)、《關島實用植物》、《巴拿馬運河區植物誌》以及《墨西哥樹木和灌木》。幾乎所有的植物研究機構都發行或廣泛印製類似的叢書，討論本館和其他館的研究結果，大多數是免費或只需少許費用。

植物標本館的使用

植物標本館是這樣運作的：例如，假設一位學者要寫一篇關於三葉草的綜合性論文。他轉向植物標本室的箱子，裡面裝著三葉草屬、蝶形花科的壓扁標本。如果採用恩格爾和普蘭特爾的科類排列順序，這些標本位於松樹到紫菀的中間位置。

在任何大型植物標本室中，學者都應該找到至少 1,000 個相當完整的

標本。其中一些處於結果狀態，另一些處於開花狀態，所有的標本都有葉子。而不太確定的是植物的生長習慣。有些會顯示出花朵和葉子近乎自然的顏色，但這些未必是最新收集的。

標本用膠水或膠條快速黏貼到大小一致的皮紙上（美國植物標本館 29.2cm×41.9cm）。每一個標本有自己的標籤，貼在右下角，注明州或國家、特殊的地點、準確收集日期及收藏者的名字和其他相關資料，如海拔高度、伴生植物的名字或者注明植物的周圍環境，例如：是在多岩石潮溼的樹林裡、陽光充足的沙質湖岸，還是在其他地方發現的（照片 23）。在山區，海拔高度通常是特別重要的一點，不僅對系統分類學家有幫助，而且對植物地理學家也有幫助。

因為植物地理學家關心的是物種的範圍及其分布的原因。生態學家和植物形態學家也同樣歡迎有關海拔、土壤偏好、溼度和曝光的完整資料。因為這些事實證明非常重要，能夠解釋植物形態、大小和微小結構上的明顯差異。人們推測這些是由環境引起的。

假設研究者已經經由觀察「野外」的活性植物而熟悉了三葉草，那麼他未來的工作將大致分為兩部分，一部分是研究標本館標本；另一部分是掌握所謂的學科文獻。為了複製或拍攝重要的描述性資訊或者啟發性的評論，學者可能需要借用稀有出版品，或是從其他機構借用標本。

第二章 系統植物學的連結與現狀

照片 23 一種有特色的植物標本室標本，裝裱在標準尺寸的紙張上，貼滿標籤，並印上國家植物標本館序列編號。

至於研究方法，沒有什麼硬性規定。一般情況下，學者會首先詳細研究某些眾所周知的物種，將他的標本與原始的和後來的描述進行仔細比較。釐清了這個群體所具有的重要微小結構和技術區別點，或是「特徵」之後，他可能會把剩下的大多數標本整理出來，分類到暫定的「物種」，並為這些標本命名，這些名稱很容易與之前的描述連繫起來。有一些物種，在結構特徵和地理分布上明顯不同於該群體的所有其他成員，將被分離出來。其他的可能被來自廣大地區、數量眾多的標本所代表。而這些後來的標本通常是最令人費解的，需要進行最仔細和最艱苦的研究。例如，

一個據說分布在加拿大東部到墨西哥灣及以西地區的物種，可能會因為氣候和整體環境的影響，在其廣泛分布的不同地區表現出巨大的多樣性，並呈現出不同的形態。事實上，人們經常發現，即使在同一個地方，情況也有很大的不同。因此，目前的問題是，對所有這些地方性和區域性的形態進行分類，確定哪些是重要的，哪些是次要的，並將這一系列的所有成員按邏輯順序排列，以呈現彼此之間的實際關係。

但這僅僅是一個不錯的開端。我們的學者為單一三葉草物種所做的工作，也必須要為該屬的每一個物種做同樣的工作，除了那些沒有顯示出明顯變種的物種。在他終於滿意地界定了該物種及其變種之後，他必須將相關的物種放到一起，變成條理清楚的群組，並始終連貫地排列。最後，完成了對所有標本的分類和命名之後，他必須對該屬、該物種以及細微形態進行專業描述，並提供一把「鑰匙」，以便後來的學者正確地參考每一個類別。描述之後，也應該列出所研究的標本清單，這樣其他人便可以在檢驗研究結果是否正確方面有據可查。當然，在專著的描述部分之前會有一個總論章節，概述所要達到的目標、素材來源、與早期研究有關的按歷史順序排列的注釋、該類群本身相對於相關屬的位置、其地理分布、其可能的演化發展情況，以及為了分類目的，就特殊結構、實用性和可信度所做的任何必要的注釋。

在歐洲國家，由於人們對植物學和植物收集的普遍興趣，以及所涉及的物種相對較少，所以植物群被普遍了解。因此研究指導原則是對分類進行細微的改進。在剛安頓的美洲，由於其幅員遼闊、地域多樣，所以對本土植物群的詳細研究，需要人們進行大範圍的勘察和收集工作。

■ 模式標本

通常，植物標本室的標本具有雙重價值。首先，它們是一種世界植物群的圖解卡片目錄，每一株植物都經過乾燥、裝裱、適當分類，可以馬上

用於系統工作中的描述，用於在鑑別新物種時的比較，並向植物學相關分支的學者，提供植物分布的資訊和其他資訊。像任何分類收藏品一樣，植物標本是一系列的圖解。此外，從嚴格的歷史觀點來看，植物標本室的標本更加重要。早期的優秀植物學家對標本進行研究，把他們的觀點記錄在大量的文獻中。其中這些標本被人們引用，因為它們提供了原始調查不可替代的資料，因而成為無價之寶。

最後一個特點非常重要。通常，一百年前為科學界所認知的一種稀有植物的鮮活素材，按道理仍然可以在它最初被發現的遙遠地區找到。然而，一個最新的標本，即使來自同一個地點，它的價值不會也永遠不可能與原始標本的價值相等。在提出一個新物種時，實際上作為描述基礎的標本被稱為「模式」標本。因為無論在生物學上，還是在歷史觀上，「模式」標本在描述性作品中都代表了該物種的典型特徵。因此，模式標本成為最後確認的手段，在分類時必須反覆確認。因為如果沒有模式標本，我們就會不斷形成先前描述過的物種的錯誤概念。精心挑選的模式標本沒有合適的替代品。

美洲描述植物學領域快速發展的一個障礙是，很大一部分模式標本存在於歐洲植物標本館中。這導致許多特殊研究受阻，除非學者最終有機會在國外查閱這些極其重要的標本。事實證明，照片的確不可或缺。地模標本，即在最初「模式標本所在地」連續收集的標本，也有很大的幫助。因為在某些變化不大的植物中，它們有時能提供與真正的模式標本中所得到的，同樣有價值的許多資訊。

■ 分類學的現實重要性

在不到兩代人之前的一段時間裡，在大多數的美國學術機構，對於門外漢甚至專業人士來說，幾乎每一種植物都包含在分類學中，或者根據相互關係進行分類。近年來，隨著植物研究的新特徵和新方法的興起，以及

人們對它們價值的普遍理解和濃厚興趣，系統植物學不幸占據了不那麼顯著的地位。然而，從所提出的新問題的數量和複雜性來看，對於只有系統學家才能提供的那種資訊的需求前所未有地增加。如果說農業是文明的基礎，那麼廣義植物學也同樣是科學農業的最重要的基礎。在當今所有的植物學科中，沒有一門不必求助於分類植物學。

因此，在植物形態學、生理學和生態學的熱門領域中，正確地鑑別被調查的眾多物種十分重要。誠然，在植物生理學中，在不清楚所研究植物的正確名稱的情況下，藉助於物理和化學知識，也可以確定植物生長和器官功能的一般原理。然而，在將這些一般原理應用於其他純科學工作和經濟問題時，必須精確地辨識所研究的植物，無論是其物種、變種還是微小形態。例如，眾所周知，對於沒有經驗的人，看似幾乎或完全相同的兩種形態，一種可能具有很強的抗旱能力，而另一種則幾乎完全不抗旱。

形態學家關注的是植物生命的歷史、植物解剖學、植物組織和單一細胞的內部結構。而生態學家試圖解釋植物是如何適應特殊環境：如海濱、沼澤和沙漠。很顯然，無論是形態學家，還是生態學家，基於錯誤命名的植物的研究而得出的推論將沒有什麼價值。系統植物學提供了植物的名稱辨識。

至於經濟植物學或應用植物學，無論從農業、園藝，還是植物育種、林業、藥理學、細菌學或病理學的角度考量，兩者的關係都甚為密切。

藥理學是關於藥物和醫學的知識，其中很大一部分來源於植物。為了最確切地了解產生這些藥理作用的植物，並排除劣質替代品來維持藥物的純度標準，需要完全仰賴分類學。

實際上所有植物的腐爛或動物的腐敗都是由不計其數的細菌引起的。這些單細胞的微小植物也會引起諸如白喉、牙周炎、傷寒和肺結核等可怕的疾病。而另一方面，其中許多細菌對我們是有益的。並不是所有細菌都

可以經由在顯微鏡下觀察到的形態來區分。然而，用其他方法對細菌進行分類仍然是必要的，可以保證安全的食品供應、環境衛生、免於瘟疫，甚至是我們在這個地球上的持續生存。

林業也有嚴格的科學依據，其主要目標是種植符合市場需求的木材，並使木材產區永久化和擴大化。每一個階段都需要照料和研究的樹木，無論是美國西部的松樹和雲杉，還是盛行於美洲熱帶地區的硬木雜交種，首先需要的總是它們的分類知識：它們的名稱、特徵、親緣關係、數量和區域分布。例如，在飛機製造、高級家具的生產、室內裝修、工具、紙張和樹脂等各種產業，這一類基本資訊都是不可或缺的，更不用說繁榮而獨特的美國口香糖產業了（照片24）。

像草本植物一樣，一個非常實際的考量是樹木必須防止真菌病害。這是病理學家和系統研究真菌學者的領域。每年破壞木材的真菌都會造成巨大的損失。這些真菌，我們稱之為層孔菌或簷狀菌。它們通常是由火災、昆蟲襲擊或者機械外力造成的，出現在首先受傷的樹幹上。必須經由了解它們的習慣和生命史來尋求補救辦法。然而，並不是世界上所有的病理學家都能阻止栗樹枯萎病的蔓延。這是一種完全不同「目」的真菌。自從25年前它出現以來，北美東部一種美麗而重要的木材幾乎已經滅絕。

一場看似即將失敗、與破壞性的真菌白松皰銹病的戰鬥也正在進行。這種病幾乎從一個海岸到另一個海岸不斷蔓延。在熱帶地區，可可樹和咖啡樹尤其容易受到真菌的侵襲。事實上，爪哇和錫蘭的阿拉伯咖啡業的毀滅，就是稱之為銹菌的微小寄生真菌造成嚴重破壞的一個典型例子。除了旨在遏制或消滅真菌危害的各種補救措施外，通常尋求的解決辦法是，在受影響的植物地區引進能夠抵制真菌，或者對真菌攻擊具有免疫力的品種或品系。

照片 24　華盛頓哥倫比亞國家森林，道格拉斯冷杉（花旗杉）的純林。
這是美國西北地區主要的商業林木。有些樹齡可達 1,000 年，
生長到 90 多公尺高，直徑約 3 公尺。

美國林務局提供

當然，系統植物學與農業的關聯幾乎是數不勝數，而且也是非常重要的。與園藝的關係也是如此。為了提高產量、改善大小或品質、增強抗病性或者適應新的或更廣闊的種植區域，研究的課題首先著重在蔬菜、水果或田間作物上。具體案例有：龐大的柑橘產業，以及把來自所有熱帶地區的柑橘親緣品種用於雜交育種，或是作為結實、耐受性強的砧木，在上面繁殖具有商業價值的品系；對棉花及其近親的研究，不僅涉及對許多野生品種的分類，而且涉及對長期栽培的新、舊世界品種的分類；對諸如甘蔗、燕麥、大麥、小麥和玉米等田野作物也進行了類似的調查，最後一種作物本身作為野生植物及其起源還不為人知，儘管有雜交的嫌疑，但尚未得到證實。在所有這些試驗中，都同樣需要有明確的分類，需要明確知道所處種群的名稱、起源、現狀和親緣關係。

對於新植物的研究也在這一項工作中發揮了重要作用。如今，人們不

可能期望與貢薩洛・費爾南德斯・德・奧維耶多[078]相提並論，他的著作（西元 1536 年）包含了最早發表的關於橡膠、木薯、酪梨、芭樂和蕃薯的記載。所有這些都是在發現美洲後引起人們注意的。但是，在我們這個時代，把「硬質」小麥從俄國帶到了美國，這實在讓人高興。現在，這種小麥每年在大約 3,600 萬畝半乾旱的土地上播種，創造產值約為 9,000 萬美元。把世界上所有主要紅棗種植區內最好的紅棗品種引入加利福尼亞的沙漠山谷（照片 25），預示著園藝產業的發展，到現在甚至遠遠超過了初期階段；將酪梨從美洲熱帶國家帶到美國較溫暖的地區，在過去的 25 年裡，作為最好的沙拉水果之一，它迅速贏得了人們的喜愛；將一種經過精心挑選的埃及棉花品種引入美國，現在已發展成為亞利桑那州著名的皮馬棉品種；引進苜蓿和蘇丹草作為飼料植物，現在後者在大約 600 萬畝或更多的土地上種植，估計每年作物產值超過 1,500 萬美元。

照片 25　位於加利福尼亞州，印第奧市附近著名的德格萊特・諾爾椰棗樹果園。在精心栽培下，這些椰棗樹每一棵每年能結出 130 多公斤的果實。相比之下，在阿拉伯，估計每年只能結出 10 多公斤的果實。

美國植物工業局提供

---

[078] 貢薩洛・費爾南德斯・德・奧維耶多 (Gonzalo Fernández de Oviedo，西元 1478～1557 年)，西班牙歷史學家、植物學家、生物學家、作家、軍人，西元 1526 年出版了 50 卷百科全書。

系統植物學的未來

可以有把握地說，在一般生物學的領域，就學識和興趣的廣度而言，真正稱得上是完全意義上的博物學家的人確實很少。植物學也是如此，在過去的三、四十年裡，我們經歷了一個專業化的時期。儘管這帶來了詳盡的植物學知識驚人的成長，但它的細分領域幾乎與「老式植物學」分道揚鑣。古代的植物學家，了解活性植物和植物標本，純粹出於對這一項學科的熱愛，並通常作為一種業餘愛好而進行研究。現在他們已經被許多相關領域的職業專家所取代。至少在美國，植物分類學沒有跟上細胞學、生態學、細菌學、病理學、植物育種和遺傳學等較新學科的步伐。植物學的「學說」，以其數不清的最新事實，幾乎淹沒了系統植物學。但是，從長遠來看，這些學說若想要成功，顯然迫切需要系統植物學提供必要的幫助。在大學裡接受過較新領域訓練的研究者，作為後來的教授，把他們的偏好傳給了更年輕的研究者。結果之一就是那些對系統植物學有特殊興趣的人，和那些對系統植物學沒有特殊興趣者之間的人數差距越來越大。目前還不清楚是否是最終結果。顯然，植物學研究的專業化將繼續下去，甚至成倍成長。因此只有充分理解系統植物學的重要性，並意識到它目前得到的支持不足，植物學的研究才能得到改善。此外，這種認知必須被普遍接受，也必須成為分類學，大學教學的基本原則和方法。

在過去的 25 年裡，從事其他方面植物學工作的人，大概對分類學家給予了三項嚴重的譴責，不滿如下：第一，分類學家們未能對於植物科學中，確保使用穩定學名的規則達成一致；第二，他們經常對命名法的技術問題比對植物分類更感興趣；第三，他們之中的許多人在未經證實的「物種」之間劃出了極其細微的區別，以至於除了分類學專家，沒有人能指望辨認出所描述的形態。

在這些批評中，第一種批評是公正的。然而，在植物研究的不同核心

領域，實際使用的名稱並不像通常認為的那樣多樣化。目前人們正在進行堅定而真誠的努力，以協調觀點和實務的明顯差異，並對於國際命名規則達成完全一致的意見，這樣所有系統植物學家將因命名的可信度和實用性而接受。

可以這樣說，命名法是分類學中最重要的一部分，它的規則和規定必然是技術性的，通常是高度技術性的。比較頭痛的要求是對於那些，由早期作者（尤其是林奈）所認知或首次提出的屬類和物種的學名進行管理並使用。這一類問題是植物分類學的棘手問題，需要最好的技術判斷和最充分的常識考量。有時候，人們會拋棄一些早期名稱的欠妥要求來解決棘手的問題。但是這種方法並沒有被很多人採用。結果，系統學家們被指責「僅僅在學名」問題上吹毛求疵。在一定程度上，非系統主義者的第二種批評是合理的。然而，絕大多數的系統植物學家主要感興趣的不是命名，而是對植物本身的研究。他們不該被稱為命名工匠。

至於第三條分類細微一說，即過細地把物種和屬分開的批評，人們可能這樣回答：系統植物學，像政治學一樣，有保守派和激進派，更不用說占據整個中間範圍的無數其他派別了。植物的變異性極強，為什麼不針對它們的一致性或差異的恆定性，以及它們代表少數或許多物種的地位發表不同意見？人們會想，從西元 1750 年左右到上個世紀中葉這一段時期的植物學之父們，如果他們能預見到後來系統植物學出現的一些難題，他們就會採取不同的做法。如果他們能料想到後來歷經久遠的探索而發現的物種多樣性，他們就會更費心地保存他們的模式標本，或者至少更全面地描述它們。但原始標本並不總是被保存下來，或者即使保存了一段時間，當獲得更好的標本可以代表同一個物種時，它們也經常被丟棄。也許憑著手邊的一株植物寫成的四、五行拉丁文描述，現在可能要應用於一群已經發現密切相關的植物形態。物種彼此之間的差異實際上如此明顯，以至於所

有的系統學家,無論是保守主義者還是激進主義者,都必須大致上同意它們的差異。當然,除了這種貧乏的描述之外,還存在著一種普遍的觀念,認為物種是按照一種僵化的模式獨立創造的。我們現在知道物種是龐大的,它們既不是固定不變的,也不是單獨「創造的」。剛才提到的困難只不過是一個不幸的夢魘,必須克服。漸漸地,對於所有的植物群體而言,一套以植物標本室標本和公布的資料為依據的可靠觀點將被普遍接受,因為它不斷地接受新事實的考驗,以滿足許多領域工作者的需求。

至於未來的前景,毫無疑問:系統植物學,無論是否得到它應有的充分支持,都永遠不能被取代,只能在沒有任何客觀存在標準的情況下勇於嘗試。它在太多方面攸關人類的生存和福祉。

第三篇
海洋植物

第三篇　海洋植物

第一章
整體特徵

很少有人無法與大自然最可愛的造物 —— 花，結下友誼。大多數人都知道它們所展現的形態和顏色的無窮多樣性。也許並沒有那麼多人，但仍然有很多人知道，它們迷人的美麗是經由數百種特殊組織和器官的發育，在結構上的複雜變化而實現的。最終，植物學家進一步在它們身上見證了如此多創造性的本能、如此豐富的有益技巧，以至於讚美變成了敬意。科學家發現自己勤奮的一生過於短暫，無法完成他們的研究。

因此，當我們轉向海洋植物時，首先會帶給我們一種單調的印象。與高度演化的陸地植被相比，海洋植物似乎都是類似的、粗糙的。但是，孜孜不倦的研究很快就會改變這些最初的印象，玫瑰、紫羅蘭和蘭花的那些親緣，外表雖樸素無華，卻也有其自身的魅力。雖然不是那麼生動，卻非常真實。而且還有許多其他的特性，值得我們的關注和研究。對於海洋植物來說，幾乎不亞於陸地植物，它們展現了在特定環境下，適應生存需求的神奇，也應證了滿足植物特殊需求的極佳的調節方式。這裡也有優雅和新穎的形態、纖巧的柔美以及豐富的色彩。

海裡的植物幾乎全都是藻類。它們構成了一個低等生命形態的群體。它們常見的名字，海草，是個蹩腳的名字，除非我們記得拉爾夫‧沃爾多‧愛默生（Ralph Waldo Emerson）的定義：「海草是一種用途未知的植物。」儘管我們目前對海洋生物的知識還很匱乏，但我們認為藻類具有一

些寶貴的特性,而新興的海洋學正在發現許多其他特性。事實上,在對人類的福祉做出貢獻的植物中,有一、兩組藻類無疑值得名列前茅。

我們可以忽略海洋中發現的比藻類等級更高的那一小群不重要的植物。這些植物只生長在海灣和港口的淺水區。其中最引人注目的是鰻草(大葉藻)。即使是鰻草,在生長週期、繁殖力和經濟重要性方面也不及其他兩種藻類:海帶和矽藻。

與陸地植物相比,藻類極其簡單。這是因為它們生活在一個完全不同的世界:一個沒有那麼多變、那麼嚴酷、那麼危險的世界。一天又一天,一個世紀又一個世紀,那裡的生活條件穩定而親切。研究這種不變性是值得的,因為這是我們必須要應對的植物的奇特形態和習性的關鍵。以溫度為例,全年,海洋、海灣和入海口的海域都有潮汐,溫度變化很小。緬因灣的溫度從 2 月的 20°C 到 8 月的 20°C 不等,而且主要是在海面附近;愛爾蘭海從 4.80°C 到 16.80°C,而在開闊的大西洋,變化甚至更小。這些變化已是極限。但即使如此,與陸地上遇到的變化相比也不值一提。例如,佛蒙特州的聖約翰斯堡,冬天的溫度是零下 10°C 或更低,而夏天是零上 32°C 或更高。換句話說,在極端情況下,海洋植物全年可能要承受 30°C 至 40°C 的溫度變化(低溫永遠不會低於冰點),而陸地植物必須設法承受 50°C 的溫度變化。很顯然,海洋植物不需要像它們陸地上的親緣植物那樣,為夏衣或冬衣發愁。

儘管多水世界的溫度更加平均,但熱帶、溫帶和極地水域之間存在差異。相應地,這些緯度的藻類也各不相同。例如,海帶、岩藻和其他褐藻在冷水中生長得最好,而紅藻和馬尾藻之類的植物則在亞熱帶地區生長。像陸地上一樣,在海洋中不同的緯度水域,我們幾乎能發現不同的植物群,除非海洋中緯度的差異被巨大的洋流打破。洋流像河流一樣穿過海洋,把暖水帶到寒冷水域,把冷水帶到溫暖水域。墨西哥灣流只是眾多影

響溫度的強大洋流之一。秘魯洋流沿著南美洲西海岸向北移動，把最南部的冷水帶到赤道。伴隨海水而來的還有冷水性的藻類。因此，我們在它們本來永遠不會出現的緯度，發現了巨大的棕色巨藻，淡黑巨海藻和大昆布以及類似的形態。拉布拉多洋流將北極海的冰冷海水向南推至科德角。結果，覆蓋在新英格蘭岩石海岸上的藻類變成了北方的形態。海岸邊著名度假村的一大奇觀是巨大的褐色岩藻，它們掛在岩石上，在拍打它們的波浪中搖曳。雖然英國和拉布拉多在同樣的緯度，但受墨西哥灣流影響，英國的藻類與拉布拉多的藻類有很大的不同。

照片 26　阿拉斯加海岸的兩種褐藻。
掛成彩花形的海邊擬巨藻和棕櫚狀的囊溝藻。

　　這裡我們簡單提一下另一種影響藻類有序分布的因素，嚴格地說並不是溫度。水深對生長在海裡的藻類種類有相當大的影響。有一個明確的極限，低於這個極限，任何植物都無法生存，因為沒有陽光就沒有植被。儘管有些藻類接觸的陽光很少，但海洋深處是絕對沒有植物的。拉默魯[079]表示，可以在約 360 公尺深的地方發現藻類。這個數字可能太大了。可以

[079]　拉默魯（Jean Vincent Félix Lamouroux，西元 1779～1825 年），法國生物學家、博物學家。

肯定的是，植物在 90 公尺以下不可能茁壯生長。在海洋深處昏暗的朦朧環境，植物的顏色反而比近海面的顏色更鮮豔。這是由於太陽能供應減少，導致葉綠素和其他光敏色素更發達的原因。

在一年中的不同時期，海洋中植物的數量也會發生變化。但與陸地相比，溫度變化的影響仍然小得多。這種變化主要是由於所有植被都具有年度生命週期。因為植物和動物一樣也有休息和不活動的時期。即使在陸地植物中，也有許多植物每年都停止生長，生命休眠，之後又恢復活力，不管溫度如何。因此，許多藻類在一年中的某個時期很豐富，但在另一個時期卻很稀少或缺乏。鮮紅色的美洲絹絲藻，羽毛般的葉子柔軟如絲。每年 2 月底至 3 月初，在大西洋海岸盛極一時。而加州的褐藻、馬尾藻直到秋天才出現。但是，儘管冷水侵入溫暖地區，溫水侵入寒冷地區，必然造成海洋植被的局部差異。但重要的是要記住，在這些地方的任何一處，水溫全年都保持恆定不變。這是海洋的特點，也使海洋氣候比陸地氣候友好得多。

海洋溫度的均勻性，同樣展現在海洋植物賴以生存的物質的特性中。整個地球海水的鹽度幾乎是一致的，在波羅的海和哈德遜灣部分內陸環繞的區域，鹽度稍低一些。在波斯灣和紅海稍高一些。但變化很小，不會影響植物的生長。無論是海水中的鹽分還是其他成分的含量，都不會為海洋植物帶來任何問題。而陸地植物必須面對土壤肥力枯竭，尤其是水太少或太多這些持續的威脅。海洋中沒有乾旱，因此也沒有死亡谷或撒哈拉沙漠。海藻的食物供應是由源源不斷地流向它們生長地的水流提供的。

影響陸地植物生命的主要因素之一是，它們必須克服力學方面的威脅。有風的側向張力，對植物結構的強度和柔韌性要求很高。還有重量的垂直張力：冰雪增加了它們自身的重量。為了應對這些壓力，在像樹木這樣的陸地植物的結構上展現出了精湛的構造：有支撐力的基部，垂直強健

的樹幹,細長而有彈性的分枝。但在海底則不需要這樣的技巧和特性,因為在那裡植物的比重與水幾乎相同,有些藻類的比重甚至更小,因為它們的組織中分布著氣囊。眾所周知的灣藻,馬尾藻(照片 27)就是例子。遊客們對其永遠心存好奇。看到從船旁邊漂浮過的亮黃色斑點,就知道它們是在向東北方向穿過大西洋的墨西哥灣流中。上面所述力學的和其他方面的精巧構造是藻類植物所沒有的。我們對海洋的暴風驟雨的認知實際上很膚淺。強度是海洋植物最不需要的,也是最不常遇到的東西。在狂風暴雨的海洋中,在泡沫斑斑的海面下不遠處的底層水域,人們可以發現一片平靜。許多使船隻失事的大風都無法將生長在水面下、岩石上最脆弱的海藻帶走。

顯而易見,生活在這種溫和、恆定條件下的植物,必須也將因此與那些生長在陸地上的植物截然不同。陸地上的植物必須在結構上做好準備,面對上百種危險,否則就會死亡。在這個海藻的家園,狂風暴雨不會來襲;沒有致命的霜凍和嚴冬;不缺乏水分;沒有肥力的枯竭;沒有冰雪的重壓。為適應生命競爭,陸地植物長期演化的許多結構和化學保護措施,在海洋植物中是多餘的,因此可以忽略。大自然雖然慷慨饋贈,但總是明智地給予,並吝惜浪費。正如,沒有一位明智的建築師會深挖地基,建造巨大的柱子來支撐避暑別墅的輕型屋頂。作為建築大師的大自然不會在不必要的結構中浪費時間或材料。

那麼,這裡我們就可以明白,這一篇文章所討論的植物,雖然形態豐富、色彩斑斕,有時可與陸地上的植物相媲美,但卻是由陸地上未知的柔軟細膩的組織構成的:輕如薄紗,滑如綢緞。正由於這些特點,海洋植物很好地適應了它們獨特的生存環境,就像粗壯的橡樹和柔韌的竹子適應它們的生存環境一樣。這也是為什麼自遙遠的年代以來,當生物最初從無生命的發祥地慢慢沐浴在陽光下以來,海洋植物變化如此之小,而陸地植物

變化如此之大的原因。查爾斯・都利特・沃爾科特[080]博士在不列顛哥倫比亞省，前寒武紀[081]地層發現的藻類化石，與現在仍然生存的孿生兄弟。然而，最初覆蓋在熱氣騰騰的平原和沼澤地上的祖先植被與我們今天看到的截然不同。日復一日，生存的需求迫使陸地植物的複雜性和強健性不斷演化。而在同樣的時間裡，海洋植物卻慢慢地、輕微地脫離了它們開始時的古老形態。

照片 27　來自佛羅里達海岸的褐藻 —— 馬尾藻。這是馬尾藻海特有的藻類。

---

[080]　查爾斯・都利特・沃爾科特（Charles Doolittle Walcott，西元1850～1927年），美國地質學家、古生物學家，西元1894～1907年任美國地質調查局局長，1907～1917年任史密森學會會長。
[081]　即自地球誕生到6億年前的這一段時間。儘管早在30多億年前生物就已經出現，但其演化卻長期停滯在很低階的階段，主要是些低等的菌藻類植物，它們留下的化石說明的情況不多，而且保存這些化石的岩層又經過太多不同程度的變質，更使得地球的早期歷史不易被了解，所以才被劃入「隱生宙」。

| 第三篇　海洋植物

　　因此，海洋植物群，也是結構簡單的典範，因為生存環境和穩定的生活條件而不需要上面所說的大多數力學方面的組織和保護技巧。海洋植物品種之多樣，結構之精妙，令植物形態學家們驚嘆不已。這也正是我們今天不再需要頭盔、胸甲和鏈衫的原因。也就是說，它們現在已毫無用處。為了自衛，藻類所做最多的是儲存一些令人厭惡的物質，如碘和苦鹽，以防止它們被周圍成群結隊的飢餓動物吃掉。生命的各種功能，幾乎在沒有任何器官的情況下，以驚人的效率持續著，因為整個海洋植物或海洋植物的任何一部分都能完成其安全與健康所需的工作。

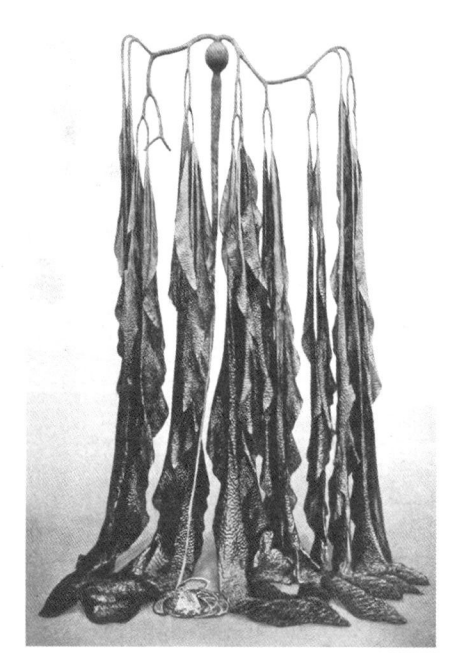

照片 28　來自太平洋海岸的褐藻 —— 墨角藻。

　　讓我們談談養分及其吸收的問題。陸地植物，比如玫瑰叢，經由特化的根系從土壤中吸收養分和水，並經由葉子的複雜機理從空氣中吸收各種氣體。藻類經由其整個表面完成這些功能，直接從流經它的海水中汲取營

養。玫瑰叢受到支撐桿和纖維的阻礙，但這些支撐桿和纖維又賦予玫瑰叢必要的強度和靈活性。植物必須將原料和吸收的養分來回從根傳輸到葉，從葉傳輸到它的生長部位或儲存區域。這種養分的傳輸必須有專門的通道。但藻類能把它的原料分散開來，並將其轉化為整個身體的活性物質。

再讓我們看看生命中至高無上的、永恆的謎題，繁殖。這需要高等植物奇妙的化學和結構機理。這種機理是由一位遠遠超過愛迪生的發明家所發明的，而且它從各方面挑戰著我們的思想。形成卵細胞，然後進行受精；保護正在生長的胚胎；將形成的種子傳播到新的區域；保護種子的活力，使其免受嚴寒和長期乾旱的侵襲，直到更好的天氣到來，使其發芽。這些都需要在組織、外部結構和附屬物方面發生上千次的變化。而海洋植物在沒有這些演化的情況下，仍然能夠有效地繁衍後代並茁壯成長。

這種簡單性帶來了巨大的好處：生物學家能夠在這些低階的海洋植物中找到一扇打開的大門，更容易理解生命的奧祕。因為高等生物生命過程的複雜性，讓學者的思想陷入了一個迷宮，就像一個現代鐘錶廠的訪客在自動生產鐘錶螺絲、銷釘、彈簧和輪子的機器中感到困惑不解一樣。正是簡單的事物才能向我們揭示複雜的事物。牛頓本來可以從行星之間深奧的相互作用中發現萬有引力，但他沒有，一個蘋果給了他答案；伽利略從教堂枝形吊燈的擺動中掌握了鐘擺的原理。同樣地，經由海洋中的簡單生物和陸地上的動植物中類似生物的媒介，科學將越來越接近對生命現象的理解。

第二章

海藻的種類

　　藻類根據其顏色，可以很方便地分為四大類：藍綠色的、綠色的、棕色的和紅色的。單獨來看，這些顏色並不是完全可靠的嚮導，因為棕色和紅色的藻類偶爾會變成黃色。有些紅藻是紫色的，還有零星的藍綠藻會更接近綠色而不是藍色。例如，有時生長在快速流動的淡水溪流中的一種紅色藻類，串珠藻，它不是紅色，而是骯髒的黃褐色。不過，這些區別通常非常大，便於辨識，因此它們的用途也是事出有因的。

　　我們將首先討論最重要的一類，褐藻。這些植物分布在世界各地，在所有地區都非常豐富，尤其是在溫帶和極地水域。可能在南部海域的澳洲地區最為豐富。褐藻幾乎完全是海洋生物。相比之下，綠藻在淡水中尤為明顯。

　　有些褐藻成員極其微小，但是大多數體型龐大、健壯。其中一些是所有生物中最長的。涅柔藻屬的成員體長可達 97.5 至 105 公尺。羅伯特·菲斯克·格里格斯[082] 說，一棵海藻的重量常常超過 45 公斤。它們盛產於包括阿拉斯加在內的太平洋沿岸。南極公牛藻屬的個體沒有這麼巨大的長度，但它們的體積和重量有時非常大，有記載的最大重量約為 225 公斤。本屬在澳洲水域達到最高發育水準。福克蘭群島周圍生長著大片的南極公

---

[082] 羅伯特·菲斯克·格里格斯（Robert Fiske Griggs，西元 1881～1962 年），美國植物學家、生態學家和探險家。其代表作《萬煙谷》（*The Valley of Ten Thousand Smokes*）一書，詳細記錄了這一項發現及其科學意義。

第二章　海藻的種類

牛藻，看起來像數百公尺長的粗蔬菜電纜。沿著巴塔哥尼亞海岸，有一片茂密的海藻林，叫做「樹海草」，它的莖高 0.9 至 3.6 公尺，周長 30 公分，頂端有一簇 7 公分寬、60 至 90 公分長的葉子。巨藻生長在南半球，經常出現在太平洋海岸，是所有藻類中的巨人（見卷首照片）。現存標本的真實紀錄長度 198 至 300 公尺不等。這些屬中的許多照片都可以在附件中找到。

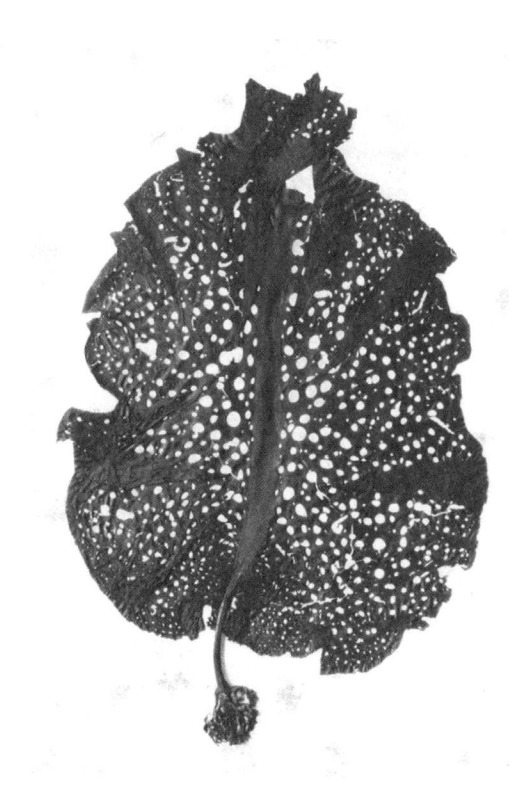

照片 29　來自麻薩諸塞州沿岸的褐藻 ── 孔葉褐藻。

　　褐藻比任何其他類群都更接近於高等陸地植物的形態和組織。褐藻纖維狀的固著物將它們固定在底部。這類似於真正的根，但沒有任何根的功能。它們的長圓柱形莖與陸地植物的莖緊密對應。在內部，我們發現一些細胞有相互連通的孔，其他細胞變成原始篩管。整個莖在橫截面上顯示出同心排列。所有這些方面都與更加複雜的陸生植物的莖結構一致。它們通

常被大量切割成令人驚訝的葉狀體，形狀扁平，中間有一條中脈，邊緣呈波浪狀或鋸齒狀。一個紐西蘭褐藻的物種被命名為叉枝藻，因為它的葉狀體非常完美地模仿了橡樹的葉子。然而，這些部分都是由所有植物組織中最簡單的薄壁組織構成的。木質細胞、韌皮、木栓和其他一些高等植物的特殊組織在這裡完全沒有。這些奇特的相似之處毫不妨礙藻類的所有部分，包括它的根狀、莖狀和葉狀的分支，平等地參與植物的許多活動。

褐藻的繁殖通常是一種無性繁殖，經過些微改變的細胞與母體植物分離，開始獨立生長，並發育為成熟個體。還有一種低階的有性繁殖。這發生在植物表面附近的小腔室內，以及構成其整體結構的簡單細胞之間。在這些腔室中發育出某些生殖組織。產生卵子的稱為卵原細胞，而產生精子的稱為精原細胞。在某些褐藻中，卵子和精子都是活動的，而在另一些中只有後者活動，還有一些則兩者都不活動。有時，無性繁殖和有性繁殖都會發生，相互交替。有時一種占主導地位，有時只有兩種情況中的一種發生。最奇特的是，在一組低等植物中，完成一種重要的生命功能的方式完全缺乏一致性。這幾乎表示，我們在這裡遇到了大自然的海底實驗室，在用各種不同的繁殖方法進行試驗，以便隨後確定一種最好的繁殖方法，供今後在陸地上培育的高級生物採用。但如果是這樣，實驗還沒有完成。因為褐藻的一些粗糙的繁殖方法在蕨類、苔蘚、蘇鐵植物甚至毬果植物中重現，最終在最高級植物，被子植物中消失。正如我們要進一步指出的那樣，褐藻在某些商業產品中發揮著非常顯著的作用，並對某些其他形式的海洋生物產生巨大的生物學影響。

第二章　海藻的種類

照片 30　來自瑪莎葡萄園島的紅藻，多管藻屬 —— 紫波紅藻。

至於綠色或藍綠藻，我們就不多說了。因為儘管它們與褐藻和紅藻為同一類植物，但它們在海洋生物經濟中扮演著微不足道的角色。有幾個例外情況值得一提。有一種很小的藍綠色藻類，叫做色球藻，比針尖大不了多少。這種藻類有時突然出現在海面上，數量多得驚人。四、五年前，我從在泰國曼谷考察的休・麥科密克・史密斯[083]博士那裡收到了這種藻類的樣本，他說暹羅灣幾百平方公里的海面上似乎都被這種植物染色了。還有一種有趣的石蓴屬綠藻，叫做「海萵苣」，它看起來像菜園裡的一片蔬菜葉子，或者像一張半透明的亮綠色薄紙。這種藻在北大西洋沿岸安靜的海灣和椿結構間很常見。它有一種近親，叫做紫藻，它的綠色被一層濃紫色的色素所掩蓋，其表面像精美的緞子一樣閃閃發光。此外，還有一種美麗的傘狀植物，傘藻。它的綠色因一層石灰的結痂而變成了柔和的綠瑪瑙

---

[083]　休・麥科密克・史密斯（Hugh McCormick Smith，西元 1865 ～ 1941 年），美國魚類學家和美國漁業局的管理者。

第三篇　海洋植物

色。這是一種脆弱而優雅的植物。在照片 34 中它非常漂亮。紅藻遠不如褐藻強壯，而且整體而言要小得多。它們通常發育成大量分枝叢或羽狀細絲（照片 30）。這種形態為它們贏得了「海苔」的稱號。由於形態的複雜性和非常特殊的繁殖方式，它們被列為所有藻類中最高的等級。由它們演變而來的大量屬和物種中，也可以看出它們的精細化趨勢。它們生長得最好的地方，是洶湧的海浪衝擊被更結實的海帶打破的地方。它們附生在海帶的葉子中間，或在海帶保護層後面的岩石上。它們在舒適的避風塘和港灣處安家。照片 34 中所示，燦爛的深紅色絨線藻大量生長在紐約港。

在這一類中，我們可以找到大多數收集者最喜歡的藻類，而且植物世界中沒有任何其他成員能如此完美地為人們提供美麗和永久的標本。它們精緻的葉子，如果恰當地排列在硬紙板上，看起來就像精美的蝕刻畫。而且它們或柔和、或鮮豔的顏色很少褪色。在國家博物館大型植物標本室裡，收藏著幾百件這樣脆弱的海洋之子。它們是 50 年前或更久以前收集的，但現在看起來卻像海浪剛把它們拋到岸上一樣鮮活。其中一些曾被藝術家 E·切弗蘭[084] 作為模型，繪製兩幅壯麗的海洋景色。這兩幅畫可以參照本卷的卷頭插畫和第 34 張照片。我們將在後面看到，在世界上一些較為荒野的地方，有些紅藻是人類寶貴的食物來源。紅藻的另一個亞綱，珊瑚藻值得特別注意。之所以這樣稱呼，是因為它與珊瑚非常相像。它們有的長成濃密的團狀，圓形的柄堅硬而有分枝，葉子扁平。有的為簇生有結節，大而結實，像黏合在一起的礫石（照片 31 和照片 32）。它們被石灰的硬殼厚厚地包裹著，紅色或黃色植物本身完全被隱藏起來。當然，這種石灰是植物從海水中提取出來的，然後再滲出來形成堅硬的保護性盔甲。在具有扁平莖的幾種植物中，如扇寬珊藻，這種鈣質鞘比其他植物要薄得多，並且局限於植物較老的部分。珊瑚經常出現在溫帶和亞熱帶海域，尤

---

[084]　E·切弗蘭（E. Cheverlange，西元 1876～1961 年），美國藝術家。

第二章 海藻的種類

其是珊瑚礁存在的地方,以確保水中有大量石灰,如百慕達群島和佛羅里達礁島群。由於這些水垢會使植物變得危險易碎,如果沒有其他特別的阻礙,這種威脅通常經由強健的生長方式,或是藉由沿著莖部間隔出現的靈活柔韌的連接線來避免。數百萬年後,這種方法被人類重新發明,並用於像汽車傳動軸這樣的機械零件。典型的珊瑚藻屬的莖是圓形的,由這些柔性連接的組成元素,使它看起來像一串串的小香腸。然而,這些珊瑚藻的石灰外層並不排斥光。因為,像所有其他葉綠素植物一樣,沒有光,它們將無法吸收養分。珊瑚藻並不是唯一的包殼藻類,因為有些包殼藻類也在其他類群中發現,經常被誤認為是真正的珊瑚藻。

照片 31　生長在貝殼上的珊瑚藻。

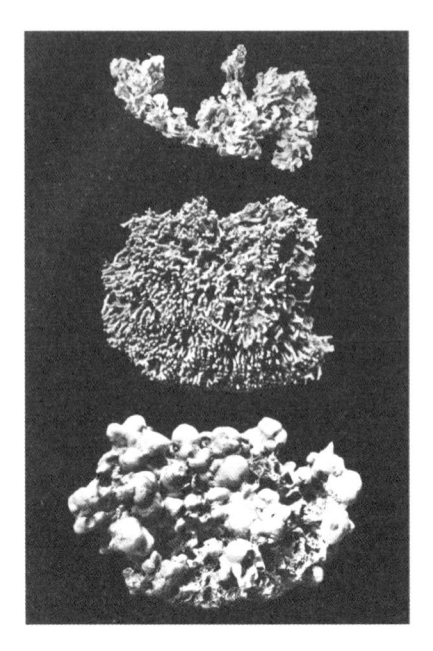

照片 32　亞熱帶水域的三種珊瑚狀紅藻。

還有一組海洋植物有待討論。有些作者把它們歸到藻類中,另一些作者把它們放在藻類相鄰的類別。但是它們在形態、生活模式以及在自然經濟中的重要性方面與前面提到的那些藻類有很大的不同,因此它們獨立存在,可能值得在所有海洋植物中得到最高的重視。這些就是矽藻(照片 33 和 39)。矽藻幾乎是地球上最小的生物,僅次於細菌。它們廣泛地分布在地球上的所有水域,繁殖力極強,以至於這些微小的植物比其他藻類更值得我們大幅地關注。

矽藻有三個與植物世界中其他任何植物截然不同的特性:首先,每一個矽藻都在自己周圍建起水晶牆,由純透明的二氧化矽組成,結構像一個藥盒的整體平面圖,有上、下兩部分。一部分的側面在另一部分的側面上滑動。但是,與藥盒不同的是,除了圓形之外,它們還有所有其他形狀:卵形、橢圓形、月牙形、楔形、船形、三角形、正方形、星形、放射線形,射線數量從 5 到 20 根不等。簡而言之,幾乎所有能想到的形狀它們

第二章　海藻的種類

都有，這些形狀將完美的對稱和優美的輪廓集於一身。這些由植物構成、並容納植物於其中的形態多樣的外殼，以無與倫比的精細裝飾著各種驚人的圖案。

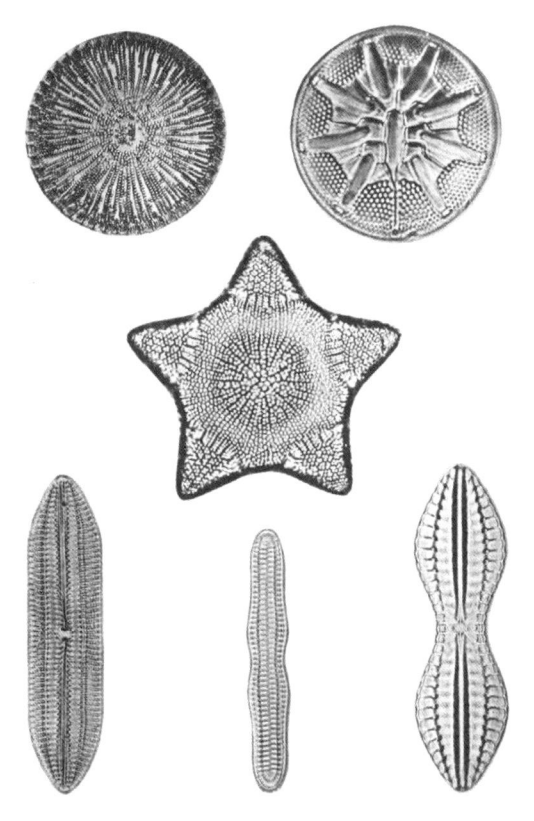

照片 33　來自於相距遙遠水域的活矽藻。

自從發現它們以來，由於顯微鏡的發明，它們激起了所有觀察者無盡的驚嘆。矽藻的第二個特點是，許多矽藻有自由移動的能力，像小船一樣到處移動，尤其像渡船。因為它們可以向前，然後倒退，向相反的方向移動。的確，矽藻並不是唯一具有這種能力的植物。某種形式的運動是植物的普遍屬性。我們一直在仔細研究的海藻的某些繁殖體可以活動幾個小時。但產生它們的植物卻是固定的。螺旋狀的螺旋菌是可移動的，一些桿

第三篇　海洋植物

狀的細菌也是如此。有一類藍綠藻屬海藻，其中每一種都像一根細長的桿子，緩慢而不停地前後彎曲。這種習性使該屬得名為顫藻屬。有幾種綠藻是可移動的。例如，球團藻，它會突然出現在內陸湖泊中，經由放大鏡可以看到它緩慢莊嚴地在水中滾動。我們都熟悉植物某些部位的活動，例如：舞草在強光下，會不停地上下晃動它的一些小葉，使人想起不耐煩的垂釣者的釣竿。黑暗地窖裡發芽的馬鈴薯，把蒼白的莖轉向地窖窗戶射進來的光線；窗臺上的盆栽植物則向太陽傾斜。太陽是它的能量來源。但矽藻的活動與上述任何一種都不同，它們更活躍、更有力，並在植物的整個生命週期中持續不斷。

矽藻這種活動的原因長期以來一直是科學的難題之一，至今仍籠罩在不確定性之中。藻類孢子群的游動以及團藻行星狀的滾動，受到稱為鞭毛或者更小的纖毛微弱的鞭打，這種鞭打實際上帶動藻體在水中穿行。但是矽藻並沒有呈現出這種器官。最好的顯微鏡所呈現的矽藻的情況，似乎就像一艘沒有帆的帆船，一艘沒有槳輪和螺旋槳的汽船。在許多令人無法信服的推論中，最好的解釋是，矽藻的移動是由於植物在其矽壁外覆蓋著一層非常薄的薄膜，薄膜形成有節奏的波動，就像一連串的波浪一樣，驅動著微小的植物向前移動，某種程度上就像蛇的起伏波動使它能夠在地面上爬行一樣。這與矽藻實際上是爬行而不是游動的事實相吻合。除非它接觸到某種表面，否則它就像一粒沙子一樣無助。

矽藻的第三個特點是它們的無性繁殖方式。一般來說，由一個個體分裂成兩個或兩個以上的新個體而繁殖的植物，通常是在親本的一側到另一側橫跨搭造一個分隔壁來完成繁殖過程，之後這兩個部分就會分離成獨立的個體。但矽藻以一種似乎不太方便的方式縱向分裂。這就是它們名字的由來，源於兩個希臘單字 dia 和 tomeo，意思是穿越。這種縱向分裂非常有效且快速。以這樣繁殖產生連續的後代群來計算，一個矽藻在一年裡產

第二章　海藻的種類

生的後代比人類從摩西（或達爾文先生）的伊甸園開始以來，所產生的所有後代還要多。

　　大約有 8,000 種矽藻，分布在整個水生世界。無論湖泊、河流、溪流，還是海岸或港口，也無論從北極到南極的每一平方公里的洋面，這些非凡的植物都隨處可見。當一個人在海上航行或在某個湖泊上漂浮獨木舟時，他可能不知道他周圍的水中有數百萬的矽藻，在整個海底表面和水下物體的表面形成了一層豐富的植物生命。之所以這樣，並不是因為它們罕見，而是因為它們過於微小。無論在任何地方舀一桶海水，都會有矽藻，有時會達到數百萬個。它們與地表下的沙子或泥土混合在一起，就會形成數量龐大、難以估量的矽藻種群。我在德拉瓦防波堤附近挖出的一匙泥土中，發現了 153 種這些植物和數千個不同的個體。它們在海洋較冷的緯度地區最為豐富。這些矽藻聚集在北極和南極海洋的冰冷海水中。儘管最華麗的形態出現在溫暖的緯度地區，但在那裡它們的數量較少。在地球的歷史中矽藻出現的相對較晚，在中新世[085]的開始或稍早一點，但在海洋和陸地上的一些高等植物出現很久之後。然而，當它們真的到來時，來得如此之快，數量如此之多，而且同時出現在世界上的許多地方，因此立刻占據了今天的主導地位，成為海洋中最多產、最重要的植物群。

　　這一篇文章的目的並不是詳細討論這些迷人的生物。但正如附圖所示，我必須請我的讀者注意它們的形態之美，以及它們造型的奇妙複雜。如上這些矽藻幾乎是隨機挑選的，因為矽藻提供了如此豐富的藝術美感，以至於在矽藻中進行「選美」，對必須做出決定的裁判來說是一項艱鉅的任務。對於這些最重要的海洋植物的一些其他事實將在下一章中找到。

---

[085] 中新世（Miocene Epoch），地質年代新近紀的第一個時期，時間跨度約從 2,300 萬年前到 533 萬年前，介於漸新世與上新世之間。中新世是由英國地質學家查爾斯‧立爾（Charles Lyell）於西元 1833 年命名。這個名稱來自希臘語。英語中的意思是「距離現在較早」，因為這時的現代無脊椎動物比上新世少 18%。

第三篇　海洋植物

第三章

海藻的用途

　　從遠古時代起，人們就在海洋的寶庫中尋找眾多寶藏。那裡的儲藏種類繁多，數量龐大，幾乎是取之不盡的。我們可以假設，最早去那裡探索是為了食物：魚類和軟體動物，牠們在相當程度上幫助養活人類。如果沒有牠們，即使在今天，數百萬人也將難以維持生計。海洋中的植物也為人類的飲食做出了貢獻。當時海洋植物被廣泛用於這一個目的，而且在如今世界上的一些地方，它們仍然是食物供應的重要來源。但如今，由於人類的聰明才智，我們生產出如此多的優質蔬菜，以至於在任何一個文明國家的市場上，藻類都幾乎找不到買家。然而，就在 50 年前，人們還能在愛丁堡的街道上聽到小販兜售藻類的叫賣聲。在蘇格蘭有兩個屬很受歡迎。一種是愛爾蘭苔蘚，包括脆軟骨蘚和乳頭狀苔蘚，它們富含一種澱粉狀物質，可以製成營養果凍。另一種是海帶，也同樣受歡迎。包括掌狀海帶和糖海帶。還有瓊脂，一種江離屬螺旋藻，在中國仍被當作食品，但它在製作用於細菌研究的凝膠培養物方面特別有價值。它的近親，菊花心江離，被稱為錫蘭苔，有時被使用於湯品中。時至今日，南極公牛藻仍是智利一些貧困人口的食物來源。翅藻和銀杏藻也可以食用。海棘角藻可以製成美味的果凍。鬚針藻有一種辛辣的味道，被稱為「辣椒藻」。小型色球藻雖然不是一種吸引人的食物，卻提供中國人製作常用的強力膠水。但也許最著名的可食用藻類是一種叫作掌狀紅皮藻的植物。亨利·華茲華斯·朗費

羅[086]站在普利茅斯海岸上，向他詩歌中心灰意冷的英雄約翰・奧爾登[087]訴苦：

歡迎你，東方的風啊，從迷霧瀰漫的大西洋的洞穴裡吹來，吹過沉悶的田野和無邊無際的海草草地。

海洋對土地肥沃程度的貢獻僅次於它對人類的食物饋贈。幾乎從人類為食物而進行永恆的奮戰開始，肥沃的土地就激發了某種基礎的農業形式。過了一段時間，當原始肥沃的土地開始枯竭時，施肥的需求受到關注。最早使用海藻作為肥料的歷史已被隱藏在模糊的過去。但如今它在所有沿海地區的普遍使用證明了它被耕耘者使用的歷史有多麼悠久。目前，人們對藻類的肥料價值有了大幅的認識。在科學調查的幫助下，新的開發產業正在興起。把大海拋在岸上的東西拿走的原始習俗，對於現在的需求來說效率太低了。因此，如今人們正在採用從海藻中收穫、乾燥和提取更有用物質的方法。它們代表了新興水產養殖科學的一個更大的面向。

太平洋沿岸巨型海帶的漂浮區域是現代海藻採集產業的中心。平底駁船的一端裝有現代割草機，割草機的切割刀片放置在海面以下約 1.2 公尺的地方。在它們的後面，正在移動的、傾斜的飛機將切割好的海藻拉起，運送到一個漏斗中。從那裡，海藻進入一個像割草機一樣的機器，被切割成約 15 公分的長度，然後進入駁船的貨艙，運輸到工廠。駁船以每小時 6.4 公里的速度在海帶田中向前推進，每小時切割和儲存大約 25 噸海帶。但是收穫的海帶 90％ 以上都是水，工廠必須把水處理掉，然後把乾海帶磨成粗粉。或者為了某種用途，從海帶中提取更有價值的肥料鹽和其他成分。

---

[086] 亨利・華茲華斯・朗費羅（Henry Wadsworth Longfellow，西元 1807～1882 年），美國詩人、翻譯家。

[087] 約翰・奧爾登（John Alden，西元 1598～1687 年），美國歷史人物，「五月花號」上最早到達美國的清教徒之一。朗費羅著名詩歌〈邁爾斯・斯坦狄什求婚記〉（*The Courtship of Miles Standish*）中的重要角色。

| 第三篇　海洋植物

　　海帶提供的最重要的物質是鉀肥,這是作物生長的主要必需品,在其他方面也很有用處。以前幾乎所有的鉀肥都是進口的,主要是從德國進口,數量每年都在增加。到 1913 年達到 97.5 萬噸,花費近 1,400 萬美元。但世界大戰的影響切斷了這種供應,因此國內供應的需求變得異常迫切。所以,我們像遠祖那樣,潛入富饒的大海尋求幫助。在巨藻、腔囊藻和翅藻(照片 36)的浮床上,我們發現補給在等著我們。針對這個主題,羅伯特·菲斯克·格里格斯博士指出,乾海帶中 7% 至 26% 是鉀鹽。然而,使用乾海藻,而不是從中提取的鉀鹽作肥料更有優勢。因為這些植物從海水中吸收其他對農業有用的成分,如磷和小蘇打。而且植物本身可以減輕土壤的重量,並經由腐爛增加土壤的肥力。

照片 35　來自加利福尼亞海岸的紅藻 —— 小葉巨藻。

第三章　海藻的用途

照片 36　來自阿拉斯加海岸的一種棕色海藻，厚翅藻的一張薄片，直徑近 1.8 公尺。這種藻類是肥料的重要來源。

照片 37　來自加利福尼亞海岸的紅藻 ── 多管紅絲藻。

碘是從海帶中提取出來的另一種有價值的衍生物，廣泛用於內、外科醫療及藝術領域。最近，海藻的一個相當引人注目的用途是治療甲狀腺腫大。化學與土壤局和幾家醫學雜誌發表了大量與此有關的出版品。低階的藻類是如何把海水中的微量碘提取出來，儲存在它們的組織裡，並藏在一層薄薄的多孔膜後面，目前尚無法理解。儘管這並不比路邊的雜草如何有選擇地從土壤中提取它最需要的成分更令人費解。乾海帶中的碘含量從微量到3%不等。從這些植物中提取的其他有價值的產品包括用於製造和培養細菌的某種明膠、磷酸鹽、硝酸鹽、優質纖維素，以及一些不太值得關注的產品。

人們早就知道，動物世界和植物世界之間永遠進行著一種精確平衡的交換。這已經成為一種共識，即每一個群體都向另一個群體提供一種不同的氣體。沒有這種氣體，它們都無法生存。這種交換的調節如此精準，以至於這兩種氣體——氧氣（由植物向動物提供）和二氧化碳（由動物向植物提供）——中每一種的數量在我們的大氣中幾乎保持不變，儘管每天有無數噸的氣體被注入空氣中或從空氣中提取出來。同樣的過程也發生在海洋中。如果氧氣短缺，這裡的動物連一個小時都活不下去；如果二氧化碳短缺，這裡的植物幾乎會同樣迅速死亡。那麼，請記住，藻類幾乎構成了海洋植被的全部。很明顯，它們的主要作用之一就是從海水中提取對動物有毒的二氧化碳氣體，取而代之釋放給予生命的氧氣。

藻類和陸地植物中完成這種交換的有機物質完全相同，即葉綠素，這是一種活性植物細胞的綠色顆粒狀成分。它賦予所有植被顏色，賦予每一種景觀色調。藻類中的葉綠素通常隱藏在一層薄薄的色素之下，顏色為棕色、紅色或紫色。但它的化學成分與楓樹或小麥莖中的葉綠素相同，而且藉助於陽光，它完成神奇的氣體交換的方式與陸生植物也完全相同。一種氣體的提取和另一種氣體的排出通常是無形中進行的。但在陽光強烈的時

第三章　海藻的用途

候,人們經常可以看到細小的氧氣細線從藻類中以氣泡流的形式上升到水面。同樣地,在安靜的水池裡,人們經常會發現漂浮的褐色浮渣斑塊。如果耐心觀察,你可能會看到其他浮渣浮出水面。這些是矽藻薄膜的碎片,它們覆蓋著水池的底部,被這些微小植物產生的大量氧氣撕扯並帶了上來。那麼,讓我們把海水不斷換氣的部分原因歸功於海洋植物,以此使海洋保持在健康狀態,供棲息其中的動物生活。

　　藻類的一個次要用途是,在魚類、甲殼類動物和其他海洋動物的幼體無助的幼年時期,藻類為它們提供庇護和保護。這一項用途的重要性還很難確定。在某種母性本能的驅使下,就像被智慧指揮著一樣,魚、蟹、龍蝦和其他海洋生物通常把卵產在沿海安靜的港灣和海灣裡。在那裡,新孵出的幼體不僅有充足的食物供應,而且可以找到無數的藏身之處,躲避敵人的目光。茂盛的海藻相互糾纏的柔軟葉子成了牠們的育嬰室。水在流動時,這些植物不停地來回搖擺和交錯,幼體的移動也被掩蓋了。即使是在中午,在植物柔軟的枝幹間,也會有一種朦朧的綠色微光,為這些年輕的生物增添了一種朦朧和安全。對所有形式的生命來說,這種最初的保護都很重要。因為只有保證嬰幼階段的安全,才能有成年階段。但對於某些生命形態而言,這是異常必要的。例如,龍蝦一旦從蛋裡逃出來,牠就是一個殘忍的蠶食同類的動物。如果小龍蝦不是在牠們能夠分開的地方孵化出來,如果不是每一隻新生的龍蝦都躲開了牠的同類,保護好自己,那麼強壯的龍蝦會很快地吃掉弱小的龍蝦,直到只剩下少數幾隻、甚至可能只剩下一個個體來代表整個族群。因此,在海洋動物最無助的時期,海藻是海洋動物生命偉大的保護者。而海洋的豐富資源就依賴於這種保護,這對人類來說是非常重要的生存因素。藻類構成了整個水生動物世界的基本食物供應。也許這種作用的重要性超過了迄今為止人們能夠想到的任何一種用途。如果沒有這些植物,就不會有海洋動物,每一片海洋都將是死海,地

199

| 第三篇　海洋植物

球上3／4的地方將像特立尼達的瀝青湖[088]一樣死氣沉沉。因為與陸地世界一樣，在海洋世界，植物必須為動物提供食物。儘管後者是由地殼和包裹它的空氣中發現的幾種常見元素組成的——氧、氮、碳、磷、硫、鈉、鐵和其他一些元素——儘管它們唾手可得，數量豐富，但沒有動物能直接以它們為食或將它們吸收到體內。只有植物，即具有葉綠素的植物才能創造這種奇蹟。它以某種方式捕捉太陽的熱能和化學射線，並利用這種借來的能量把上面的各種元素收集起來，混合在一起並組織成它自身的物質，把無生命的物質變成了有生命的，並支持生命的食物。在草生長的地方、在葉子迎風飄動的地方、在海草葉子從海中的岩石蔓延開來的地方，這種變化，這種巨大的奇蹟，時時刻刻都在上演，這是陸上和水中的每一種獸、鳥、魚和爬行生物最基本的必需品。

在植物中，只有一個種群因為這種巨大作用的退化，而必須被剝奪此美譽，那就是真菌——它們僅僅消耗食物、不再製造食物、以其他生物體為食。海洋植物群中的真菌較少，遠遠少於陸地上的。在各處的鹽沼裡、在緩緩流動的小溪深處、在排列著枯死植被的海水中、在潮汐微弱的地方，顯微鏡都可以看到無數發白的菌絲，這是腐爛的真菌——水黴菌。其中一種水黴菌，會導致鮭魚罹患一種破壞性極強的疾病，也會導致魚缸或水族館中許多魚類，比如金魚，罹患類似的疾病。但在清澈的海水中，海洋植物是誠實而勤勞的公民，為公共的福利貢獻著自己的一份力量。因此，拋開這個特例，我們可以說，藻類在自然界的經濟中，尤其是在為海洋動物提供基本的食材方面具有很高的價值。

大多數大型藻類在生長過程中幾乎沒有用成為動物食物的作用。它們

---

[088] 即在加勒比海上多巴哥的千里達島，距首都西班牙港約96公里的地方有一個小湖，面積不大，但卻幾乎沒有一滴水。而一般來說，湖之所以被稱為湖，主要原因在於其屬於水源，且有一定的水源意義，類似提供農業便利的特性。但這個湖，卻並不是一般意義的湖，根據此湖的特點來說，其內部全部由瀝青構成。也因湖內瀝青，使其成為世界上已知最大的瀝青湖，而此瀝青湖的占地面積，也極為廣闊，據測量達到了4,600平方公里。

第三章　海藻的用途

堅韌如革，或是辛辣難吃。但當它們死後，這些令人厭惡的特性很快就消失了，大量有營養的有機物質成為動物的食物。但是小型海藻 —— 綠藻、藍藻和矽藻 —— 在任何時候都有很高的食用價值。在這一方面最顯著的是最後一種矽藻。矽藻分布在地球的各個角落，以令人難以置信的速度繁殖。很顯然，它們的數量總是超過以它們為食的動物生命的需求。矽藻具有豐富的營養物質，以浮游生物的形式分布在海面上，懸浮在海面以下的水中，為海底覆蓋著一層活的地衣（除了非常深的區域外）。矽藻是連結海洋無機物和無數生物的重要紐帶。它們是真正的海洋之草，是海洋中最富饒的牧場。

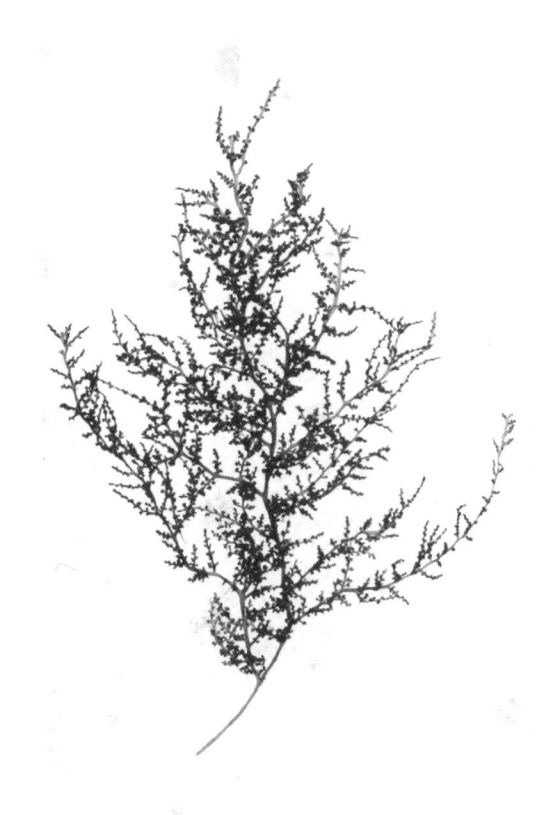

照片 38　來自佛羅里達海岸的紅藻 —— 圓錐凹頂藻。

第三篇　海洋植物

　　大多數海洋動物，尤其是較大的動物，並不直接以矽藻或其他海洋植物為食，而是以那些較小的動物為食，而這些較小的動物的確以這些植物為食。然而，有些魚完全以矽藻為食，例如沙丁魚、鯡魚和鸚鵡魚。其他魚類，如鯡魚和鯖魚，在遷徙期間以矽藻為食。此外，在所有魚類中，很大一部分在牠們生命的最初階段食用矽藻，但在成年後改為動物性食物或混合食物。貝類主要以矽藻和與之相關的微小動物為食。例如，牡蠣的食物中有40%至60%是矽藻。我最近收到一封來自印度西海岸的信。信中說，那裡曾經盛產的沙丁魚已經完全消失了，造成該地區人民極度貧困。信中詢問，是否缺乏矽藻是導致魚類大量外流的原因。如果是這樣，是否用其他地方的矽藻來補充沿海水域就能使魚類返回。值得注意的是，這些詢問所依據的事實已經出現在這個遙遠的地方。直到最近，豐富的魚類和豐富的魚類食物（包括矽藻）之間的密切關係，才得到其應有的重視。

　　一群非常小的橈足類動物，肉眼可見，看起來像小蝦，並與小蝦有著親緣關係。牠們構成了矽藻和魚類之間的主要連結。人們發現，海洋中橈足動物的數量逐年上升或下降，與牠們的主要食物，矽藻的豐富或稀缺程度一致。一種被水手們稱為「紅色種子」的橈足動物飛馬哲水蚤，經常為大淺灘的海水塗上顏色，在大西洋的其他地方也很常見。我經常研究這些動物，總是發現牠們的腸子裡充滿了矽藻。

　　因此，我們可以看到，藻類在人類的食物供給中發揮了不小的作用，無論是直接作為人類食物，還是間接作為海洋動物的食物──矽藻尤其如此。隨著科學研究揭開了深海的神祕面紗，同時也使我們掌握了有效地利用海洋龐大資源的藝術，海洋注定會成為越來越豐富的資源提供者。為了證明這不僅僅是夢想家的預言，美國漁業局和幾個州委員會最近所做的實驗證明，經由適當的養殖，牡蠣養殖場每年每畝將產生更大的回報。牡蠣的營養價值和市場價值都遠遠高於同等面積旱地上的任何已知作物。

第三章　海藻的用途

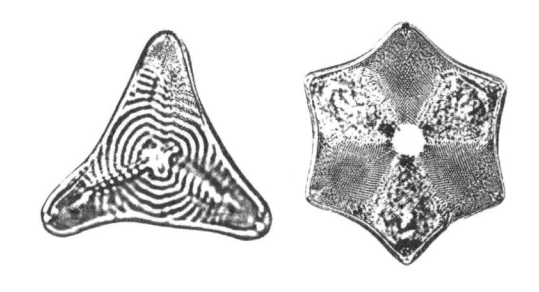

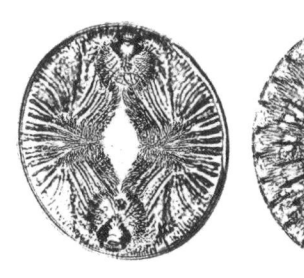

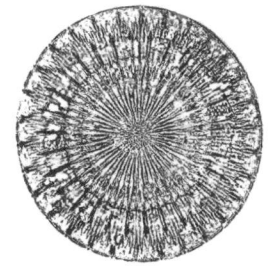

照片 39　化石和活矽藻。

上圖，左，來自菲律賓的活矽藻 —— 環狀輻襉藻；

右，來自海地的維廷圓篩藻化石。

下圖，左，來自紐西蘭的眼紋藻；右，來自俄羅斯的優美膠毛藻。

　　世界上幾乎每一個地方都發現了海洋植物的化石殘骸，尤以美國發現的品種豐富，數量龐大。而在化石的沉澱物中比任何地方更能清楚地顯示海洋植物為人類帶來的益處。這種化石物質是很久以前沉積下來的財富泉源，被稱為矽藻土。它幾乎完全由最後才被命名的矽藻的微小而優雅的殘骸組成。前面提到過，這些植物的外殼由純二氧化矽組成。這是一種堅不可摧的物質，在這一方面與構成其他藻類的物質有著根本的區別。那些藻類在死亡後很容易腐爛，並將其元素傳遞回它們所取自的無機世界。一般來說，構成這種化石物質的單一矽藻不會表現出任何腐爛的跡象。它們如水晶般的外壁保存完好，它們精緻的造型也未受腐蝕，彷彿自它們誕生以

來，幾千年的時光不曾流轉。除了不常見的氫氟酸或熱的烷烴溶液以外，沒有什麼物質對矽藻的二氧化矽產生影響。因此，這些早在遠古時代就生存著、數量和現在一樣龐大的微小植物，現在生長在任何有水和陽光的地方，形成了它們不朽遺骸的沉澱物：它們的二氧化矽外殼。這些歷經漫長世紀的累積，變成了矽藻土溫床。從這些沉積物中，矽藻的易腐爛部分和最初與它們混合在一起的有機物質已經腐爛消失，留下一種細的、粉狀的、無色的物質，肉眼看來就像純色的粉筆。

我們有理由懷疑，在世界上某些藻床異常龐大的地方，矽藻的年生長數量一定超過了我們今天所發現的數量。這是因為，按照目前的繁殖速度計算，考慮到矽藻床的大小，需要非常長的時間。似乎很難相信地殼的變化會允許它們在這些地區連續生長足夠長的時間，從而產生這樣的地層。舉一個目前已知的最引人注目的例子：加利福尼亞州的隆波克有一片矽藻土床，面積約 19 平方公里，深度約 420 公尺。事實上，含有某些矽藻的矽藻土層總計的深度遠遠超過這個數字。因為這僅僅指那些由具有商業價值的純矽藻材料構成的矽藻層。在這個純淨沉積物的上面和下面是其他的矽藻土層。

但由於與沙子和其他成分混合的太多，矽藻土相對來說沒有什麼價值。隆波克礦床的山丘和窪地純粹由矽藻組成，每立方公分的矽藻中約有 18 萬至 30 萬個矽藻個體。當我們想到這對於全部個體意味著什麼時，我們正在處理的計算真的會讓我們目瞪口呆。其他的藻床沒有那麼廣闊，但仍然巨大。所謂的「諾丁漢土」位於馬里蘭州地下的大部分地區，向南穿過華盛頓進入維吉尼亞州，出現在弗雷德里克斯堡附近的拉帕漢諾克河畔，在里奇蒙市的大部分地下至少有 9 公尺厚。從那裡向南延伸到同一州的彼得堡。這裡的數字再次讓人目眩，就像我們和最遙遠的恆星之間的距離。美國分布著整張大小不同的藻土床，其他國家也都有很大的土床。紐

第三章　海藻的用途

西蘭奧馬魯島、巴貝多島、日本仙臺島、俄羅斯辛比爾斯克島、德國呂內貝格島只是數百個擁有重要科學和商業價值的矽藻床中少數的幾個。

矽藻土的用途多種多樣。最初作為金屬的拋光材料使用而變得有價值。但如今卻沒有那麼重要了。除了因為其質地細膩作為銀拋光劑仍然被廣泛使用以外，其他更好的物質，如金剛砂，已經取而代之。以前矽藻土也用於製造炸藥。炸藥只是將硝酸甘油吸收到矽藻土多孔粉末中，因此處理起來不那麼危險。但在這一方面，其他物質，如木粉在相當程度上取代了它。目前，作為絕緣材料，矽藻土被最廣泛地用於蒸汽管道和製冰廠管道的塗層、用於高爐壁的內襯，以及其他需要限制熱量或冷度的容器的製造。每年有成千上萬噸矽藻土用於過濾，尤其是像油、清漆和糖漿這樣的濃稠液體。它也是一些瓷器和搪瓷的成分。在建築和築路中，矽藻土正與其他成分混合製成混凝土。它還有許多其他用途，而且新的用途還在不斷被發現。很難說這些已知的、然後又被遺忘的用法有多麼久遠，但其中一些肯定是非常古老的。我們發現在西元532年，查士丁尼一世[089]下令，用矽藻土材料製作的磚來修復君士坦丁堡的聖索菲亞教堂，因為其重量非常輕。

人類從海洋植物中獲得的另一個好處，可能比剛剛提到的使用矽藻土的好處更大，這就是這些大量微小生物同樣沉積的結果。一些巨大的矽藻礦床無疑是世界石油供應的一部分來源，而汽油形式的石油在我們現代文明生活中發揮著舉足輕重的作用。世界上大部分的石油來自於動物和高等植物的遺骸。在加利福尼亞南部發現的是矽藻，而在北部發現的可能不

---

[089]　查士丁尼一世（Justinian I，約西元482～565年），東羅馬帝國皇帝（西元527～565年），史稱查士丁尼大帝。查士丁尼一世早年輔佐叔父查士丁一世（Justin I）登基、治國，後作為其養子繼位。在內政方面，他任命特里波尼亞努斯（Tribonian）等人編纂法典（西元528～534年）和發佈新敕令（西元534～565年），形成了歐洲第一部系統完備的法典《民法大全》（Corpus Juris Civilis）；他干涉宗教事務，迫害支流教派等異端；興建聖索菲亞大教堂。晚年潛心神學，死後不久帝國在西方的領土便相繼喪失。查士丁尼一世的政策被學者亞歷山大‧亞歷山德羅維奇‧瓦西里耶夫（Alexander Vasiliev）歸納為「一個帝國、一個教會和一部法典」，其統治期一般被看作是古典時期的東羅馬帝國向希臘化的拜占庭帝國轉型的重要過渡期。

是。這些微小的植物以油的形式,把它們的儲備食材儲存起來(這是植物生命中最不尋常的),這一項事實為我們提供了矽藻和石油之間的關聯。這是一種重油,經分析發現,它更像某些海洋動物(如海豚)的油,而不像任何其他植物油。在矽藻的體重中,有10%是由這種油組成的,這種情況並不少見。在營養異常豐富的地方,這種油的含量有時可達40%。因此,很容易理解,在隆波克[090]市,面積30平方公里、深420公尺的矽藻床,其所含的油量足以填滿一個面積30平方公里、深42公尺的大湖。這一項非常粗略的計算有助於我們理解,這些微小的植物是如何為現代文明生活開拓道路。應該補充的是,其他一些藻類也是石油的來源,但等級要低得多。最近的調查顯示,目前同樣的過程正在進行。矽藻和其他生物的殘骸正聚集在海底,在未來的歲月裡,這些也將轉化為矽藻土、煤、石油和其他有機生命的礦物衍生物。

史密森學會前往眾多地區尋找和發現新的科學知識,在其中之一的潛艇航程中,我大多是作為一個自然愛好者,而不是一名技術科學家來進行書寫。因此,如果我的讀者中有誰希望獲得關於這一類主題的任何特定階段的額外資訊,尤其是關於藻類繁殖這一項非凡而複雜的課題的額外內容,有關這一門科學分支的任何技術著作都可以提供所需的資料。

托馬斯·摩爾[091]因公在百慕達島居住期間,經由百慕達著名的海洋花園熟悉了藻類和其他海洋生物。他從中獲得靈感,寫出了他最可愛的一首詩:

---

[090] 隆波克(Lompoc),美國加利福尼亞州聖塔芭芭拉郡(Santa Barbara County)下屬的一座城市,位於美國西海岸,城市的大部分都在聖伊內茲河的山谷(valley of the Santa Ynez River),地區面積為30平方公里,海拔高度為32公尺。隆波克有「世界花卉種子之都」之稱,這裡6月的最後一週會舉辦隆波克山谷花卉節,節日以遊行、狂歡和手工藝表演為特色。

[091] 托馬斯·摩爾(Thomas Moore,西元1779～1852年),愛爾蘭文學史上傑出的愛國主義詩人,在他的有生之年,備受愛爾蘭人的尊重。摩爾的詩歌一方面抒發強烈的民族愛國熱情,對自由、民主、平等的渴望;另一方面表達了對政治暴君、昏君的強烈憎恨,同時對他們進行辛辣的諷刺,號召人民向暴君挑戰。

在沒有陽光的大海深處，甜蜜的花朵正在盛開，

任何人都看不見。

在我靈魂的深處，那靜默虔誠的禱告，

世界都聽不見，卻默默向你升起。

在我們最崇高、最純潔的情感和這一篇文章的主題 —— 脆弱的海洋生物之間，還有什麼比這更完美的比喻呢？

第三篇　海洋植物

第四篇
禾本科植物

第四篇　禾本科植物

第一章
禾本科植物 —— 文明的基礎

　　早在牲畜被馴化之前，主要靠捕殺動物為生的原始人就非常關注牧場。他們一定是跟著成群的野牛、成群的野綿羊和山羊，就像北美印第安人跟著成群的美洲野牛或水牛一樣。充足的青草意味著大量鮮嫩多汁的肉。牧場上除了真正的草，還有其他植物。但草是最重要的部分，因為草比其他植物更能承受密集和反覆的放牧。草葉由葉鞘和葉片兩部分組成，生長發生在葉鞘的基部和葉片的基部（圖 36），而不是像三葉草和其他草料植物那樣在葉片中均勻地擴散。當三葉草的葉子被咬掉時，葉子的生命就此結束。但當草葉被咬掉時，它的根部還會繼續生長，葉子很快就會像以前一樣長。正是這種從根部的生長（像人的頭髮一樣），使草坪需要反覆修剪。另外，不僅草的葉子更新了，而且莖也更新了。草的莖是有節的，每一節都長有一片葉子。在每一片葉子的腋下都有一個潛在的芽，只要主幹還在生長，它就處於休眠狀態。然而，如果主莖被吃掉或被剪掉，最上面的剩餘葉腋中的芽會發育並取而代之。草是自然界最接近不可摧毀的草料植物。在放牧植物中，草位居主導地位，以至於英語單字草（grass），這個詞最初的意思是一般的牧草。動詞「放牧」（graze）也由此衍生而來。現在 grass 特別用來指禾本科植物，或「真正的草」。這些真正的草似乎是在白堊紀[092]晚期出現在地球上，因為它們最早的化石代表

---

[092]　白堊紀（Cretaceous Period），地質年代中中生代的最後一個紀，開始於 1.45 億年前，結束於 6,600 萬年前，歷經 7,900 萬年。目前的科學文獻一般將白堊紀分為晚、早兩世，共計 12 期，

是在這一個時期的地層中發現的。在始新世[093]，禾本科植物的種類明顯擴大。在中新世，禾本科植物順利地發展成為植物生命的主要類別之一。始新世的小始祖馬，即所有馬的始祖，及漸新世[094]牠的後代的化石遺留在美國西部各州。牠們都有牙齒，用來吃樹枝和樹皮。在中新世，美洲大平原隆起，成為一片廣闊的草原。這種比綿羊還小的草食小馬，長出了吃草的牙齒，並且世代以草為食，體型和敏捷性都有所成長。到冰河時代[095]，至少有十種該屬的馬，有些和今天馴養的馬一樣大，還有一種甚至更大。馬和其他食草（或放牧）動物，是我們馴養家畜的祖先，牠們的演化確實要歸功於牧草。

　　人類第一次嘗試主宰自己的命運，以滿足未來的需求，而不是成為乾旱或其他惡劣環境的受害者，這是人類文明的開端。人類的第一次嘗試一定是在草原上。在那裡，被捕捉並馴服的小牛、小羔羊和小山羊可以找到飼料。也是在草原上，原始人達到了食物生產階段（區別於食物採集階段）之後，演化得最快。已知最早的人類文化發現於尼羅河流域和亞洲西南部，這是一個雨量稀少的開闊地區。現在最原始部落的人群：非洲、新幾內亞和菲律賓的俾格米人，只生活在森林地區，這也許很重要。在密林深處的庇護下，他們過著膽怯的生活，瀕臨飢餓的邊緣，人數相對較少，從石器時代一直生活至今。

都以歐洲的地層為名。

[093]　始新世（Eocene），約距今 5,300 萬年～ 3,650 萬年，第三紀的第二個世。

[094]　漸新世（Oligocene），地質時代中古近紀（Paleogene）的最後一個主要分期，大約開始於 3,400 萬年前，終於 2,300 萬年前，介於始新世（Eocene）與中新世（Miocene）之間。

[095]　冰河時代一般指冰期。冰期地球表面覆蓋大規模冰川的地質時期，又稱為冰川時期。兩次冰期之間唯一相對溫暖時期，稱為間冰期。地球歷史上曾發生過多次冰期，最近一次是第四紀冰期，是一個「冰河時期」（其時間跨度是幾千萬年甚至兩、三億年）。

第四篇 禾本科植物

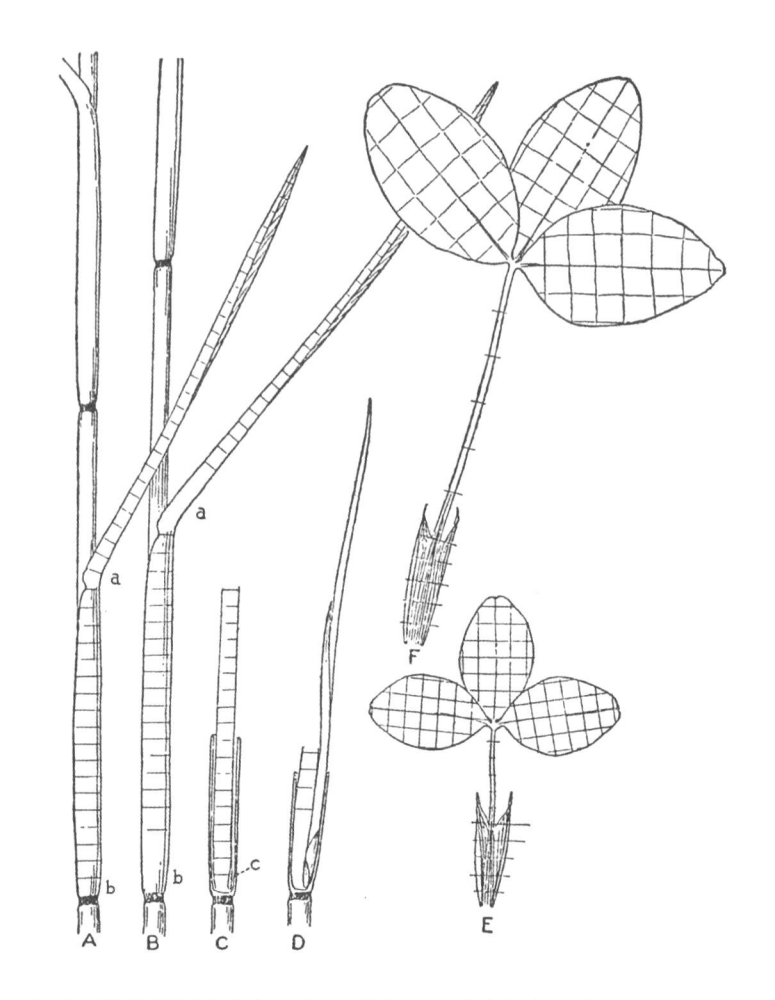

圖 36 草的葉子和紅色三葉草的葉子，上有標記，標示生長部位。

A. 草葉：a，葉片的基部，b，葉鞘的基部。

B. 同一葉子一週後，顯示在 a 和 b 處的生長。

C. 葉鞘中莖的基部；c 位置代表勢枝的芽。

D. 同一個莖一週後，基部出現生長，勢枝發育成葉狀嫩枝。

E. 紅色三葉草的葉子。

F. 同一片葉子一週後，顯示各部位生長大致均勻，生長最快的部位為用途最小的葉柄。

第一章　禾本科植物—文明的基礎

據詹姆斯・亨利・布雷斯特德[096]說，大約在 10 萬至 50 萬年前，當第四冰河時期的冰覆蓋了歐洲的大部分地區時，最早的尼羅河牧民慢慢地從獵人變成了畜群的飼養者和土壤的耕耘者。在尼羅河谷的一些世界上已知最古老的墳墓中，人們發現了經過多年選擇性種植的小麥。這些早期墓地的屍體肚子裡有大麥殼和一種不再種植的芒稷。在尼羅河流域，穀物的種植似乎早於畜牧業。但驢、羊和牛的養殖在西元前 3,500 年就已經開始了。

在歐洲，舊石器時代的狩獵進步得很慢，直到大約 7 萬至 1 萬年前冰川最終消退。但是尼羅河河谷和地中海東岸的馴養或半馴養的動物不知何故進入了歐洲，沿著草原和山谷，最後到達了長滿草的瑞士高地，在那裡牠們再次被瑞士湖的居民馴養。幾千年來，早期的婦女們收集野草的種子，用石頭把它們碾碎，然後做成蛋糕。

在很早的時候，大麥和小麥不知何故進入了湖邊居民的生活，因為在瑞士湖村莊的遺跡中發現了這些穀物。人和家畜肯定都是從東方流浪過來的，每一代人都會帶著穀種前往更遠的西方。有了穀物和家畜，石器時代晚期的歐洲人能夠從狩獵生活，迅速發展到耕種者和家畜飼養者的定居生活。與埃及一樣，以草為基礎的穀物種植和家畜飼養這兩種文化共同發展，成為現代農業的雛形。

在西亞，獵人首先變成了家畜飼養者，依靠野生草地獲得飼料。他們因此經常四處尋找新鮮的牧場。

印歐人在大約 4,500 年前，從裏海東部和東北部的大草原遷徙時，已經是牧民了。這些游牧民族一個接著一個部落遊蕩，在歐洲各地尋找牧

---

[096] 詹姆斯・亨利・布雷斯特德（James Henry Breasted），西元 1865 年出生於美國伊利諾州羅克福德（Rockford）。西元 1891 年秋，布雷斯特德遠赴德國柏林專攻埃及學，師從阿道夫・厄爾曼（Adolf Erman）。西元 1894 年，布雷斯特德獲得了博士學位，他是第一個拿到埃及學博士學位的美國人。在西元 1895 ～ 1907 年間，布雷斯特德由一個稚嫩的年輕學者變成了一位國際埃及學界冉冉升起的新星。

場，直到他們到達最西端的不列顛群島。除了牛、羊，這些人還有馬。在希伯來人和其他閃族部落中，**驢被用作駄獸**，**駱駝被用作騎乘**。早期的歐洲部落人群是騎手，是牛仔的曾曾祖祖先。當這些部落在多瑙河流域、匈牙利或倫巴底平原、隆河流域發現了充滿希望的土地時，他們定居下來，種植小麥和大麥，並飼養牲畜，就像美國拓荒者在西部開墾家園一樣。中歐和西歐土地上生長著一片混交林，開闊草原的面積相對較小，這促進了定居的農耕生活和文明的進步。黑海以北以及一直延伸至亞洲的大草原，仍然是依賴野生牧場為生的游牧民族的家園。隨著部落及其羊群的增加，他們變得越來越好戰，相互競爭，並且週期性地──可能是在發生乾旱的時候，或者當草原因長期過度放牧而枯竭的時候──成群結隊地遷移出去，使城鎮和農業定居點不堪重負。基督教時代之前的斯基泰人，以及後來統治歐洲的匈奴人、韃靼人和蒙古人，都是如此蜂擁而至的游牧民族。大部分歷史不過是一些尋求新鮮草原的民族的入侵記載。

草地是貿易戰的無辜受害者，因為駱駝或馬的商隊必須沿著草地前進。人們為了這些貿易路線而戰，就像近代人們為海路和鐵路而戰一樣。

■ 禾本植物與古老世界文明

儘管放牧是狩獵的進步，但它並沒有像穀物種植那樣促進文明。因為穀物種植迫使人們定居下來。歷史之初，穀物種植的開端已成為遙遠的神話。在埃及，小麥被認為是伊西斯[097]的禮物；在希臘，是穀神星[098]的禮物。我們的早餐「穀物」至今仍然在紀念這個希臘神話。埃及和毗鄰的亞洲，是以種草和放牧為基礎的文明的搖籃。從這裡，文化向各個方向緩慢傳播，從中國到不列顛群島，再向南穿越阿比西尼亞，到東非各部落。這是一種建立在穀物田和牧群經濟基礎之上的文化。

---

[097]　伊西斯（Isis），古埃及的豐饒女神。
[098]　穀神星（Ceres），穀類的女神。

第一章 禾本科植物—文明的基礎

圖 37 麥穗。

1. 四稜大麥；2. 稻米；3. 栽培小麥；4. 黑麥；5. 燕麥。

沒有一種已知的栽培小麥品種處於野生狀態下。1906 年，阿龍・阿龍索赫恩[099]在巴勒斯坦的黑門山以及後來的摩押發現了一種野生雙粒小

---

[099] 阿龍・阿龍索赫恩（Aaron Aaronsohn，西元 1876～1919 年），羅馬尼亞出生的猶太農學家、植物學家、旅行家、實業家。

麥。德國植物學家，弗里德里希·奧古斯特·科爾尼克[100]將其命名為雙子葉小麥。1910年，在波斯西部的札格洛斯山脈再次被發現。似乎可以相當肯定，這是栽培小麥的祖先。在雙粒小麥和野生品種中，穗軸斷裂，籽粒仍然封閉在穀殼中。在栽培小麥中（圖37），穗軸不會斷裂，籽粒很容易從穀殼中分離出來。這一種特性肯定是經過選擇而演化並固定下來的。然而，它是在很久以前完成的，所以在已知的最早的墳墓中發現的小麥是沒有穀殼的。布雷斯特德表示，墳墓裡的木乃伊的胃裡含有大麥麩，因為大麥麩很難與穀物分離，所以麵包裡含有大麥麩。小麥麩在胃裡找不到，因為它很容易從穀粒中除去。

關於在埃及墳墓中發現的小麥發芽的故事早已流傳開來。據說一種被稱為「木乃伊小麥」的特殊的、有分枝的小麥，就是從這種種子中衍生出來的。這些說法沒有得到科學家的認可。對於導遊或其他人來說，向觀光客加油添醋有關墳墓中小麥的故事一定是一件容易的事情。

而且毫無疑問，許多觀光客都願意花大錢購買從木乃伊的墳墓中發現的古代罐子裡的幾粒小麥。但是所謂的木乃伊小麥並沒有在埃及人的墳墓中被發現，當局也同意它在古代並不存在。法老夢見一根麥稈上長著七穗玉米，這表示小麥的分枝穗可能是早期一種偶然的情形，儘管直到現代這種小麥形態才經由選擇和育種被固定下來。有些品種的波拉德小麥，尤其是在阿拉斯加，長出分枝穗，就像美國的一些本地小麥草，藍莖冰草。在新石器時代人們也種植大麥，因為在西元前4,000年的埃及陶罐中以及瑞士湖村莊的遺跡中發現了大麥。古代的大麥是六稜的，現在種植的不太普遍，更多種植的是四稜大麥。今天也種植的雙稜大麥，是已知唯一一種野生大麥。四稜大麥似乎起源於現在從高加索到波斯和阿拉伯地區野生生長的天然大麥、鈍稃野大麥。但是其歷史不太悠久。

---

[100] 弗里德里希·奧古斯特·科爾尼克（Friedrich August Körnicke，西元1828～1908年），德國農學家、植物學家。

第一章　禾本科植物—文明的基礎

　　早在基督教時代之前，小麥就傳到了中國。但在東亞，水稻是種植更廣泛的穀物。早在西元前3,000年以前，人們就開始種植水稻。在中國古代的儀式中，播種五種種子，水稻由皇帝親自播種，其他四種由王公們播種。在這五種被視為人類最偉大的禮物中，有四種是禾本科植物：水稻、小麥、高粱和小米。第五種是豆科：大豆。印度很早就種植水稻，從那裡傳播到巴比倫。大約一千年後，最終到達敘利亞和埃及。水稻也向南、向東傳播到整個馬來群島。在今天的菲律賓，就像過去一樣，水稻種植在梯田形的山坡上，梯田儲存雨水，防止稻子腐爛。在土壤保護方面，菲律賓文化遠遠領先於美國那種，導致大片肥沃的表層土壤流失的浪費方法。亞洲東南部有幾種野生水稻，可能代表了栽培水稻的演化品種。

　　黑麥的種植比小麥、大麥和水稻要晚得多，大概是在基督教時代的開端。它似乎起源於更遠的北方地區，在歐洲的俄羅斯大草原或亞洲的某個地方。與早期已知的穀物不同，黑麥會在野外生長，並在有利的條件下維持一段時間。由於這個原因，很難確定野生生長的植物是真正的野生形式還是栽培黑麥的後代。

　　常見的燕麥通常被認為是從野生燕麥衍生而來。阿爾及利亞燕麥來自於不育野燕麥；其他一些品種來自於裂稃燕麥。這三個物種都原產於地中海地區。古希臘人知道燕麥是糧田裡的雜草，但似乎在青銅時代的中歐就有人種植燕麥了。

　　各種形式的高粱已經被廣泛種植了很多年。但是，雖然埃及人長期種植，卻沒有在早期墓葬中發現高粱。許多與之密切相關的物種原產於非洲中東部。高粱很可能就是從其中一種作物中衍生出來的，在史前時期傳入埃及，然後傳到印度和中國。在氣候溫暖的國家，高粱種子非常豐富，成為數百萬人的主食，尤其是在非洲。甜高粱也可能是來自中非的一個物種。它似乎在法老時代之後就已經到達埃及，然後傳播到阿拉伯、印度和

中國。在美國，高粱的品種有卡佛爾高粱、買羅高粱和杜拉高粱。種植它們是為了獲得種子和飼料。種植掃帚玉米高粱是因為它巨大的枝頭，我們的掃帚就是用它製作的。種植甜高粱是為了從莖中提取甜味的汁液，這些汁液煮沸後就是上一代美國中西部的農民常做的美味高粱糖漿。

原始人類為了獲得種子而種植了其他幾種禾本科植物。但現在大部分被小麥和其他穀物所取代。一種原產於亞洲的普通小米，可能幾乎和小麥與大麥同時到達歐洲，因為在瑞士湖畔民居的遺址中發現了小米。現在小米已經移植在包括美國在內的許多溫帶地區。義大利小米或狐尾小米，在史前時期也普遍種植。它們有許多衍生形式，如匈牙利小米和德國小米。這些顯然是從中國向西傳播，在石器時代到達瑞士。珍珠小米是另一種非洲禾本植物，在非洲和亞洲熱帶地區作為食物種植。成熟時，光滑而閃亮的穀粒從穀殼中破殼而出，圓柱形的長穗上厚厚地鑲嵌著這些「珍珠」。原產於印度的龍爪稷和原產於非洲的苔麩、福尼奧小米，也在亞洲和非洲熱帶地區種植。但與穀物相比，它們並不重要。

除了穀物的種子為世界提供麵包原料外，還有一種禾本科植物，是重要的食物──糖的來源。

目前在雨量充足的所有熱帶和亞熱帶地區都種植甘蔗（圖38）。與穀物相比，它的種植相對較晚。甘蔗似乎起源於亞洲東南部〔根據布蘭德斯（E. W. Brandes）的說法，起源於新幾內亞〕。在基督教時代之前大約一個世紀左右在中國種植，但直到中世紀才被歐洲人所知。當時由阿拉伯人引入西西里島和西班牙南部。古人不得不依靠蜂蜜來增加甜味。因此，理想的土地，流著奶（也就是有很多禾本植物）和蜂蜜。栽培中的甘蔗很少開花，也很少結籽。由於莖中儲存的豐富糖分被植物用於結出種子，因此該物種被人工選擇為不育品種。植物育種者偶爾會成功地獲得幼苗，但甘蔗是經由栽種甘蔗節來繁殖，它在節點上生根，並長出新的莖。

第一章　禾本科植物—文明的基礎

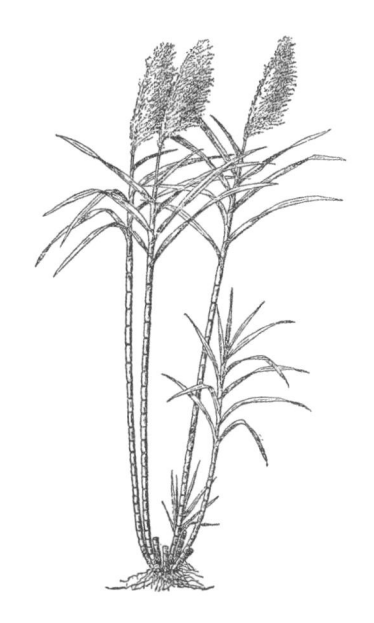

圖 38　甘蔗。

照片 40　夏威夷群島的甘蔗田。

A・S・希區考克拍攝

第四篇　禾本科植物

■ 禾本科植物和美洲印第安文化

　　以糧食種植和放牧為基礎的文化核心，從埃及和鄰近的亞洲傳播到東半球，除了沒有發展出自己文明的澳洲。在美洲，第二個文明中心建立在玉米種植的基礎上。玉米和小麥一樣起源於遠古時代，其起源被神話所掩蓋。對美洲印第安人來說，玉米是上帝的禮物。其中有一個傳說，講述了海華沙[101]祈禱他的人民不會依賴狩獵和捕魚生活。作為對他祈禱的回應，蒙代明（Mondamin）出現了。海華沙和他進行了激烈的搏鬥，並把他埋了起來。根據蒙代明的指示，從他受到精心照料的墳墓裡，長出了玉米。這是人們永遠吃不完的食物。歐亞大陸有小麥、大麥、稻米和其他穀物，而美洲只有一種。當白人到來時，玉米的種植範圍從中美洲向南擴大到秘魯，向北到魁北克。印加文明、馬雅文明、阿茲特克文明和培布羅文明以玉米為基礎，北美印第安人在現在美洲的大部分地區都種植了玉米。據說，飢餓的清教徒在到達新世界的第一個可怕的冬天，發現了一堆埋藏起來的印第安玉米。謝天謝地，他們把玉米偷走了。要不是這一次幸運的發現，五月花的後代可能會比今天要少。印第安人教清教徒們如何種植玉米（maize），英國殖民者稱之為 corn，同時在每一側的土坡裡埋兩條魚為玉米施肥。

　　從未發現玉米（圖 39）在野生環境中生長，而且它特別不適應在不耕種情況下的自我維持。沒有任何野生物種與玉米相似。每一種舊大陸的穀物都有與之相關的野生品種。栽培品種很可能就是從它們演變而來的。但玉米（也稱玉蜀黍）是該屬中唯一已知的物種。與它最接近的屬是類蜀黍

---

[101] 海華沙（Hiawatha），或名「阿約恩溫塔」，是奧農達加部落印第安人的傳奇領袖，與同樣富有傳奇色彩的首領德坎納維達（Deganawida）一起創立了易洛魁聯盟。關於海華沙的身世我們知之甚少，根據易洛魁人的傳說故事，海華沙教會了他的族人農業、航海、醫學和藝術，使用他強大的魔法征服所有自然和超自然的敵人。海華沙也被描寫成一個雄才善辯的人，曾用他甜蜜的口舌說服了卡尤加、奧農達加、奧奈達、塞內卡以及莫霍克等五個部落的人成立易洛魁聯盟。西方人對海華沙事蹟的了解主要來自亨利・華茲華斯・朗費羅的著名史詩〈海華沙之歌〉（*The Song of Hiawatha*）。

屬，類玉米屬於該屬，這是墨西哥本土物種，有時用於飼料栽培。蓋伊·N·科林斯[102]仔細研究過玉米及其雜交品種，也研究過類玉米。他認為玉米起源於類玉米和一種未知的、已滅絕的類似豆莢玉米的雜交物種。

圖 39　玉米或稱印第安玉米。

　　玉米是世界上最高度特化的禾本科植物。正是美國印第安人，在白人到來之前的幾千年裡，經由人工選擇，才創造了這個植物育種的奇蹟。在舊世界，原始農場主人擁有家畜。美洲印第安人種植穀物，但沒有牲畜。美洲野牛，或所謂的水牛，與家養牛的祖先有著遠親關係。在山區有野綿羊和山羊，但由於某些原因，這些美洲動物從未被馴化。在南美洲，無峰駝和羊駝被馴化為遠不如馬或驢的馱畜，同時牠們也是毛皮的來源。但印

---

[102]　蓋伊·N·科林斯（Guy N. Collins，西元 1872～1938 年），美國植物學家、遺傳學家。美國農業部（USDA）穀類作物與疾病部門的首席植物學家。

第安人沒有乳牛。雖然馬起源於美洲，但在冰河時期之前或期間，馬在這一塊大陸上滅絕了，直到西班牙人將馬引進美洲，印第安人才知道牠的存在。

除了玉米之外，在水生禾本科植物中，五大湖的印第安人還有另一種穀物，叫做野稻，或印第安稻。直到今天，印第安人都在採集野生水稻。婦女們在獨木舟上四處走動，把盡可能多採集的稻穗捆在一起抱在懷裡。這些捆好的穗子等著成熟。婦女們回來後，把捆好的穗子舉在獨木舟上，打出穀子。用這種方法，每年可以收集 5 萬至 7.5 萬公斤的稻子。今天，印第安稻米是一種昂貴的美味佳餚，和野味一起擺放在美食家的餐桌上。在中國，一種多年生禾本科菰屬植物 —— 菰的嫩枝被用作野菜。

人類的文明歸功於所有的穀物，它們都是一年生的禾本科植物。也就是說，這種植物結一次種子就凋謝了。多年生植物在冬季或旱季利用地下部分存活，但處於休眠狀態。這一類植物通常比一年生植物結的種子少，生存能力也低。一年生植物必須依靠種子生存。不能結出好種子的一年生植物就會滅絕。原始人類自然會採集那些一年生植物的種子，或者更確切地說，是採集禾本植物的種子以增加食物供應。一年生植物的種子更大、更豐富。一年生植物的壽命很短，在種植後幾個月內就會結出種子，而多年生植物在第一年很少結出種子。自然地，選擇栽培的是一年生植物。

第一章 禾本科植物—文明的基礎

照片 41　在秘魯安地斯山脈（海拔約 4,200 公尺）行進的一群羊駝。

A・S・希區考克拍攝

照片 42　在中國的南京城牆外的一條小溪邊的印第安水稻。
莖的下部可作為蔬菜。

A・S・希區考克拍攝

第二章
禾本科植物 —— 財富的基礎

只要人類還依靠狩獵，就有饑荒的危險。經由馴養動物，人類大幅減少了這種危險。但在長期乾旱期間，草會枯死，牛會死亡，就像在美洲西南部經常發生的情況。穀物的種植為避免饑荒提供了更可靠的保障，因為穀物可以從一個收穫期保存到另一個收穫期，甚至可以保存多年。

禾本科植物是世界上最大的一個財富來源。因為人雖然不是單靠麵包活著，但麵包確實是生命的支柱。美國農作物價值調查報告中的一些統計數字，可以說明禾本科植物在世界經濟生活中所占據的重要地位。

1927 年的農作物總價值超過 90 億美元。其中超過 20 億，或近 1／4 的占有率歸功於玉米。其次最有價值的單一作物不是禾本科植物，而是棉花，包括纖維和種子，價值為 15 億美元。第三最有價值的作物是乾草形式的禾本科植物，野生和栽培的加起來價值為 13 億美元。小麥、大麥、燕麥和黑麥加在一起的價值為 10.7 億美元。用整數表示，在總共 90 億美元中，甚至不包括水稻、甘蔗、小米、草種作物和其他次要的品種，禾本科植物就占了 50 億美元。也就是說，超過了所有其他作物，棉花、菸草、水果和其餘的總和。

我們的農業統計資料沒有計算出牧草的價值，但整體而言，這肯定是一個龐大的數字。每一個農場都有自己的牧場，西部的大片地區為放牧動物提供飼料，主要是牧草。乳製品和牛、羊肉的價值很大一部分必須歸功

第二章　禾本科植物—財富的基礎

於牧草。在世界各地農業中，禾本科植物的價值所占比例大致相同，水稻和甘蔗是熱帶地區最重要的植物。全球主要的食用植物是穀物、豆類（豆子、豌豆、扁豆）、馬鈴薯、香蕉和大蕉、木薯、山藥、麵包果、芋頭和西谷米棕櫚。除了一些落後的民族以外，穀物是人們的主要食物，其他的是補充食物。

除了我們日常的麵包、小麥麵包或玉米餅、大麥餅或燕麥餅、黑麵包或通心粉，米飯或小米、高粱製成的蛋糕以外，穀物還提供其他重要的食品。玉米是一種土生土長的美洲穀物。它本身就是一道盛宴，為我們提供可口的甜玉米、爆米花、玉米片、玉米澱粉、玉米粥、葡萄糖、玉米糖漿。此外還有美味的玉米油。「玉米油」是從玉米籽粒的胚芽中提取的，每 100 公斤玉米大約能產出 1.6 公斤油。作為副產品，胚芽產生一種橡膠替代品，即「紅橡膠」。現在常被用作橡皮擦、水果罐的環、海綿、海綿橡膠肥皂盤和浴墊。從玉米澱粉中提取的糊精已經取代了種植樹膠作為膠水的主要成分。安妮‧特倫布爾‧斯洛松[103]說：「不包括玉米棒，現在有一百多種不同的商業產品是用玉米製成的。」玉米秸稈，以前是一種龐大的廢料，現在正被用作纖維素的來源，並有望在造紙和牆板的生產中具有特別的價值。最近用玉米軸和玉米秸稈開發出一種被稱為玉米芯石的產品。可以對它進行加工和拋光，使其具有硬橡膠和膠木的用途。玉米也是酒精的來源。斯洛松進一步指出：「事實上，這是玉米最早的錯誤用途之一。在被戰爭中止之前，每年有 7,500 萬公斤玉米用於美國威士忌的生產，這還不包括地下釀酒商的產量。現在用於工業目的的酒精產量是戰前的三倍多。」

黑麥和大麥被廣泛用於釀造發酵飲料和蒸餾飲料。在東方，酒是用稻米釀造的。許多商業醋是由麥芽酒製成，酒精經由發酵轉化為醋酸。

---

[103] 安妮‧特倫布爾‧斯洛松（Annie Trumbull Slosson，西元 1838～1926 年），美國昆蟲學家、作家。

第四篇　禾本科植物

從甘蔗莖中提取的汁液被濃縮，直到糖（蔗糖）結晶，從糖漿中分離出來。早期，糖只是部分地從果汁中提取，仍然富含糖的糖漿，是重要的副產品。以前大部分糖漿用於生產蘭姆酒。使用現代的方法，糖幾乎完全被分離，殘留物幾乎沒有什麼價值。甘蔗渣，或榨出汁液，碾碎了的甘蔗，現在被用於製造牆板。

■ 草場和牧場

禾本科植物除了為我們提供日常的主食外，還為放牧動物提供大部分的草料，並間接地為我們提供乳製品、牛羊肉、毛皮、皮革和馬力。而且，由於豬和家禽主要以玉米為食，火腿和雞蛋也是禾本植物的副產品。

草場相當於我們遙遠的游牧祖先的草原。這是一塊沒有圍牆的公共土地，幾個牧場主人的牛羊共同在這裡吃草。在每年一次的圍獵中，根據牛身上的印記把牠們分開，小牛一出生就被烙上母牛的印記。

美洲西部的各州曾經擁有非常豐富的優質草場。但現在，最好的土地已經有人定居和耕種了。不過，即使如此，放牧牲畜的面積還是超過了耕地面積。1920 年，耕地面積約為 100 億平方公里，放牧面積約為 1.2 億平方公里。

這些草場幾乎完全位於巴黎子午線以西，構成了廣闊的半乾旱地區，年平均降雨量不到 50 公分。這一片土地上覆蓋著耐寒且營養豐富的水牛草和禾草（圖 40）、小麥草、雀麥草、豪豬草和許多其他本地物種，提供了極佳的放牧條件。旱作農業一定程度上是可行的，但牲畜放牧似乎是最經濟的利用方式。十九世紀末以前，聯邦政府一直允許畜牧業者不受控制地使用公共領域。結果，長著齊膝深草的起伏丘陵變成了光禿禿的山丘、深深的溝壑。細細的土壤被侵蝕，刺眼的沙塵暴吹過大地，廣闊的天然禾草草場被掠奪了其美味和寶貴的飼料，取而代之的是毫無價值的植物，或者變得光禿裸露，遭受侵蝕。

第二章　禾本科植物—財富的基礎

　　當放牧的牲畜數量超過了土地的承載能力時，飢餓的動物不僅完全吞噬了優質牧草，不允許任何植物結籽，重新補充牧場，而且在極端情況下，牠們還會抓起植物，將植物連根吃掉。牛群避開那些難吃的和長滿刺的植物。因此這些沒有價值的植物結出了種子，取代了優質牧草。

圖40　一簇禾草，一種重要的牧草。

　　根據西部牧場的歷史，當讀到希伯來人和鄰近部落的戰爭時，我們會對這樣一個事實印象深刻：過度放牧將豐饒的樂土變成了貧瘠的土地。讚美詩作者說：「這使肥田變為荒地，因其中居民的邪惡。」以無知代替邪惡，這句話千真萬確。

　　美國農業部的一項重大成就是對放牧問題進行研究，並制定了牧場許可使用制度。現在大部分的公共牧場在林務局的管控之下。

　　向牧場主人發放許可證，將牲畜的數量限制在草場可以承受而又不受損害的範圍內，並在時間上允許植物結籽，補充枯竭的草場。古代遊牧民

第四篇　禾本科植物

族的戰爭和入侵是由於他們對牧場管理一無所知。事實上，今天的許多民族也是如此。由於長期的過度放牧，巴西部分地區曾經鬱鬱蔥蔥的熱帶草原，如今遭到嚴重侵蝕。

牧場是在管控下的草場。從前，村莊有共同的放牧地，村民的牛在幾個孩子的照顧下吃草。英國村莊的「公地」或「綠地」和美國的波士頓公地最初就是這樣的公共牧場。現在，城鎮居民不再飼養乳牛，「公地」變成了公園，牧場成為私人農場的一部分。直到最近，牧場還沒有跟上農場管理改進的步伐。正如《鄉村紐約客》雜誌[104]的一位作家所說，「草地能夠承受令人難以置信的濫用這一項事實，才避免了它徹底的毀滅。土地高低不平難以耕種，農民置之不理，牧場主人恣意濫用。儘管如此，屹立不搖的牧場仍然提供了 1／3 家畜消耗的飼料。」

圖 41　肯塔基藍草。

---

[104]　《鄉村紐約客》雜誌（*The Rural New Yorker*），西元 1850 年創刊的一本美國週刊雜誌。

第二章　禾本科植物—財富的基礎

藍草或肯塔基藍草（圖41）是美國潮溼地區的標準牧草，而百慕達草（圖42）是南部各州的標準牧草。這兩種草都可以形成草皮，它們堅硬的根狀莖或根莖形成緊密的草皮，可以抵抗放牧和動物足蹄的踐踏。兩者都是早期從歐洲引進的，藍草來自北歐，百慕達草來自地中海（肯塔基和百慕達都用詞不當）。

圖42　顯示生長習性的百慕達草。

在冬季冰雪覆蓋的地區，牧場只提供一年中部分時間的飼料，所以必須儲存額外的飼料以備冬季之需。這種乾草形式的飼料是從栽種的或野生的草地割下來的。在美國，由於越來越多的土地被開墾，曾經非常重要的野生草的乾草正在迅速減少。

直到十九世紀左右，人們才種植單一品種的牧草。第一種被種植的牧草是英國黑麥草，大約250年前在英國開始使用。其他的牧草後來才開始使用。到現在，為草甸或牧場種植大約有50個品種，其中幾種的種植程度是有限的。雖然這些品種大多數在美國種植，但只有少數幾種很重要。

梯牧草（圖43，左圖）是美國東北部各州和西北部潮溼地區最重要的草甸。它是市場上的標準乾草，是衡量其他乾草的標準。梯牧草是這個國

家最早種植用作乾草的草種之一,並很快就成為主流。這一種草並不比許多其他草更有營養,但它的種子便宜可靠,值得向種植者推薦。梯牧草的種子結在一個密實的穗裡,收集時不易散開。整個作物大約在同一時間成熟,頭部的高度相當均勻,使種子作物易於收割。這些特點結合在一起使種子價格低廉。乾草本身容易種植收割,自身修復能力強,而且營養美味。

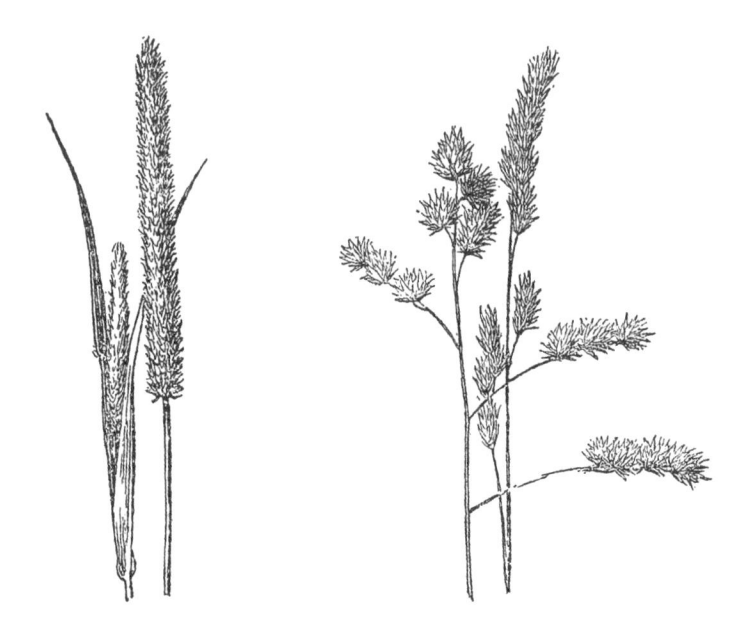

圖 43

左圖,梯牧草;右圖,果園草的穗。

在某些地區的其他幾種草也很重要,但沒有一種比藍草和百慕達草更適合牧草,比梯牧草更適合乾草。紅頂草、果園草和草原牛尾草是在潮溼的地區種植的乾草和牧草。強生草是高粱的多年生親緣植物,在美國南方是一種重要的乾草。但是,由於它的根狀莖非常具有侵略性,所以在栽培土壤中是一種非常麻煩的雜草。雀麥草由於耐旱,在從堪薩斯州到明尼蘇達州和華盛頓東部的半乾旱地區受到青睞。在太平洋海岸,作為冬季作物種植的小麥和燕麥被切割用作乾草。在加州第十三次統計報告中,這種穀

物乾草的價值幾乎是苜蓿乾草的兩倍。

相對次要的是生長在美國北部各州的黑麥草和高大的燕麥草,以及生長在海灣各州的雀稗草。後者在夏威夷和關島是一種很有價值的飼料草,尤其是對乳牛來說。

幾內亞草和巴拉草在南方的熱帶國家很有價值。但在美國只能在佛羅里達州南部和德克薩斯州南部種植。

飼料作物不僅可以作為乾草保存,還可以作為青貯飼料。青貯飼料是將新鮮切割的飼料作物(主要是玉米秸稈、葉片和穗)包裝在一個叫筒倉的氣密容器中製成。大量發酵,成為一種溫和的飼料泡菜,很容易被牛吃掉。

在熱帶國家,那裡的氣候不適合製備乾草,那麼用青草飼料餵養。通常採用的方法是將剛切好的草料餵給圈養的動物。在美國熱帶地區,一頭驢幾乎隱藏在一堆綠草下,艱難地向城鎮行進,這是常見的景象。青草飼料餵養也適用於集約化農業,尤其是乳牛業。

因為可以種植無法忍受牲畜踐踏的大葉草和豆科植物。它們每一畝的飼料產量比牧草要高。但是,在美國的大部分地區,青草飼料餵養所涉及的勞動力數量使其成本令人望而卻步。大芻草是一種與玉米最接近的野草,在路易斯安那州的部分地區被種植用作青草飼料。那裡,大芻草的產量龐大。

所有這些種植的草都是外來品種,大多是歐洲本土的。雀稗草和大芻草產自美洲熱帶地區。在美國栽培的 50 種牧草中,只有一種是美國的本土植物。這是一種細長的小麥草(冰草屬)。在美國西北部,人們種植這一種草的範圍有限。我們的大草原、平原和高地草甸支持許多美味和營養豐富的本地物種生長,但沒有發現一種適合栽培。這主要是由於種子成本太高。最能承受放牧的草是形成草皮的物種。多年生植物整體而言比一年

第四篇　禾本科植物

生植物產生的種子更少、更難存活,尤其是形成草皮的蔓延生長的草,不會產生大型種子作物。如前所述,梯牧草是一種特殊的牧草,是一種卓越的草甸草。

四十年來,美國農業部和試驗站一直在測試來自世界各地的牧草。但出人意料的是成果很少。雀麥草或匈牙利雀麥(無芒雀麥)是從歐洲引進的相對較晚的植物,在歐洲已經開始種植。來自非洲的虎尾草為西南部的灌溉地區帶來了希望。

與其他事物一樣,對牧草奇蹟的渴望導致經銷商偶爾會提供「抵押貸款籌集者」之類的專案,結果證明後來種植的牧草既不比已經在使用的草好,甚至還不如它們。幾年前廣為宣傳的「十億美元草」是我們常見的稗草(無芒稗)的變種。其生長所需肥沃的、灌溉充足的土壤原本可以生產出更有價值的梯牧草作物。一種所謂的「秘魯冬草」正以與其價值完全不成比例的高價出售。它是具有根狀莖的球莖䅟草的一個變種,據說來自澳洲。澳洲是從歐洲引進的。這種「秘魯冬草」正在加利福尼亞進行實驗性種植。

現在生長在美國潮溼地區和灌溉地區的草非常適合那裡。美國西南部的牧場主人們希望在他們乾旱和半乾旱的土地上,尤其是那些因過度放牧而貧瘠的土地上,能種出一些長有兩片葉子的草。畜牧業者由於過度放牧,使他們自己的土地和公共土地變得貧瘠。在德克薩斯州西部或新墨西哥州乾旱的年分,你可能會聽到一個牧場主人一邊抱著他數量眾多、飢腸轆轆的牛群祈雨,一邊苦苦地抱怨:「農業部竟然找不到能在這一片土地上生長的草,真滑稽。」事實是,最適合那一片土地的草以前確實生長在那裡,直到被過度放牧毀掉。任何草在根部被吃掉後都不可能繼續生長。沒有草,當然也沒有了其他種類的飼料,因為草是所有飼料植物中耐受力最強的。

第二章　禾本科植物—財富的基礎

▪ 構築土地

　　沿著北大西洋海岸和密西根湖的南端，是由風和海浪堆積而成的沙丘。這些沙丘，除非被植被阻擋，否則會向內陸移動。上面一薄層最乾燥的沙子從迎風面吹到背風面，然後從背風面滑落。沙丘一年內以幾公分到數公尺的速度向前推進。維吉尼亞州亨利角的大沙丘就這樣移動著，正在將一片柏樹沼澤掩埋。人們可以沿著沙丘背風的一側，穿過沙地上伸出來的柏樹頂部，進入尚未被掩埋的沼澤。如果沙丘後面的土地很有價值，比如麻薩諸塞州海岸和密西根湖的源頭，那麼前進的沙丘就會造成巨大的損失。

照片 43　尚普蘭湖邊緣的矮小印第安水稻，將沼澤變成草地。

A・S・希區考克拍攝

233

| 第四篇　禾本科植物

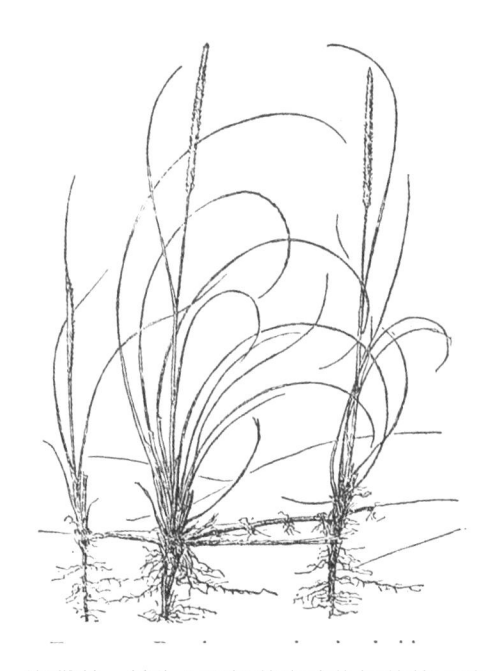

圖 44　海灘草，其生長習慣使它成為極佳的固沙品種。

　　幾種具有強壯根莖的草種在這些被風吹過的沙子上繁茂生長，發揮固沙的作用。主要的物種是海灘草或馬蘭草（美洲沙茅草）（圖 44）。當異常嚴重的冬季風暴或人為破壞干擾了牧草保護區的平衡時，就可能會迅速在貧瘠的沙丘上打開巨大的豁口，使沙子向內陸蔓延，覆蓋城鎮和農田。房地產商為了在沿海開發避暑勝地而企圖「清理沙丘」，這在一些地方造成了災難性的影響。其實，本來可以像清理荷蘭海岸的堤壩一樣安全。

　　在丹麥、荷蘭和波羅的海沿岸，屏障沙丘由政府管理。裸露的沙灘上種著沙灘草（歐洲海濱草，它與美國的物種關係密切），意外的豁口也被重新種草。

　　所有的沼澤草都在慢慢地生長，變成草地。在泥灘和潮汐河口，如聖羅倫斯灣、乞沙比克灣和舊金山灣，稻米草（互花米草、大繩草、石縫蠅子草、狐米草及其他）正在使沼澤變成乾的土地。

這些草在軟泥中茁壯成長，漲潮時被淹沒。它們粗壯的根莖形成了一片密集而牢固的網，不斷向大海推進。粗糙的草種阻擋著迎面而來的海浪，保護著海岸，同時使水卸下淤泥，從而使地面加高，直到變成沼澤草甸，然後變成乾地。當米草逐漸消失時，留下土地等待犁耕。米草植物沿著海岸線構築土地已有多年，如今在英吉利海峽和北海仍在大規模的進行著。今天乘船進入南安普敦的遊客會看到廣闊的米草綠地延伸向大海。50年前，這裡還只是光禿禿的泥灘。稻米草，英國人稱為「稻草」，是一種與北美海岸互花米草密切相關的物種，最早在西元1870年在南安普敦鹽沼被發現。現在它占據了沿英格蘭南海岸綿延約240公里的潮間帶。弗朗西斯・沃爾・奧利弗[105]教授說：「這些深不見底的淤泥，沒有植被……幾千年來都沒有發現任何植物能夠在此落地生根，直到稻米草的出現使問題迎刃而解。」在英吉利海峽的法國海岸上，稻米草現在占據了塞納河沿岸的潮間帶，並出現在多佛海峽附近。幾年前，該草被種植在英格蘭東海岸的潮間帶上，以保護艾塞克斯郡的海堤。

稻米草的扦插被送往愛爾蘭、荷蘭和德國進行開墾專案，在荷蘭尤其成功（照片44）。1924年，這一種草被種植在斯洛伊河的潮泥上，向西斯海爾德延伸，後來也沿著東斯海爾德種植。這些植物在堤壩的外面，與堤壩成直角排列。在原來橫向種植的植物可能被連根拔起並被沖走的地方，潮水的力量就這樣被分割和征服了。一叢叢米草在它們之間的空隙中蔓延、生長，很快形成了一片無空隙的草地，進而又形成了可耕地。這樣在五年內完成了數公里土地的開墾。而這些土地如果留給大自然去解決，將需要二十年或更長的時間。

---

[105] 弗朗西斯・沃爾・奧利弗（Francis Wall Oliver，西元1864～1951年），英國植物學家，以其在古植物學領域的貢獻而著稱。

第四篇 禾本科植物

◼ 草的其他用途

竹子（照片45）是禾本類中最大的一種，在它們生長的地區非常重要，尤其是從日本到印度和馬來西亞。較大的竹子可達30公尺高，下面有15至25公分或30公分粗，到頂端逐漸變細。稈莖非常結實，用於建造房屋和橋梁。

當稈莖被劈開、壓扁，並移除接合處的竹隔時，便成為非常耐用的板子，30公分或更寬的，可用於裝飾地板和牆壁。竹筏和浮板由中空稈莖製成，在接合處用氣密隔板封閉。移除隔板後，竹莖就可以作為水管或導管。稈莖的一端被竹隔封閉就形成了方便的盛水容器。我們熟悉的釣竿和手杖是細長的竹莖。吊絲球竹和其他種竹子的嫩芽在東方是一種優質蔬菜，在美國也是一種昂貴的美味。

照片44　荷蘭一處堤壩外，稻米草形成的綠地。

倫敦，弗朗西斯・沃爾・奧利弗教授拍攝

第二章　禾本科植物—財富的基礎

　　禾本科植物是造紙和繩索纖維的重要來源。英國每年從西班牙和北非進口超過 20 萬噸的細莖針草（兩種灰綠針草）用於造紙。米草屬植物用作繩索。一種墨西哥草，叢菔屬植物的根則是現在市場上結實的「纖維」擦洗刷。掃帚是由「帚黍」的種穗製成的。「帚黍」是高粱的一種。稻稈用來做蓆子，燕麥稈用來做草帽。羊角帽是用一種麥稈的嫩稈經過漂白做成的。

照片 45　中國的一叢竹子。

A・S・希區考克拍攝

| 第四篇　禾本科植物

照片 46　草在中國的用途。

上圖，中國海南島上的一個石灰窯，窯牆是竹子；

下圖，廣州陽光下晾晒的劈開的竹枝。

A・S・希區考克拍攝

第二章　禾本科植物—財富的基礎

照片 47　秘魯安地斯山脈（4,000 公尺）牧羊人的小屋。
牆是草皮做的。屋頂覆蓋的伊丘草，被繩子壓住。

A‧S‧希區考克攝影

　　每年大量用於香水生產的精油，是從與美國的帚莎草相關的亞洲草中提取出來的。其中幾種在整個熱帶地區種植。有一種香茅草，是漁民和露營者使用的「蒼蠅藥」的來源，它比蚊子和黑蠅更容易忍受。

　　最初在美國西部各州，足智多謀的拓荒者們在沒有樹木的地區定居。他們用草代替木材，用草皮堆砌成厚牆建造他們的房屋，以抵禦冬天的暴風雪和夏天的炎熱。草皮屋對於平原拓荒者來說，就像木屋對於樹木繁茂的鄉村拓荒者一般。今天，在安地斯山脈，牧羊人用草皮建造他們的小屋，用伊丘草覆蓋屋頂（照片 47）。中國的農民用草作燃料來做簡單的晚餐。

有害的草

草科，像許多其他優良植物科類一樣，也包括一些惡毒的成員。包括雜草叢生的馬唐草、匍匐冰草和類似的草。這些草使園丁和耕種者付出了大量的勞動。它們的麻煩只在於它們的適應性太強，總是出現在不受歡迎的地方。草科中的惡棍是那些攜帶長矛和匕首，並毫不留情地使用它們的物種（圖45和圖46）。本地的歹徒已經夠壞了，但一群來自地中海的刺客也加入了邪惡的勾當。當地沙刺（蒺藜草屬）的小球上長滿了像針一樣鋒利的刺，令人和野獸痛苦不已。須芒草的一個親緣植物，黃茅草的成熟小穗，一端有鋒利帶刺的矛，另一端有粗壯扭曲的附器。矛鉤住路過羊隻的羊毛，附器在露珠和陽光下不斷地扭動，從而帶動了帶刺的尖端穿過羊毛、進入皮膚。來自地中海地區的一些入侵者幾乎與人類賴以生存的穀物相似。大麥草（大麥屬的野生品種）有布滿剛毛的尖刺，成熟時會斷裂，每一個接合處都有一個鋒利的刺尖和六、七根粗糙的剛毛。這些刺尖作用於放牧動物的嘴部、鼻孔和眼睛，引起疼痛的潰瘍，有時甚至導致動物死亡。美國本土的鼠尾大麥幾乎和它的歐洲親緣植物一樣惡毒。松鼠草屬是一個與之相關但完全屬於美國的屬，其頭狀花序像大麥草一樣破裂，對牲畜也同樣會造成傷害。近年來，來自南歐的一種極不受歡迎的入侵者出現在加利福尼亞、科羅拉多和奧克拉荷馬州。這就是山羊草，是小麥的同類。它的殺人手段和大麥草類似，但它的接合處更結實，它的倒刺更強大，構成了一種非常可怕的折磨工具。倒刺一旦被動物叼進嘴裡就無法擺脫。幾種同樣來自地中海地區的雀麥草，有大的穗狀花序，小花的一端有一個鋒利的刺尖，另一端有一根長長的剛毛，造成傷害的方式與大麥草相同。其中，最惡毒的硬雀麥被加州畜牧廠工人貼切地稱為「破腸草」。

第二章　禾本科植物—財富的基礎

圖 45　惡毒的本地草。

1、2、5.針茅草；3.針格蘭馬草；4.驢草屬；6.豪豬草；7、8.蒺藜草；9.黃茅屬。

第四篇　禾本科植物

圖 46　外來毒草。
1. 柔毛雀麥；2. 硬雀麥；3. 山羊草；4. 鼠大麥。

■ 草的裝飾價值

　　當人類經由種草擺脫了對饑荒的恐懼，便開始追求對美的熱愛。而草在相當程度上滿足了他們的需求。我們的歐洲祖先來自潮溼的國家，那裡

的草地是自然景觀的一部分。村莊的公共土地是一塊草地，被牛、羊除草施肥。當牛群在馬廄裡過夜時，村莊的綠地變成了人們跳舞和慶祝的遊樂場。我們對綠草的愛與生俱來。大多數公園的草地比樹林或花園多。美國人一旦有了自己的房子，周圍有了一點土地，他就想建一塊草坪。也許世界上沒有哪一個地方像美國那樣在草坪上花費如此多的精力。但遺憾的是，結果往往不盡如人意。部分原因是由於無知，但主要是因為，除了在北方各州涼爽潮溼的地區，美國沒有歐洲祖先的潮溼氣候。乾燥炎熱的夏天更適宜平原類型的、粗糙而叢生的草地，而不是柔軟的、能形成天鵝絨般草坪的草地。有這樣一個故事，一位美國園丁到英國旅遊，他請求一位英國園丁告訴他英國美麗草坪的祕密，並給了他一大筆錢作為報酬。英國園丁回答說：「好吧，你把地犁起來，為它施肥，然後種草。過幾年你把它翻到下面，然後再播種。這樣堅持下去，兩、三百年後，你就會有一塊很好的草坪了。」

修剪草坪需要知識、辛勞和時間，尤其是在夏季炎熱乾燥的地區。家庭園丁經常使本已不利的條件變得更加惡劣。他用建造房子挖出的貧瘠的泥土在地面架起梯田，使其表面高於自然水位幾十公分或更高，這樣草根就無法接觸到下面的水分。經由大量澆水，他誘使草將根伸展到接近地表的地方。炙熱的太陽使表層土壤乾燥，植物受到傷害。草坪，儘管對於一個精心規劃的花園而言尤為重要，但是在灌木林和多年生植物的邊界更容易修建和維護。在潮溼的溫帶地區，主要的草坪草是肯塔基藍草（草地早熟禾）和某些糠穗草（剪股穎屬）品種，如匍莖剪股穎、細弱剪股穎、絨毛剪股穎、棕色剪股穎。在這些草生長茂盛的地方，可以經由準備土壤和播種好種子來建造美麗的草坪。「在由建築垃圾組成的土壤上覆蓋一層植被，一部分是草，一部分是雜草。這種做法永遠不會有令人滿意的結果。這樣的草坪永遠會讓人失望，無論多麼虔誠地大量澆水也無法有本質性的

第四篇　禾本科植物

改善。」在美國南部各州，百慕達草（即狗牙根草）被廣泛用於草坪。

高爾夫球運動有助於緩解城市生活的壓力，它的日益普及產生了對優質草坪草的需求。高爾夫和美國的祖先一樣，來自潮溼的歐洲。那裡放牧的草地提供了天然的高爾夫場地。人們正在投入很多時間和金錢，也在進行許多實驗，希望高爾夫綠地能有所改善。當找到適合不同地區的最好的草，並制定出最好的處理方法時，家庭園丁就可以把這些知識應用於草坪的改良。

許多草是作為觀賞植物而栽培的。在公園和公共廣場經常可以看到一叢叢的沙生蔗茅、蘆竹、潘帕斯草（照片 48）和黃金茅。然而，黃金茅是一種具有侵略性的雜草，傳播速度很快，應該禁止種植。狼尾草長著細長的淡粉色圓錐花序，雖然不是最優選擇，但通常用作美人蕉圓形苗圃的包邊。

照片 48　夏威夷群島的蒲葦，栽培用於裝飾。

A·S·希區考克攝影

在溫暖的國家，人們在公園和花園種植竹子。巴西里約熱內盧植物園的竹林是地球上最美麗的風景之一。即使在倫敦附近的邱園，一個迷人的竹園也旺盛地生長著適應性強的、灌木般低矮的竹子品種。

在美國，有大量美麗的本土草，值得作為觀賞植物栽培。其中最可愛的是寬葉薰衣草，生長在從賓夕法尼亞州到堪薩斯州東部及以南的低矮樹林中（圖47）。儘管它是林地草，但在陽光的照射下卻能茁壯成長而且易於家養。一叢叢的薰衣草非常優雅，枝幹0.9至1.2公尺高，葉子寬大舒展，草穗大而光滑，圓錐花序低垂，長在多年生植物的邊緣，或長在高大樹木下的陰涼處，非常迷人。在一個細長的花瓶裡插幾根帶圓錐花序的莖稈，或者把更多的花莖放入平底碗裡直立的長管中，都是很好的室內裝飾。

任何一種闊葉稷屬草類（鋪地狼尾草、廣葉稗、黍屬草、漏蘆草等）都能產生良好的葉子效果。春天和初夏，它們的莖稈單純生長。但在仲夏，開始分枝。到9月，它們實際上看起來像日本的微型灌木竹子。

在洛磯山脈及以西地區生長著幾種鱗莖臭草（盆花米草、珠芽菊、鱗果針茅、臭草等），有紫色、青銅色和淡綠色大的穗狀花序，像所有花朵一樣可愛。瓶刷草是美國東半部的一種林地植物，已經進行了一定程度的栽培，值得更廣泛地利用。在枝繁葉茂的樹下，幾棵這樣的草：纖細的灰色莖稈，彎曲的葉子，水平伸展輕輕搖擺的頭狀花序、長芒小穗，讓人聯想到林中仙女在翩翩起舞。像我們為鶇鶇和藍知更鳥提供築巢箱和水一樣，如果我們能為樹中和草原上的這些草和許多其他美麗的草提供空間，它們就會為我們的花園增添歡樂。

第三章
禾本科植物在植物世界中的地位

　　儘管禾本科植物在人類生活中占有如此重要的地位，的確，「所有的血肉都是植物」，但它們卻是開花植物中最不被注意的。它們似乎就像空氣和陽光一樣，被認為是理所當然的，一般人從來沒有想過它們。許多人甚至不知道禾本科植物是開花植物。它們的花非常小，大多隱藏在小穗的苞片中。但就像絢麗綻放的百合一樣，它們是真正的花朵。它們與百合花的關係並沒有那麼遙遠。禾本植物的花生長在細小的、特化為有節的枝上，每一朵花都被兩個苞片包圍，在枝的基部有兩個空苞片。這種帶苞片和花的小枝叫做小穗。這種典型的排列的確非常簡單。在圖48中，左邊是一個開花枝的示意圖，葉和花的排列方式與草穗的苞片和花的排列相同；中間是小穗的圖，用於對比（苞片展開，露出花朵）；右邊是雀麥草的小穗。可以看出，小穗是一個特殊的多葉開花小枝，小枝的連結方式就像所有的草莖一樣，花呈兩排排列，像葉子一樣。

　　任何花的基本器官都是雄蕊和雌蕊。雄蕊由包含花粉的花藥和攜帶花粉的細長莖組成；雌蕊由包含胚珠的子房和柱頭組成。柱頭接受花粉，通常生長在一個相對粗壯的柄上。當花粉（通常來自該物種的不同個體）落在柱頭上時，它會發芽，並將其內含物在一根細管中經由花柱向下推送到胚珠，使它們受粉。成熟的受粉胚珠就是種子。上述情況適用於所有開花植物。在豔麗的花朵中，如百合或玫瑰，主要器官被色彩鮮豔的花被或花

瓣包圍。這些豔麗的附屬物保護花蕾中的重要器官。在花期吸引昆蟲,昆蟲將花粉從一朵花傳到另一朵花,進行異花受粉。禾本植物花的主要器官由包圍它的苞片保護(外稃和內稃)。風攜帶大量的花粉,因此,沒有必要吸引昆蟲。草花只有一個未充分發育的花被,由叫做鱗片的微小器官組成,在花期膨脹,迫使外稃和內稃打開,露出雄蕊和羽狀柱頭。一個常見的現象是,一根獨立的玉米莖通常不會結出一個完美的玉米穗。有時它只結一個玉米穗軸,上面有一些分散的穀粒。這是因為風把花粉吹向一側,玉米穗絲吸收到的很少。在玉米田裡,除了在迎風的邊緣地帶以外,其他地方花粉都能有效受粉。即使花是完整的 —— 也就是說,雄蕊和雌蕊都在同一朵花上 —— 草通常是這樣,也有某種排列,使一朵花的花粉更有可能到達另一朵花的雌蕊,而不是直接落在自己的雌蕊上。例如,花葯通常懸掛在柱頭下面的細絲上,這樣花粉會被吹到另一朵花上。

然而,在許多情況下,花是自花授粉的。在某些植物中,至少有一些花隱藏在葉鞘中,無法打開,所以異花受粉是不可能的。

禾本植物的小穗有多種形式,但都大致處於同一個平面,生長在不同形狀和大小的頭狀花序中。在小麥、大麥和黑麥中,小穗直接生長在主軸上,對生在兩側,形成穗(狀花序)。在燕麥、雀麥草和肯塔基藍草中,小穗由一個圓錐花序的分枝形成,每一個小穗都長在小莖上。梯牧草的長圓柱形的頭狀花序實際上是一個密集的圓錐花序,小穗聚集在許多非常短的分枝上。在百慕達草、米草、禾草和類似的草中,小穗生長在軸的一側,形成單側的穗狀花序。

在須芒草、高粱、甘蔗及它們的親緣植物中,花序的軸或分枝斷裂,結節仍然附著在成熟的小穗上,幫助保護或傳播種子。

在玉米、野生稻、水牛草和一些其他禾本科植物中,花是單性的,雄蕊和雌蕊生在不同的小穗中。玉米的雄花小穗生於末端圓錐花序(穗狀花

序），雌蕊小穗排在複合軸（玉米棒）上。複合軸位於葉腋的短葉枝（葉為外殼）上。玉米穗的「穗絲」由眾多長的花柱組成，兩邊都有柱頭。在野生水稻中，雌蕊小穗生於大圓錐花序的直立的上枝，雄花小穗懸掛在展開的下枝上。

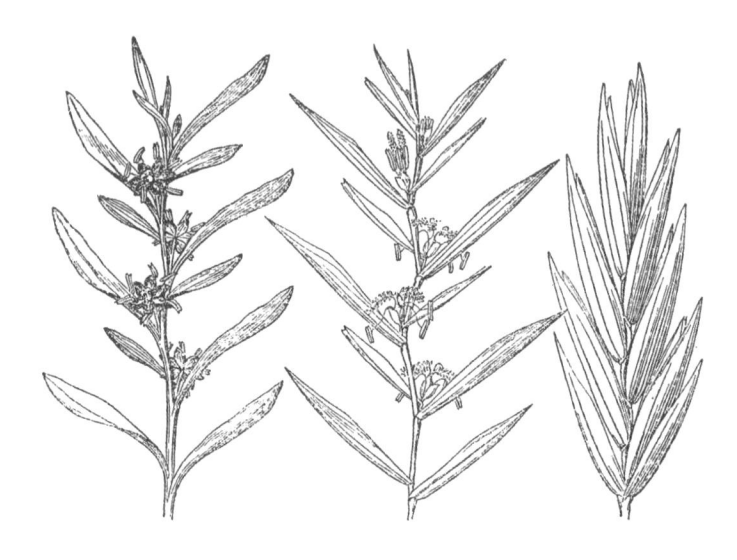

圖48

左圖，一般開花植物的分支示意圖，

葉和花排列方式與草穗的苞片和花的排列相同；

中圖，草穗的示意圖，苞片展開，露出花朵；

右圖，雀麥草的小穗。

禾本科植物的分類

有這麼多不同種類的植物（其中光是禾本科植物就有大約600個屬），所以有必要對它們進行分類，以便對我們已知的植物按可用的順序進行排列。這種分類是基於遺傳關係，即植物的族譜。今天占據地球的植物是數百萬代植物的倖存者。無數種形態已經滅絕，其中一些在岩石或煤層（化石）中留下印記，但大多數都沒有留下任何紀錄。有些植物之間的關係很

第三章　禾本科植物在植物世界中的地位

明顯，例如蘋果和梨、豌豆和豆類、核桃和山核桃。對於這些物種，我們推斷它們的共同祖先並不遙遠，大約只有 10 萬年左右。

在被埋沒的過去的某個地方，是最多樣的開花植物之間的中間產物，是關係的紐帶。如果我們知道所有植物的歷史，那麼現存物種之間的親緣關係可以追溯到數百萬年前。

植物分類的單位是物種，這是一群彼此非常相似並且能夠自由雜交的個體。有明顯親緣關係的物種劃歸在一起，稱為屬。黑橡木、白橡木、毛刺橡木和瓦橡木是一個屬的不同物種。相關屬按科分類，科按綱分類。為了方便記錄我們對植物的了解，這些屬和種都取了拉丁文名字。這是在拉丁語成為學習語言的年代所採用的。當時英國、德國、瑞典和法國的大學教授都用拉丁語授課。這一項習俗一直延續至今，因為對於植物的名稱而言，拉丁語仍然是一種國際語言。我們所說的大麥是所有國家的種植園主都使用的名字，而德國人稱 Gerste、法國人稱 orge、拉丁語是 Hordeum vulgare。然而，拉丁名系統的主要優點是，這些名稱呈現出植物之間的關係。一個屬的所有物種都有相同的屬名。肯塔基藍草及其所有品種都是早熟禾屬、如草地早熟禾、普通早熟禾、爬地早熟禾和偏生早熟禾等。這些草的普通名字依次是：Kentucky blue grass、rough meadow-grass、spear-grass、little bunch-grass，這並不能說明它們之間的關係。了解草地早熟禾、熟悉草的拉丁名稱的人，只要聽到任何叫 Poa 的草，就會知道它是什麼，是有點類似草地早熟禾的植物。

草與莎草、燈心草、百合以及其他科植物都屬於單子葉綱植物。其特徵是胚胎具有單種子葉（子葉），莖具有木質纖維，不是分層的，而是分布在其中（如玉米稈中所見）。人人都會注意到，發芽的玉米、黑麥和其他禾本科植物首先長出一片葉子。而南瓜、蘿蔔、牽牛花（屬於雙子葉綱植物）則長出一對對生的種子葉。禾本科植物構成了一個高度特化的科，

第四篇　禾本科植物

大約有 600 個屬，物種數量比其他任何科都要多，除了蘭科和菊科植物（包括紫菀、蒲公英、薊等）以外。

禾本科植物在生存競爭中非常成功，它們的生長範圍比任何其他科都要廣，占據了地球的所有位置，個體數量也超過了任何其他科。在極地和山頂，除了一些地衣和藻類外，禾本植物達到了植被的極限。它們是乾旱地區、沙丘、鹽沼和其他生存條件極其惡劣地方的主要植被。禾本植物的高度從不到 2 公分，到完全成熟時超過 30 公尺。竹子，是最大的禾本科植物，構成了廣闊的森林和叢林。在熱帶美洲和非洲的山區，竹子分布在高寒地區的林木線[106]以上和短草區以下的區域。有些竹子形成了攀爬的習性。它們細長的莖沿著小徑或溪流向上穿過叢林，直至接觸到陽光。然後形成一圈一圈的樹枝，依附在樹木或灌木的頂部，支撐著主幹。主幹繼續生長並反覆分枝，直到植物形成從樹梢垂下的帷幔。在西印度群島和美洲熱帶的其他地方，最迷人的景色之一就是山坡或河岸上的竹簾。禾本科植物喜歡陽光，因此在茂密的森林中只依稀可見。幾種闊葉植物覆蓋在熱帶地區森林的地面上，而竹子和其他植物則在陽光下攀爬生長。

在熱帶大草原，禾本科植物的物種最多。但在溫帶和寒冷的國家，植物的個體數量最多。在北極和南極地區，禾本科植物約占所有物種的 1／4。阿拉斯加和美洲北部的草原供養著成群的馴鹿。在世界上所有的高山系統中，禾本科植物是林木線以上的主要植物。世界上大型的草地包括：美國的大平原，從墨西哥高原一直延伸到北極凍土帶；委內瑞拉的半乾旱大草原；巴西中部和南部的坎波斯熱帶草原；烏拉圭和阿根廷的彭巴草原；俄羅斯和西亞的大草原；西伯利亞、蒙古和中國的平原；毗鄰尼羅河上游

---

[106] 林木線（tree line 或 timberline），簡稱為林線，亦有人稱之為「森林界線」（Forest line or forest limit）。該線為生態學、環境學及地理學的一個概念，指植物因氣候、環境等因素而能否生長的界線。在該線以內，植物可以如常生長；然而一旦逾越該線，大部分植物均會因風力、水源、土壤或其他氣候原因而無法生長。

第三章　禾本科植物在植物世界中的地位

的蘇丹草或象草區；乾旱和半乾旱的南非和東非的大草原，這裡是我們在電影中所熟悉的大型狩獵動物的棲息地；還有澳洲的大草原和稀樹草原。禾本科植物就是起源於這些地方，現在已達到了最大的特化程度。

圖49　水牛草，是既有雌蕊和雄蕊的植物，經由匍匐莖無限蔓生。

到加州馬里波薩紅杉樹樹林的遊客被告知，那些大樹（杉木）是最古老的生物。在一些博物館裡，可以看到紅杉的橫截面，每隔一段距離就有年輪標記，顯示出在基督時代、美洲發現時期和其他重要時期，紅杉的樹幹有多粗。似乎，一些多年生禾本科植物的個體很可能和這些紅杉樹一樣古老。一些沼澤草，如米草和草原草，如水牛草（圖49），是大平原的主要植物。它們經由匍匐莖或根莖繁殖，在大區域範圍形成群落。這種植物不僅是多年生，而且幾乎是長生不老。美洲沿海沼澤中的一叢叢米草可能是數千年前從種子生長而來的植物枝條。今天綿延數公里草坪的水牛草中，有許多很可能就是在冰川消退後，在平原上生長的一部分植物。

叢生草，如格馬蘭草，通常會留下它們逐漸前進的痕跡。群叢經由外圍積聚生長，新的莖連續不斷產生，而在群叢內部沒有新莖產生的空間。幾年後，群叢的中心死亡，但外圍繼續生長，直到群體形成環狀。這樣的

第四篇　禾本科植物

「仙女環」在平原和半乾旱地區很常見。最終，有時直徑可達 30 公尺的圓環分裂成幾段，但仍然可以經由裂開的部分發現圓環的蹤跡。由這些裂開的部分最終形成新的環。一叢植物的直徑每年可能只增加不到 2 公分。因此一個大的「仙女環」說明了植物生長了數百年甚至數千年。

旺盛的無性繁殖使這一種草一旦占據了土地就能夠穩住陣腳。然而，它們在全球的傳播是由於它們演化出了無數傳播種子的方法。

照片 49　秘魯安第斯高原（4,000 公尺）上吃草的綿羊。
叢草是伊丘草，常見於安地斯山脈。

A・S・希區考克拍攝

水草的種子可以在水鳥腳上的泥中攜帶。有些被封閉在氣密的覆蓋物中，使它們能夠漂浮。達爾文曾經做了一個實驗，證明了種子可以經由水、魚和鳥類的攜帶傳播很遠。他把穀倉院子裡的草籽扔進小溪裡，然後從小溪裡抓了一條魚，餵給了一只鸛。他把鸛的糞便植入土中，穀倉院子裡的草就長出來了。

第三章　禾本科植物在植物世界中的地位

　　風吹散的草籽比其他任何方法傳播的都多。在鄉下住過的人都看過翻滾的雜草，大致呈球形，隨風滾動，邊走邊播撒種子。許多草都以這種方式播撒種子。癢草和巫婆草是我們熟悉的例子。有分散分枝的圓錐花序在成熟時脫落，四處飛舞，常常堆積在籬笆的角落。一種大平原特有的風旋草，在狹窄中軸兩側細長的枝條上開花。開花的時候，花軸可能只有 10 至 15 公分長。但是整個花序繼續生長，直到成熟時長成 50 公分長、鬆散的螺旋狀盤繞，然後折斷，隨風滾動。

　　最常見的經由風傳播的景象是纏繞在一起的一團光滑柔軟的茸毛。常見的蘆葦（一種遍布世界各地的古老物種）、羽草、掃帚莎草和許多其他植物的種子像薊花的冠毛一樣漂浮在空中，被風吹到四面八方。

　　有些草靠傷人的體刺和嫩枝，鉤住動物的毛髮確保種子的傳播。大多數三芒草屬針草、針茅屬豪豬草及其他以這種方式偷乘的草不會傷害它們的非自願攜帶者。但有些草，如沙刺、大麥草和某些雀麥草有時會造成傷害。其中一種針草，因為生長在草原犬鼠洞穴周圍的鬆散土壤中，所以通常被稱為狗鎮草。種子生長在小的針尖狀的嫩枝中，而不是莖稈上。嫩枝有 3 根 10 公分細長分叉的剛毛。重量這樣分布的結果就是，這個小巧的結構被攜帶在空中穿行時，其尖端指向前方，隨時準備扎進任何阻礙其前進的動物體內，從而確保進一步的傳輸。成熟時，這些種子成群結隊地穿過平原。

　　種子，尤其是一年生禾本植物的種子，其產量遠遠超過了可以種植它們的地方。它們偶然落在各式各樣的地方，除了相對少數落在滿足它們對水分、溫度和土壤要求的無人居住的地方之外，其他的都會死亡。一顆種子包含一株小植物，即胚。胚是在種子還附著在母體植物上時形成的。種子在傳播期間，中斷生長。發芽就是其生長的延續。休眠時，大多數種子乾燥，種皮耐潮溼，以保護裡面所包含之物。在發芽期間，種皮膨脹並允許水分進入種子。胚向一個方向長出一個小根，向另一個方向長出一個

253

第四篇　禾本科植物

小莖。穀粒或者玉米的籽粒能夠很好地說明這些過程。因為種子很大，很容易密切注視其變化。胚的營養主要以澱粉的形式儲存。澱粉不溶於水，不能被幼苗直接利用。在發芽期間，澱粉轉化為可溶性糖，經由幼苗的汁液輸送。糖為幼苗提供養分，直到幼苗能夠經由生長的根從土壤中獲取水分。等到幼苗的葉子變綠，它就準備好利用陽光從空氣中製造它的營養了。

玉米種子發芽的機理很有趣。如果種子暴露在潮溼的地表，它只會長出根和莖。然而，如果種子被埋在土壤中，莖將很難穿過土壤，因為嫩尖會受傷。它的嫩芽不像豌豆、南瓜和其他雙子葉植物那樣彎曲向上拱起，而是直接向上生長，一片小葉子卷在另一片葉子裡面，被包裹在緊而尖的葉鞘中，頂端閉合。這個葉鞘（嚴格來說是胚芽鞘）拉長，向上穿過土壤，直到到達地表。這時它的尖端破裂，嫩芽破土而出。當然，這個葉鞘會達到一個極限。大多數玉米的葉鞘都不超過 10 公分，但有一種墨西哥玉米可以長到 25 公分長。

在美國有 147 個禾本植物屬，約 1,500 個品種，占整個植物群的 10 至 12%。全球的禾本科植物根據它們的關係劃分為 14 個族。除了其中一個外，其他所有族在美國都有。以下是更重要的內容。

竹子族，包括已知最早期的木本草。最早期的草是植物的營養部分和開花部分之間差異最小的草。美國唯一的本土竹子是大大小小的藤條（北美箭竹屬，大穗箬竹和燻竹）。形成了美國南部各州的藤叢。

羊茅族，包括羊茅、雀麥、藍草、果園草、常見的蘆葦、蒲葦和其他相對未特化的草。

大麥族，包括小麥、大麥、黑麥和中國本土的小麥草。小穗生長在葉軸相對的兩側。

燕麥族，包括燕麥和高燕麥草。小穗生於圓錐花序中。這一族在南非生長得特別好。

第三章　禾本科植物在植物世界中的地位

梯牧草族，包括梯牧草、常綠草、針茅（三芒草屬）和其他在圓錐花序中有單花小穗的植物。

格蘭馬草族，包括格蘭馬草、百慕達草、水牛草、稻米草和其他具有單側穗狀花序的植物。

金絲雀草族，包括芳香的香草或叫聖草、甜香草、蘆葦金絲雀草（野生乾草的重要成分）、以及提供金絲雀草種子的金絲雀藨草。

稻族，是以稻米為唯一重要成員的小群體。

印第安稻族，是具有單性小穗的水生禾本植物，包括野生稻或印第安稻。

粟族，是高度特化的禾本科植物，包括兩個非常大的屬：黍屬（其中一個物種是常見的歐洲粟）和雀稗屬。還包括馬唐草、穀倉草、粟、珍珠粟和令人惱火的蒺藜草。這一族在熱帶和溫暖的溫帶地區生長最好。

高粱族，是更加高度特化的禾本植物，包括大的須芒草屬（金色須芒草屬於該屬）、高粱、甘蔗和栽培的芒草屬植物。這個族主要生活在熱帶地區。

玉米族，包括最高度特化的玉米或印第安玉米、大芻草和薏米。

達爾文說旅行者應該是植物學家，因為風景在相當程度上是由植物組成的。了解植物會增加旅行者的快樂。宅居者和旅行者都可以經由對禾本科植物的了解，來增加他們對風景或花園的興趣。這些禾本科植物並不像人們通常認為的那麼難以了解。有關美國禾本屬植物的插圖著作可從檔案主管處購買。[107]

---

[107] A・S・希區考克（A. S. Hitchcock），《美國禾本科植物屬志》（*Manual of the Grasses of the United States*）；《美國農業部公告 772 號》（*U.S. Department of Agriculture Miscellaneous Publication No. 772*）。美國政府出版局。

第四篇　禾本科植物

第五篇
沙漠及其植物

第五篇　沙漠及其植物

第一章
沙漠的特徵

　　沙漠占當今世界陸地總面積的 1／6 之多。現在地圖上顯示的並不是所有在地球漫長歷史中曾經乾旱過的地方。岩石、鹽層和被風吹起的沉積物證明，許多現在潮溼肥沃的地區在很長一段時間內都缺乏降雨。陸地板塊的升高和降低，引起風向偏轉，導致以前雨水充足的地區降雨量不足，而在其他數千年或者也許數百萬年以來一直荒涼的沙漠地區則降雨充足。

　　一般來說，這種變化發生得非常緩慢，就人類歷史而言很難衡量。但北非和中亞的某些地區在過去 5,000 年或 10,000 年裡降雨量逐漸減少的證據似乎越來越多。然而，地理學家們在這個問題上的看法完全不一致。那些支持乾旱論的人並不認為每年的降雨量都比前一年少，而是減少與增加交替出現。因此，儘管年降雨量在千年結束時比開始時少，但在這一段時期，可能會有持續半個世紀甚至整個世紀的降雨增加。

　　目前地球表面大部分地區變得越來越乾旱，這一項學說無論有無道理，都有很多成熟的沙漠向我們提供研究主題 —— 乾旱土地上發現的特殊植物（圖 50）。因為沙漠地區的生命 —— 無論是植物還是動物 —— 都各具特色。無論在外觀和習性上都有別於潮溼環境中的生物。這些差異在於植物對環境的適應。這對於沙漠植物的生存總是有利的，有時也是不可或缺的。無法證明沙漠在其所呈現的艱苦條件下使生物更適合生存。但如果說在大量累積的植物歷史資料中有什麼是肯定的，那就是那些沒有表現出某些特化結構和習性的植物將在乾旱地區消亡。

第一章　沙漠的特徵

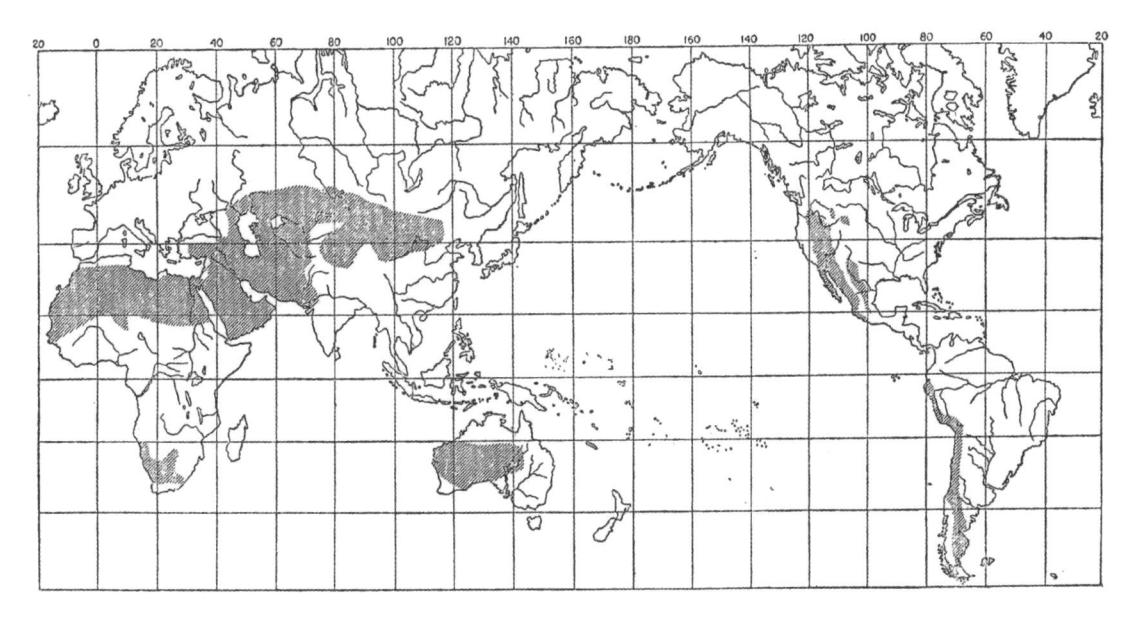

圖50　世界地圖，顯示主要乾旱地區的位置和範圍。

華盛頓卡內基研究所提供

　　旱生植物是指能夠在缺水條件下生存的植物。它們特殊的結構和器官的形成，可能是因為必須要直接應對乾旱地區生存的需求。或者也許，更適合它們在這些地區生存的變異只是偶然出現在某些種群或個體身上，使它們得以生存，而其他不太適應的物種則消亡了。究竟是什麼因素導致鯨魚和海豹發展成適合在鹽水中生存的生物，而仙人掌和荊棘植物發展成適應在沙漠中持續生存的生物還不得而知。但不管怎樣，就像鯨魚和海豹一樣，沙漠就是旱生植物的歸宿。要了解其原因，我們必須考慮沙漠特有的氣候和土壤的特殊條件。

■ 沙漠氣候

　　也許最直接導致沙漠環境的現象，也是沙漠最具特徵的現象是全年或不同季節之間缺少降水，以及降水的不規律。因此，在熱帶和溫帶較潮溼

的地區，闊葉植物構成了多年生植被的主要部分。那裡任何一年的總降雨量永遠不會超過另一年的 2 至 3 倍。另一方面，在沙漠地區，在某一年裡可能根本不下雨，而在接下來的一年裡可能會有幾公分的降雨，這使得年最大降水量和最小降水量之間的比例非常高。

還必須考慮降雨量與可能蒸發量的關係。雨水浸透了土壤表層，其中一些可能，而且通常確實會滲透得很深。因此在潮溼的氣候中，水分的百分比會增加，直到達到某一深度，水占據土壤顆粒之間所有的空間。完全被水浸透的地面部分的上限稱為地下水位。

這樣的地下水位在沙漠地區並不存在，或者至少它只是以一種大幅變化的形式存在。陡峭山坡的逕流流到地表以下的深處。其深度主要由硬土層和其他半透水材料層或黏土等決定。低窪盆地，如非洲北部的綠洲和科羅拉多河沙漠的海平面以下盆地、死亡谷及加利福尼亞州相連的盆地下面都是可以經由鑽孔到達的水體。但這些蓄水池並不是直接由上方地表的降水補給的。

沙漠中的降雨導致土壤表面溼潤，深度只有一、兩公尺。真正的沙漠植物正是從這一層淺層土壤所含的水分中獲得主要供水。由於表層中的水與深層地下水無關，也不是由深層地下水供應，因此，表層的蒸發自然是非常重要的因素，它決定土壤含水量以及受地表降水量影響的植物的實用價值。

第一章　沙漠的特徵

照片 50　商隊從北非利比亞沙漠的巴哈利亞綠洲盆地走出，沿著沙質斜坡向上行進。

　　蒸發速度在相當程度上取決於溫度和總風量。為了計算蒸發速度，人們使用了標準化的測量方法。比如使用 15 公分長、頂部直徑約 2.5 公分、盛水 50 立方公分的烤黏土製成的窄杯。水從這些杯子表面蒸發的速度隨著風和溫度的變化而變化，從而為觀察者提供計算土壤蒸發速度的方法。測量淺底容器表面蒸發失去的水量也可以大致說明土壤中正發生的情況，儘管從一平方公尺土壤中作為水蒸氣蒸發掉的水量，永遠不會像從同等面積的水面上蒸發掉的那麼多。在某一個特定地點，空氣的「蒸發能力」，正如人們所說的，可以用於確定該地點的乾旱程度。如果在任何一個地區，這種蒸發能力強大，導致從水面流失的水量大於降雨量時，就會出現一些通常與沙漠有關的現象。因此，科羅拉多河盆地沙漠中的索爾頓湖（照片 51）在一年內可能會損失多達 2 公尺深的水量，而降雨量可能只

261

第五篇　沙漠及其植物

有 0 至 5 公分不等。本文末尾附有 W・A・坎農[108] 博士繪製的表格，呈現出 1908 年阿爾及利亞沙漠中幾個地方的蒸發量與降雨量的關係。從表中可以看出，4 月分阿爾及利亞沙漠中的蒸發量是降水量的 629 倍之多。仔細閱讀這些表格可以看出，在阿爾及爾的沿海地區，包括阿爾及爾市，蒸發量可能是降雨量的 1 至 3 倍。而在內陸沙漠，全年的總蒸發量是降水量的 63 倍。

照片 51　低於海平面 70 多公尺的加利福尼亞州東南部的索爾頓湖。
突起的岩石表面覆蓋著石灰茸，這是由鹽水中的細菌活動形成的。

但無論是總降雨量還是蒸發與降雨量之比，都不能作為衡量沙漠植被數量和特徵的直接指標。因為沙漠的降雨時間和降雨數量都非常不規則。降雨可能以暴雨的形式到來，其中大部分水在洪水中流失，土壤溼潤程度與降水量不成比例；也可能是頻繁的小陣雨，雨水落在炎熱乾燥的土壤上，很快就蒸發了。無論是哪一種情況，都難以想像對植被的好處。另外，如

---

[108]　W・A・坎農（W. A. Cannon，西元 1870～1958 年），美國生物學家。

第一章　沙漠的特徵

果降雨發生在涼爽的季節（就像在莫哈維沙漠一樣），當溫度對植物活動不利時，植物不會立即受益。過後，隨著植物生長季節的到來，它們只能求助於土壤中殘留的水分了。

降雨就說這麼多了。至於溫度，眾所周知，沙漠既乾燥又炎熱。沙漠中常見的極端高溫發生在缺乏水分的地區，因此無法經由蒸發降溫。乾旱地區，不僅土壤和空氣溫度在某些季節可能非常高，溫度從低到高的變化或範圍也可能非常大。最大的溫度變化範圍出現在空氣乾燥的大陸地塊中心附近。突厥斯坦是這些情況的典型地區。根據報導，在卡扎林斯克，夏季和冬季之間的溫度變化範圍為 88°C。該地區的其他站點，最低溫度和最高溫度之差有時高達 100°C。

高溫似乎是對人類最大的考驗，對動、植物的活動必定也是一種限制條件。因此在這裡提及一些有記載的特別高溫的地方，可能會引起人們的關注。例如，位於尼羅河中游，蘇丹和埃及接壤的瓦迪哈勒法[109]有記載的高溫為 52.5°C；加州的巴格達[110]的最高溫度 54°C。加利福尼亞州的死亡谷也有類似的溫度紀錄。那裡位於海平面以下，從內華達山脈的山腳向東延伸。

正如人們所料，正午過後，沙漠土壤的表層溫度比空氣高出幾度。在某些地方，這種溫差可能高達 7 至 8°C。沙漠旅行者很快就知道，槍支、工具和所有其他金屬物品如果暴露在陽光下，在正午會讓人感到非常不舒服，需要處理一下。如果騎馬者恰好在中午下馬，那麼他可以蓋上馬鞍，以避免陽光直射，或者最好是將馬鞍取下，讓水氣蒸發使馬鞍背面涼爽，也使馬鞍的支承面乾燥涼爽，這樣可以避免一些不適。在沙漠中，只有土壤的頂層支撐著植物的吸收根。然而，如果我們可以從一般的文獻來判斷

---

[109]　瓦迪哈勒法（Wadi Halfa），蘇丹北部的城鎮，位於尼羅河右岸，毗鄰與埃及接壤的邊境。
[110]　巴格達（Bagdad），位於美國尼德爾斯以西，科羅拉多河盆地沙漠中的一個小鎮。

| 第五篇　沙漠及其植物

的話，這些土層的溫度經常達到 55°C 至 65°C。巴克斯頓[111]的研究表示，巴勒斯坦土壤的溫度為 50°C 至 60°C；撒哈拉沙漠沙丘的溫度為 78°C；最值得注意的是，法屬赤道非洲，洛昂戈附近大西洋海岸的土壤溫度為 84°C。

我們可能會問：「這樣的溫度對活細胞有什麼影響？」一些生活在溫泉裡的特化生物的原生質能夠承受很高的溫度。但是大多數生物如果遭遇 60°C 以上的溫度就會受到傷害。然而，種子不會受到那種高溫的傷害，植物在器官休眠的時候也不會受到這種傷害。

生物體對高溫的抵抗力主要取決於其組成成分中水與其他物質的比例，其次取決於其他物質的組成 —— 也就是說，取決於它們在耐熱效能方面的特化程度。蛋白質（所有細胞的基本成分，以我們所熟悉的蛋清形式存在，由此表現出其典型的特性）在剛才提到的最高溫度下凝固。因此，我們可以認為，死於高溫的動物和植物組織也發生了類似的變化，儘管其他同樣有害的變化也可能同時發生。植物中活躍的生長層通常含有高達 99.5% 的水。過高的溫度會導致蒸發的速度太快，以至於無法維持所需水的比例，從而導致脫水死亡。在亞利桑那州土桑市的沙漠實驗室進行的一些植物實驗中，以電熱器輻射出來的熱能代替太陽的熱能。研究發現，仙人掌的扁平結節在高達 58°C 的溫度下仍能繼續生長。當生長層進一步被加熱至 63°C 時，植物沒有受到傷害，但生長停止，直到結節被冷卻至 50°C 才恢復生長。仙人掌能很好地適應每天長時間暴露在陽光的直射下。就像在樹膠或瓊脂中發現的那樣，仙人掌細胞的原生質具有高含量的黏液。當遭受甚至與水的沸點一樣高的溫度時，黏液幾乎不會發生變化。還要注意的是，處在土壤表面的種子不僅能撐過幾個月的炎熱季節，而且在忍受幾個這樣的季節後還能發芽。儘管遭受極端的酷熱，但它們堅硬外殼

---

[111] 巴克斯頓（Richard Buxton，西元 1785 ～ 1865 年），英國植物學家。

下的原生質幾乎沒有受到影響，因為它是不活躍的，並且含水量很低。

然而，蜥蜴、甲蟲和其他小動物卻不具備應對酷熱的免疫力。這些小動物生活在土壤表面或地表下鬆軟的土層中，或者在暴露於陽光直射下的平坦岩石表面穿行，因此它們的體溫必須與土壤的溫度幾乎相同。可以有把握地認為，這些動物的原生質在體溫超過 38℃ 的範圍內多少還保持活躍，因為它們缺乏高等動物將體溫維持在有限範圍內的控制能力。據報導，即使像人這樣的溫血動物，體溫的變化幅度最高不過 1℃。

到目前為止，還沒有提到乾旱地區的低溫。但在跨裏海地區的沙漠、整個亞洲中北部的某些乾旱地區以及北美西北部的乾旱地區也會遇到這種情況。

沙漠經歷著巨大的高溫，而且大部分都是高溫。因為沙漠的降雨很少，因此在一定時期內沙漠的實際日照總時數或許只比可能的總時數少一點。而且，不僅太陽光線從晴朗的天空傾瀉到沙漠土壤上，空氣中的相對溼度（水蒸氣量）也非常低。到達地球的太陽光譜射線是由高頻波或短波組成。灰塵顆粒會產生一些封鎖效果。灰塵的數量取決於氣流。有時候，火山灰被吹到高空，長時間覆蓋地球表面的部分區域，封鎖或完全阻擋了光譜末端藍紫色的一些射線進入這些區域。這些藍紫色射線和紫外線（不可見）共同對植物活體組織產生了最直接的影響。直到最近，科學家才意識到紫外線對植物和動物有機體的重要性，尤其是對後者。綠色植物，尤其是有葉子的高大植物，似乎對這些不可見光線不太敏感。但是表皮很薄的矮小植物，像高等動物一樣，會做出快速反應。沙漠是紫外線照射最密集的地方。因此，大部分尋求健康的人都會來這裡。

沙漠的土壤

沙漠的土壤和氣候一樣獨特。在其他地區，地面的植被層將土壤顆粒聚集在一起，形成「草皮」，而沙漠的土壤沒有這樣的植被覆蓋。而且由

第五篇　沙漠及其植物

於沙漠土壤顆粒過於乾燥，無法相互黏合，即使微風也足以攪動和移動表層的物質。風力作用產生的最常見的地形特徵是沙丘（照片52）。在表層，由形狀、大小和重量幾乎均勻的硬顆粒構成的沙地上，風帶起沙子，將其堆積成形狀規則的土丘或沙丘。另外，風會不斷地將沙丘裸露側的顆粒捲起，並將其帶到山頂，從那裡再滾到背風側，因而使背風側比迎風側更陡。

岩石表面吹過陣陣風沙時，由於狂沙粒子的侵蝕作用而變得光滑，被雕琢並出現溝槽。風力作用產生的另一個特徵是沙漠礫石灘。最初的表面由小岩石、礫石、沙子和灰塵組成。風從較大、較重的礫石之間吹走較小、較輕的礫石，使較重的部分下沉。這樣的過程持續多年後，地面就變成了不規則的岩石馬賽克。這些岩石大小不一，小到如鵝卵石，大到像握緊的拳頭，其表面被移動的沙粒打磨得非常光滑。

除了改變地表外，沙漠中風力的作用也導致了小山丘、土丘甚至人工建築的圓形輪廓。利比亞沙漠中某些古老的石頭建築證明了這一點。建築物的直角已經被風沙的侵蝕作用磨損殆盡了。我和駱駝商隊在這一片沙漠中進行長途旅行時，遇到了許多像照片53中所示的圓形山丘。多年來，飛沙的磨礪使這些山丘變成了流線型。風吹過這些山丘幾乎不受什麼阻礙，從而在背風面形成渦流，如船在海上駛過後形成的渦流。這樣的山丘幾乎無法躲避沙塵暴的直接影響。

第一章　沙漠的特徵

照片 52　加州莫哈維沙漠，風吹過後的層層沙浪。遠處的左側可以看見部分乾涸的湖床。

照片 53　北非利比亞沙漠中被風吹蝕的圓形小山丘。眼前景象沒有植被。

研究沙漠獨有的特殊條件，也必須關注鹽鹼土壤以及乾旱湖泊。在降雨量充足的地區，逕流匯聚成為溪流，並將天然盆地邊緣填滿，從而形成湖泊。湖水最終找到出口，流向大海。溪流和湖泊形成過程的不斷延續，最終產生了完整的排水系統，就像我們今天在各大洲所看到的那樣。另一方面，在乾旱地區，沒有足夠的降雨讓逕流填滿天然盆地的邊緣，因此湖泊（如果有的話）很淺，沒有出口。那些流向大海的溪流只能斷斷續續地流完全程，而其他的則會流入巨大的淺水盆地。

　　所有的排水，包括那些緩慢滲透到地球下面岩層的水，都攜帶著從土壤中溶解的鹽分。海洋中的鹽就有著這樣的起源。在不完整的排水系統中，逕流水攜帶的鹽分在平原或盆地中層沉積，或者積聚在內陸湖泊或海洋中，因而使猶他州大鹽湖這樣的大湖泊的水含有鹽分。

第二章
沙漠植物的起源與演化

　　沙漠中的動、植物正是生存於上一章所述的、由大氣和土壤條件所導致的環境中。沙漠降雨量稀少且不規則、土壤和空氣溫度變化範圍大、溼度低、光照強度高（尤其是紫外線，波長最短的光線）、大氣電離度高、土壤鹽度高、沙漠風力作用顯著。由於所有這些環境因素，沙漠為植物和動物提供的生存條件與熱帶和溫帶潮溼、豐水地區的生存條件截然不同。

　　在沙漠中生存的要求如此嚴酷，以至於大多數原產於較潮溼地區的植物無法在那裡生存。來自潮溼地區的植物，在乾旱地區成功生長的最顯著的例子是橘子樹和檸檬樹，還有一些常見的農作物和某些嬌嫩的蔬菜。但所有這些都必須種植在由水井和改道溪流灌溉的土壤中。如果沒有最精心細緻的耕作，這些植物不可能存活下來。

　　但是，原產於沙漠的植物和動物發現那裡的生存條件是可以接受的。它們顯示出適合沙漠氣候和土壤的活動模式，並且這些活動模式很可能是在與現在這些地區盛行的相同的條件下，發展或演化而來的。這些原生沙漠生物的特徵構成了生物學中最有趣的階段之一。

　　儘管在我們看來，生活在沙漠中的一些植物怪誕而奇異，但它們與周圍環境的和諧程度絲毫不遜色，或者至少與大多數其他生物一樣和諧。在談到一種植物在某一個特定地方茁壯生長時，人們習慣上說它「長得像本土植物」。這是假設所有植物物種，現在都生長在最適合它們生長的地

方。沒有比這更荒謬的假設了。人類從遙遠的地方移植過來的植物經常在接受它們的牧場和田野裡肆虐，成為雜草和害蟲。這一項事實有力地駁斥了這種過於籠統的說法。許多留在其原生棲息地的野生物種，可能正在減少並走向滅絕，因為在它們所處的環境中存在著一些我們不理解或沒有考慮到的有害因素。

像人類一樣，植物也是在它們偶然到達的地方生長起來的。在那裡它們可以持續生存一季又一季，可以自我繁殖。沙漠中的植被也不例外。事實上，對於大多數植物來說，沙漠環境是不尋常的，是艱難的。但這並不意味著，在乾旱地區發現的所有物種都比在密西西比河谷林地發現的所有物種承受更大的壓力。實際上，大多數沙漠特有的物種在被帶入看似更有利的環境時，都會受到巨大的折磨。例如，如果提供更多的水，沙漠中的植物就會受益，這並非理所當然。從墨西哥、南美或非洲沙漠移植到潮溼地區的多肉植物的供水調節和限制，實際上是園藝中最困難的問題之一。

人們最好根據植物的起源和演化，來了解在沙漠中存活甚至生長旺盛的特殊形態的植物。所有植物的原始祖先可能都起源於簡單的原生質體。它們可能在水中，或是在水飽和的沙粒中，或者在小的岩石碎片中。因為一開始，根本沒有土壤。被水攜帶的小塊岩石堆積成沙灘，更小的顆粒可能被風吹來吹去，堆積成沙丘。但是至於腐殖質，或者我們今天稱之為土壤、較柔軟的物質，根本不存在。

土壤，只是在具有堅硬木質組織的植物，和具有耐久成分的動物（如甲蟲）將其殘骸留在地表，緩慢分解後才形成的。我們所說的土壤表層，是由微小的岩石碎片和處於不同腐爛和分解階段的死亡植物和動物的碎片組成的混合物。植物的祖先，不管它們的有機體的形態如何，大部分都是由水組成的──也許高達 99.5%。如果因為某種原因，它們暴露在空氣中，就會乾枯而死亡。不僅在這一點上，而且在繁殖能力方面，它們與現

第二章 沙漠植物的起源與演化

代植物也不相同。它們是將一個簡單的物質分成兩個，就像一滴水分成兩個或更多的小水滴一樣。雖然我們沒有證據顯示所有的中間步驟，但我們知道，經過很長一段時間，這些簡單的早期植物演化出了特殊的繁殖方法。整個有機體不再參與這一些過程，而是某些團塊或細胞被分化並專門完成這一項功能。這些特化的生殖細胞或孢子從植物體內分離出來，只能在水中活動，只有在浸泡時才會發芽。下一步是生殖細胞進一步分化為兩種類型，雌性和雄性，形成性特徵，並使兩種不同類型的生殖細胞必須相聚融合以產生新的個體。像蕨類、苔類、苔蘚等高級植物形態，可能是從最早靠近池塘、淺水區或潮溼沙地（尤其是持續大霧或烏雲密布地區）的植物演化而來。然而，早期的植被無論多麼豐富，仍然無法冒險離開河岸和湖邊，即便可能占據廣闊的淺水區。這些淺水區堆積著植物枯枝和其他碎屑，一定程度地類似於現代的沼澤。

　　植物無法到達地球大部分的陸地表面。遠離水體，它們不可能生存。植物在演化過程中還需要邁出更為顯著的一步，才能遍布田野並最終以各種方式，占據幾乎兩極之間的整個地球表面。雖然還生活在沼澤中，但這種類似蕨類的植物已經形成了包括兩種繁殖方式在內的生命週期。其中一種生殖方式的例子是被稱為蕨的植物。它是無性的，產生我們熟悉的褐色孢子。孢子發芽並產生一種不起眼的有機體，即所謂的原葉體，只有專家才能由此識別為蕨類植物。原葉體必須有充足的水分才能茁壯成長。原葉體薄而平，呈綠色，而且小到可以被字母 o 所覆蓋。被稱為精子和卵子的兩種生殖細胞，是在原葉體下表面的特殊性器官中產生的。精子細胞必須從它的位置游動出來並與卵細胞融合才能使其受精。卵細胞的萌發形成了我們普遍所知的大蕨類植物。現在很明顯，植物要完成自己的生命週期並自我繁殖，需要具備兩種這樣的形態，而其中一種必須生活在非常潮溼的地方。這樣的植物只能局限在水邊生存。

直到更大型的植物逐漸形成了更微妙的兩性繁殖系統，並保護植物免於乾枯，植物才有可能離開沼澤和溪流，演化為更加高度特化的形態。最終，它們做到了。所有大型現代種子植物，如樹木、灌木和草本植物，都與蕨類植物同源。然而，與蕨類植物不同的是，產生種子植物配子體（帶有性器官的繁殖）的孢子深深地埋藏在花的組織中。整個繁殖過程都在有機體內部進行。其中融合形成受精卵的元素不僅不會乾枯，而且也不受其他有害因素的影響。正如蕨類植物所呈現的，一旦孢子體（帶有無性孢子的繁殖）發育出配子體，並在其花結構的安全保護下，獲得了攜帶配子體的能力，植物就準備好在地球的開闊地帶的漫遊之旅了。植物第一次完成這一項壯舉，象徵著生物歷史上一個偉大時代的開始。因為動物以植物為食，在植物開始從水源充足的地區遷移到更乾燥的土地上之前，動物也被限制在水邊。

到目前為止的討論中，我們認為繁殖的必要性是主宰植物演化的唯一因素。但很明顯，乾旱土地的占用也為植物生存帶來了其他問題。在潮溼的地方，根系足以將莖固定在潮溼的地方，並從富含水分的土壤中吸收水分，而在乾旱地區很難滿足需求。因為只有在下雨後的幾天，水分才可能存在於地表層，或者滲透到厚土層以下的土壤深處。那裡植物生長所需的氧氣供應非常缺乏。

要在沙漠中生存，綠葉植物不僅必須有能夠吸收不穩定的水供應的根，而且還必須能限制對其所吸收的水分的利用。植物利用太陽光照能量的程度主要取決於它能暴露在陽光下的綠色表面的面積。但是，暴露在空氣中的表面積越大，蒸發損失的水分就越多。

不過，蒸發在相當程度上因其同時提供的強大功能而彌補了這種損失。綠色細胞的光合作用需要根吸收的水或汁液在莖內持續流動。根把土壤中的營養成分儲存在溶液中。暴露在空氣中的細胞壁的蒸發是將汁液從

土壤中向上提拉的力量。一株植物的組織中每儲存 1 公斤乾的物質,就必須吸收 1,000 公斤的水,而蒸發就是完成這一項巨大工程的媒介。

因此,葉子是一個由陽光發動的工廠。在這個工廠,為了從土壤中提取溶液,必須蒸發掉足夠數量的水分。而且,土壤溶液中的一些水發生化學變化,用於合成植物的營養。在溼潤地區,葉片工廠的生產能力可能僅受日照小時數和日照強度的限制,因為充足的水供應總是隨處可得。但是在陽光總是充足的乾旱地區,葉子工廠的生產能力直接取決於植物從土壤中獲得的水分的數量,只有在某些季節才有適當比例的水分。

很明顯,最早的植物生活在潮溼地區,直到具有特化根系和綠色儲水器官的物種出現,沙漠中才發現了大量的植被。這一點得到了證實,因為從未發現過我們認為適合在非常乾旱地區生存的植物類型的化石。研究這種植物類型的最佳捷徑,就是觀察鐵樹堅硬的葉子和松葉。

它們的化石原型可能已經保存下來。因為具有相似葉片的屬在古生物紀錄中有很好的代表性。因此,我們有理由認為,這些植物在高級植物目中,最早占據了地球上雨量充沛、但表面不是那麼滋潤的地區。的確,沙漠的氣候和土壤在相當程度上不利於化石的保存,儘管河道沿線的沖積物可以用來埋葬和保存一些更耐久的結構。而像仙人掌和其他多刺灌木這樣的沙漠植物的刺含有高比例的鈣和二氧化矽,應該能像動物的骨頭一樣被保存下來。乾旱地區的沉積物中發現了豐富的動物骨架和貝殼。但到目前為止,還沒有發現任何關於仙人掌樹金屬般硬刺的證據。

第三章

植物和動物對沙漠條件的適應

　　現在的沙漠特色植物似乎是最近才演化而來的。而且在某種意義上，它們代表了種子植物的葉芽所能達到的最高的特化程度。我們必須了解，在沙漠物種出現之前，具有直立莖、多分枝的闊葉植物已經形成。這些植物可以在堅硬的土地上茁壯成長，而不像最早的植物那樣只能在沼澤中生長。沙漠植物是從這些早期的陸地生物演化而來。對於旱生植物或沙漠植物的結構和習性的深入研究，揭示了它們的祖先沒有表現出來的、或者至少今天生活在水源充足地區的同種植物沒有表現出來的兩個顯著特徵。不管是什麼因素使一個物種或一種植物開始改變其結構和習性，以便更好地適應乾旱地區的生存，成千上萬種高等植物或形成種子的植物身上的這兩個特徵，都證明了這種改變已經發生。首先，它們身上有刺和棘狀突起，而不是枝葉。其次是多汁性（照片 55）。現在讓我們細想一下這兩個特徵是如何形成的。

第三章　植物和動物對沙漠條件的適應

照片 55　墨西哥索諾拉，加利福尼亞灣附近的典型沙漠植被。
照片中最顯著的位置是低矮的帶刺龍舌蘭，多刺的墨西哥刺木和肉質的仙人掌。

葉子的變態

　　多葉植物對乾旱環境的第一個也是最明顯的反應是，它的葉面不能像在潮溼多雨地區那樣擴展。以一對快速生長的向日葵為例。讓一株在潮溼的溫室、澆水充足的花盆裡生長，另一株在乾燥的房子裡培育。這種環境適合種植多肉植物。在乾燥的房子裡的向日葵葉片表面的總面積比大量澆水的那一株小得多。然而，不能理所當然地認為，現在在沙漠中發現的植物物種是由自然實驗產生的，其效果與上述一樣直接和簡單。迄今為止，人類所做的任何實驗都顯示，新環境對植物有機體（上述情況，僅限於葉面）的直接影響不會經由種子傳遞給下一代。在乾旱環境中生長的向日葵種子，如果在潮溼的房子裡發芽，就會變成像其他向日葵一樣的闊葉植物。換句話說，環境的改變並不能確立植物的遺傳特性。

第五篇　沙漠及其植物

照片 56　加州莫哈維沙漠的植被。
照片中最顯著的位置是一簇簇低矮的菊科植物（無舌黃菀屬）和
單株多肉的仙人掌。約書亞樹或樹絲蘭是這個地區的特色植物。

　　現在，莖和枝的主要功能是支撐葉片的重量。葉片含有重要的葉綠素。因此，正如旱生植物那樣，減少其葉面的總面積，就不需要像闊葉植物那樣多的枝條。舉例來說：以一種多枝的灌木為例，它長有許多大葉子，這在溼潤的溫帶地區很常見。去掉一些葉子，把剩下葉子的邊緣剪去，直到它們的尺寸大幅縮小。然後剪掉較小的樹枝或細枝（由於葉片表面減少，而不再需要它們），並剪短剩餘樹枝的長度。得到的樣本有點像多刺的沙漠灌木。甚至連旱生植物的尖刺狀外觀也可以經由修剪外層樹枝，直到頂部變尖而形成。沙漠灌木多刺，進一步說明了以下事實：不僅它的莖含有堅硬的木質組織，外層的刺（完全是細胞組織）因細胞壁中生長的木質物質及細胞內沉積的鈣和二氧化矽而變得堅硬。在許多帶刺的旱生植物中，所有外部器官（包括葉子）的表面也會形成一層蠟質物質，進一步降低水分從植物中蒸發的速度。潮溼地區的植物為了能夠在供水不足和降雨稀少

第三章 植物和動物對沙漠條件的適應

的地區生存，必須做出改變。多刺植物是變化最早，也是變化最大的例子。它們是所有沙漠物種中數量最多、分布最廣的。任何科的植物都可能出現這種變異。

多汁性

沙漠植物經由變異而形成的第二個顯著特徵是多汁性，或具有多汁或多水組織的性質（照片 57）。為了獲得這種特性，早期的植物必須在根、枝或葉上形成大量的特化組織來儲存多餘的水分，以備外界水源枯竭時使用。

照片 57　紅海蘇丹港附近，多汁的水牛角屬植物，有乳白色汁液。

這兩種變化：經由將樹枝和葉子變成刺和突起來減少水分蒸發時暴露的表面積，以及獲得多汁的特性，可能在某些植物物種中同時發生。當嫩枝和葉子表面逐漸縮小時，植物的某些組織，如髓質（或髓）和皮層（或

277

第五篇 沙漠及其植物

表皮），或許一直在擴大，以增加其儲水能力。松葉菊屬和景天屬是典型的植物，在其葉片中都有擴大的組織。最不尋常的沙漠植物類型是當表面減少趨勢和儲水組織膨脹在同一個體中達到極限時產生的，例如在仙人掌科和大戟科的一些植物中。嫩枝的持續減小最終會使它變成一個薄圓錐體，而它的髓或皮層如果擴大得足夠寬，將導致莖膨脹成一個輪廓不規則的肉質圓柱體或球體。這似乎是墨西哥沙漠和美國西南部的桶形仙人掌等植物，在漫長的演化史中所發生的情況。在這種奇特的植物中，莖的木質圓柱體並不比一個人的前臂粗，儘管包圍它的膨脹的皮層有幾公分粗。莖的表皮，或外層，覆蓋著厚厚一層蠟質，以防止水分的流失。堅硬彎曲的棘狀突起是早期葉狀器官的痕跡，表明這種植物的遠祖有分叉的嫩枝。可能多達 2 種仙人掌和其他科植物顯示出這種演化。可以說在桶形仙人掌中達到了最極致的特化（照片 58）。將多刺植物生長最旺盛的條件與肉質植物達到最高度演化的條件進行比較，可以發現一些有趣的相關性。

值得注意的是，在降雨量非常少和不確定的地區，如北非和亞洲的大沙漠地區，稀少植物群的主要成員是刺狀的灌木或堅韌的草本植物，它們只能在太陽和空氣的蒸發作用下伸展有限的葉子表面（圖 59）。這些地區的降雨量永遠不足以讓植物吸收超過其目前需要的水分；或者是在植物無法吸收多餘的水分的時候發生降雨。這些尖刺灌木的根系在疏鬆的土壤中分叉，穿透到岩石的裂縫，從相對廣闊的土壤中收集少量的水分。當土壤中水分的比例下降到非常低的程度，只有烤箱的熱量才能把緊緊鎖住的剩餘水分提取出來時，植物獲取水分的過程就會非常緩慢。事實上，如果沒有這些植物的高濃度汁液的滲透作用，根本不可能吸收水分。實驗室測試結果顯示，一些旱生植物汁液的滲透壓為 150 至 200 個大氣壓，或每平方公分 210 公斤。這種高濃度汁液的植物細胞的吸水或抽吸能力足以使水柱上升 100 至 200 公尺。這樣的能量，儘管巨大，但對於生長在極其乾燥的沙漠土壤中的植物來說非常必要。

第三章　植物和動物對沙漠條件的適應

照片 58　沙漠植被的主要類型。

左邊綠皮樹是綠珊瑚；在它下面是一棵連線處扁平的仙人掌；中間是多刺的灌木金合歡樹；一棵綠珊瑚斜靠著穿過一棵柱狀仙人掌；右邊是兩棵桶狀仙人掌。

然而，擁有強大的吸力並不能完全解決從土壤中吸水的問題。土壤的微小顆粒因其表面強大的張力只能吸附很少的必要水分。土壤顆粒始終在緩慢分解。形成岩石的化學元素的複雜結合體不斷地分解成鈉、鎂、鈣、鉀和其他元素的可溶性鹽。這些鹽溶解在植物必須從中汲取補給的微量水層中。在潮溼的地區，這些鹽分不斷地被傾斜的排水系統帶走。但在缺乏排水的低窪盆地和平坦的沙漠平原，鹽分只能沉積下來。結果，土壤變得富含可溶性鹽。與此同時，如果土壤中的化合物使其呈「鹼性」，則只有相對較少的植物物種可以存活。因為植物細胞高濃度的汁液是「酸性的」，汁液就會將游離氫離子儲存在溶液中。另一方面，在鹼性土壤溶液中，情況則相反。因為所有的氫都與氧緊密結合，所以存在自由的羥基離子而不是自由的氫離子。

| 第五篇　沙漠及其植物

照片 59　在上埃及 [112] 的沙質河床上挖坑提供家畜飲用水源。多刺的灌木是典型的北非沙漠植物。

　　因此，植物的吸收細胞必須從土壤溶液中吸取其「汁液」。這種土壤溶液不僅是鹼性的，而且含有比可利用的更多的鹽分，而同時必須保持汁液一定的酸度和滲透壓——這似乎是一項不可能的事情。植物的問題是將水從含有大量有害成分的溶液中分離出來。這就好像給口渴的人一束檸檬水吸管，讓他吮吸，並告知是從鹽水池中吸取一種美味的飲料。現在，要做到這一點，需要一種化學屏障，阻止不需要的成分，同時允許需要的成分通過。但人類從來沒有發明過這樣的屏障。如果這種屏障一旦被發明出來，將對於沿著數千公里乾旱炎熱的海岸獲取淡水具有不可估量的價值。雖然人類還沒有解決這個問題，但沙漠植物解決了。它們有辦法從鹽

---

[112]　上（下）埃及：上埃及位於埃及南部以農業為主。它包括從開羅南郊到蘇丹邊境的尼羅河谷。氣候炎熱乾燥，農田用尼羅河的水灌溉。下埃及是埃及的政治、經濟和文化中心。習慣上指的是開羅和北部的尼羅河三角洲地區。

第三章　植物和動物對沙漠條件的適應

水和鹼性溶液中提取淡水,因此能夠生活在黑色的鹼性土壤中,以及乾燥湖泊和封閉盆地周圍被鹽覆蓋的白色區域。我用纖維素、膠水和明膠製成膠囊進行實驗,模擬活性植物細胞的某些活動。其結果是,旱生植物的這種篩選作用,由於它們細胞中存在某種類脂質或含磷的脂肪物質而成為可能。

多汁植物顯然最適合在間或有大量雨水的地方生長。植物可以吸收和儲存水分。這種情況在北美乾旱地區普遍存在。這些地區常見的仙人掌就是儲水植物的一個顯著的物種。在遠離海岸的地區,或者在「大陸性」氣候普遍的地方,冬至期和盛夏可能會出現大量降雨,雖然每年的總降雨量可能很少。然而,在雨季,土壤是完全溼潤的。此時,大量的雨水可能會從斷斷續續的溪流中流出。這些溪流在一年的大部分時間裡都是乾枯的河床。

照片 60　亞利桑那州聖卡塔琳娜山腳下的植被。
仙人掌樹、帶刺的豆科灌木、豆科植物的尖刺灌木
是金合歡屬植物最顯著的形態。

第五篇　沙漠及其植物

照片 61　加利福尼亞州莫哈維沙漠，沿莫哈維河乾涸的河道生長的典型植被。

　　有限時期內的強降雨並不能保證多汁植物的正常生長。將墨西哥索諾拉和亞利桑那州南部的沙漠與位於北美西南部一系列乾旱盆地的最南端，包括著名的死亡谷在內的莫哈維沙漠進行比較，就能清楚地說明這一項事實。在亞利桑那州和墨西哥的乾旱地區，夏至和冬至都有降雨。這些地區的氣候使大量的植物物種在兩個季節生長活躍。2月和3月降雨，7月和8月再次降雨，使土壤徹底溼潤，從而提供植物可以吸收的水分。在這樣的沙漠環境下，如人們預期，也如上所述，無數多汁植物，主要是仙人掌科，出現在這些地區，並構成了那裡大部分的植物群（照片60）。但現在想想莫哈維沙漠，那裡也有充足的降雨。它與亞利桑那州和索諾拉生長仙人掌的沙漠海拔相同，但由於它靠近大海，以及周圍山脈的構造，它的大部分降雨都發生在冬季，即低溫時期。在溫暖的季節，只有在很少的時間間隔內，大暴雨才會導致山坡和盆地被淹沒。因此，土壤只有在植物根系

第三章　植物和動物對沙漠條件的適應

不活躍的寒冷季節才會溼潤。隨著3月和4月天氣變暖，新的吸收細根形成。但鬆散土壤的含水量隨後因該地區的氣溫升高和高氣壓而迅速耗盡。因此，該地區的植物只能獲得冬季降水的殘餘部分和不確定且罕見的夏季大暴雨。這樣能夠生長的多汁植物很少，其中包括仙人掌科的少數物種（照片61）。然而，沒有一種長得高大，也沒有一種數量充裕。

多汁植物的汁液不像多刺的灌木那樣濃稠，滲透壓只有3至15個大氣壓。但植物細胞的吸力足以在短時間內迅速吸收大量水分。因此，直徑為0.3至0.6公尺的亞利桑那州巨大的仙人掌樹幹，在初夏乾旱季節尾聲，一天一夜的暖雨過後，其樹幹直徑可能會膨脹達2.5cm。這種仙人掌和其他類型的仙人掌的巨大樹幹，以及仙人掌屬植物的扁平莖，如果得不到進一步的供水，也可以容納足夠的水來滿足植物一、兩年的需求。桶形仙人掌（照片59）的標本已經在桌子上放置了5年，植物的整個表面，包括根，都暴露在空氣中。之後，將其根部置於土壤中，給它在被連根拔起之前所習慣的數量和頻率的水分，植物就恢復了正常生長。僅靠自身累積的水分和養分生存的沙漠植物最長生存時間紀錄，是由一種原產於索諾拉北部，塊狀基部增厚的笑布袋屬植物[113]創造的。我把它放在博物館的架子上保存了13年。這種植物屬於葫蘆科，它的多年生的莖的基部形成一個圓形的腫塊，大如一頂紳士帽的頂部。這種圓塊有很好的防水性，因此水分無法從中逸出。裡面不僅累積了水分，而且也累積了澱粉和其他營養成分，其數量和重量遠大於每年生長的細莖。

1903年上半年，在紐約植物園博物館的一個陳列櫃的架子上，放了一個這種塊狀基部的標本，表面上看起來像一塊多節的木頭一樣沒有生命。那一年的夏天，長出了幾枝幾公分的綠色細莖，然後沒有開花就枯死了。第二年夏天和此後的每一個夏天都重複著該過程，直到1916年。木本塊

---

[113]　即 Ibervillea guarequi 其中有谷雷、紅果蔓、眼子菜等。

莖儲存了足夠的水和養分，13 年間不停地生長。如果植物是露天的，平臥在地上，那麼許多小細根就會進入土壤，每年夏天經由補水保持水分平衡。這種小根通常在溫暖季節結束時就會枯萎。因此，旅行者可能會發現只略微嵌入土壤中的儲藏塊莖，通常是在樹下。在那裡，除了夏天雨季的 60 至 80 天外，其他時間它們看起來像是沒有生命的木材塊。此時發育的葉狀嫩枝在最早的膨大部分死亡，並很快脫落。

這就是植物對沙漠中特有的氣候和土壤條件所做的調整。當我們下次再看到仙人掌時，我們會明白它演化而來的果肉狀莖及堅硬的分枝其背後的原因，也會理解為什麼這種演化是必要的，以及相對於更潮溼地區的闊葉植物，它們長出濃密的、空隙極小的刺，幾乎沒有蒸發的表面這背後的原因。沙漠植物不過是大自然無情邏輯的另一個證據。

■ 沙漠動物對沙漠植物的適應

作為結束語，我們可能會問沙漠動物是如何適應沙漠植物的。越來越多可靠的證據顯示，亞洲、非洲及北美洲的某些大型動物可以長期以植物中所含的水分為食，以維持正常生活。一些沙漠囓齒動物能夠以堅硬種子為食，存活數月。種子中水分與脫水重量的比例遠低於 10%。眾所周知，美洲沙漠中的許多動物都以仙人掌的軟組織為食，而仙人掌的水分占其總重量的 95%。

人和馬都不太適應沙漠生活，因為二者每天都需要大量的水。在夏季，人走在亞利桑那州、加利福尼亞州或墨西哥的沙漠中，每 24 小時要消耗體內水分總量的 1／10 至 1／8，即 8 至 10 公升的水。同樣的時間，一匹馬要消耗 40 至 50 公升的水。多汁植物的汁液足以為牛、羚羊、老鼠、鹿或野豬提供緊急飲水。但汁液通常含有苦味，即使在極度口渴的情況下也不適合人類飲用。然而，幾種桶形仙人掌的白色組織中含有的有害物質極少，因此少量食用可以緩解人的口渴而不會造成傷害。人們發現，北美

第三章　植物和動物對沙漠條件的適應

西南部的印第安人在一年中較熱的季節長途跋涉時，經常用桶形仙人掌來解渴。方法是用石頭敲開卵狀塊莖的頂端或用刀將其切去，然後用石頭或重木樁的末端反覆擊打髓和皮層的最上面部分，將其搗碎，然後將汁液從塊莖中擠壓到容器中或擠壓到上述過程形成的莖的空腔中。

照片 62　在墨西哥索諾拉的加利福尼亞海灣附近生長的燭臺樹（圓柱屬圓柱木）。

很容易理解沙漠對於植物和動物生命的重要作用，因為所有的生物組織都含有 99% 以上的水。最早的生命形式漂浮在水池中、嵌入軟泥中或處於沼澤和溼地中。在那裡，原生質內外的水一樣多。隨著植物和動物從它們的原始形態不斷演化，它們似乎在向地平線上的四面八方遷移。遷移的一個主要趨勢顯然不可避免：由於初期生命占據了地球表面水分最多的區域，它們只能在演化過程中移動，占據水較少的區域。某些動物，包括人類，可能會移動到更乾燥的地區。但是植物，是不能移動的。為了利用沙

漠，它們必須不斷調整以便在乾旱條件下繼續生存。刺狀灌木、肉質仙人掌、貯藏根增大的藤本植物，以及所有從鹽鹼土壤中吸取養分的物種都做到了這一點。因此，它們代表著與原始祖先最大限度的背離。在生物適應環境的道路上，沙漠植物是所有生物體中走得最遠的。雖然我們可能看不出這一點，但它們獨特的植物生命對我們來說是沙漠魅力的一個元素。沙漠全景包括遙遠的地平線、被風吹乾的大片土地、深色調的岩石和山脈、熾熱的陽光和閃閃發光的海市蜃樓。所有這些都沐浴在持續不斷的高溫和色彩的漩渦中，暗示著一個狂暴且尚未征服的世界。在這種惡劣的環境中，披荊斬棘的植被強行闖入，表現為堅韌的葉子、硬結的莖幹和儲水能力。這是它們在一片與祖先截然不同的土地上的立足方式。

表中顯示了1908年阿爾及利亞沙漠蒸發量與降雨量的比率（按季節和站點），以及該年各站點的平均比率。

站點	冬季	春季	夏季	秋季	年度
沿海：					
內穆爾	2.69	44.09	24.1	7.4	3.0
獵鷹角	1.83	8.75	58.6	16.3	3.7
奧蘭	2.54	3.7	71.0	7.95	4.2
阿爾及爾	1.0	7.96	86.4	2.44	1.8
布扎里亞	0.58	3.0	28.5	1.45	0.93
邁宗－卡雷	0.62	5.0	117.4	1.48	1.5
特貝薩	0.39	1.4	83.2	1.67	1.1
臺形土墩（阿特拉斯山）：					
國家要塞	0.73	8.2	38.3	6.0	2.2
西迪－貝爾－阿貝斯	0.69	1.0	3.5	3.9	1.9
賽達	1.8	2.1	0.35	3.6	4.4
巴透納	4.7	4.05	88.2	2.8	6.0

站點	冬季	春季	夏季	秋季	年度
高原：					
布薩達	5.9	7.0	76.0	9.2	11.0
巴里卡	4.1	6.6	93.5	35.2	12.2
艾因－塞弗拉	1.4	12.5	67.9	18.5	11.1
熱里維爾	7.0	9.8	20.8	3.2	3.5
沙漠：					
艾格瓦特	6.0	73.2	271.6	64.6	17.0
蓋爾達耶	154.9	416.3	293.7	195.9	59.7
瓦德阿勒格	68.3	354.0	485.2	109.5	63.0

轉載自 W・A・坎農。《阿爾及利亞撒哈拉沙漠的植物特徵》(*Botanical Features of the Algerian Sahara*)，華盛頓卡內基研究所出版品 178，第 10 頁，1913 年。

第五篇　沙漠及其植物

1908年阿爾及利亞沙漠蒸發量與降雨量之比表（按月分和站點）

站點	一月	二月	三月	四月	五月	六月	七月	八月	九月	十月	十一月	十二月
內穆爾	1.07	1.3	1.39	1.9	131	5.4	23.6	43.3	8.6	3.1	10.6	5.7
獵鷹角	1.5	1.8	1.46	16.0	8.8	10.3	29.7	136.0	38.1	1.9	8.9	2.2
奧蘭	1.3	1.9	1.6	1.3	17.4	8.5	59.0	146.0	18.0	2.45	3.4	4.4
阿爾及爾	0.63	1.3	0.5	1.1	22.3	11.7	219.0	28.8	5.07	1.06	1.2	1.1
布扎里亞	0.57	0.67	0.22	0.56	8.3	4.8	53.7	27.1	3.4	0.2	0.76	0.5
禣宗－卡雷	0.72	0.64	0.55	1.1	13.5	11.8	149.0	12.0	5.2	0.9	0.35	0.51
國家要塞	0.72	0.29	0.34	0.58	3.7	192	42.5	15.5	2.7	1.6	0.71	0.16
西迪－貝爾－阿貝斯	0.63	0.76	0.6	1.1	18.8	18.5	77.8	37.8	14.8	1.4	1.9	0.8
賽達	0.67	0.64	0.36	0.83	2.2	6.9	86.7	12.1	4.7	5.8	1.2	0.78
巴透納	1.6	2.3	1.5	2.5	46.5	33.4	24.4	7.6	3.5	4.9	2.6	1.6
特貝薩	4.6	6.05	21.2	3.9	252.0	2.8	9.8	14.8	1.1	3.9	3.5	3.7
布薩達	4.05	5.4	12.1	2.9	6.1	165	43.5	19.5	8.3	13.9	5.6	8.3
巴里卡	2.4	8.7	9.9	5.0	5.03	270	6.1	4.1	11.4	3.7	90.6	1.3

第三章　植物和動物對沙漠條件的適應

站點	一月	二月	三月	四月	五月	六月	七月	八月	九月	十月	十一月	十二月
艾因－塞弗拉	9.2	21.5	1.5	23.8	12.4	63.1	16.4	124.0	328.0	14.7	13.2	1.2
熱里維爾	6.3	1.9	2.1	23.9	2.5	16.7	22.5	23.4	3.4	2.1	4.1	3.9
艾格瓦特	3.09	4.7	9.8	203.0	7.0	373	421.0	21.0	25.9	14.2	154.0	104.0
蓋爾達耶	8.9	233.0	81.4	529.0	38.9	699	166.0	25.6	66.9	23.2	49.7	225.0
瓦德阿勒格	53.9	27.7	67.0	629.0	369.0	465	509.0	482.0	68.6	46.1	215.0	123.0

轉載自 W・A・坎農。《阿爾及利亞撒哈拉沙漠的植物特徵》，華盛頓卡內基研究所出版品 178，第 10 頁，1913 年。

第五篇　沙漠及其植物

第六篇
植物對輻射能的依賴

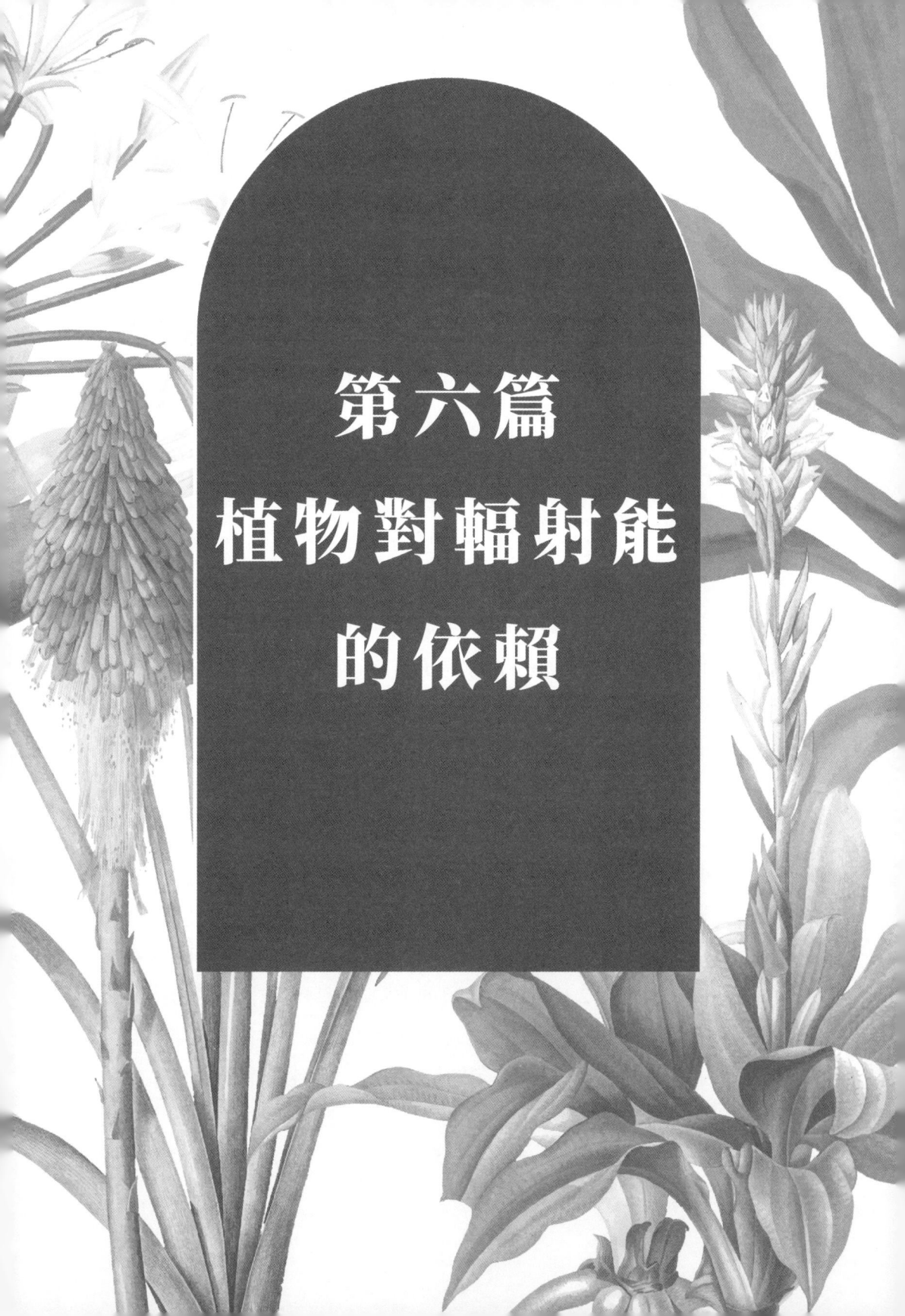

第六篇　植物對輻射能的依賴

第一章
光與植物營養

　　如果沒有太陽的輻射能，植物就無法完成它們每天將礦物質和其他無機物轉化為食物的奇蹟，地球上就不會有生命。輻射能對植物的影響是複雜的，科學在這一門學科的研究方面一直相當遲緩。但人們已經了解了許多有趣的且具有經濟價值的東西。

　　作為我們討論這些問題的背景，我們應該了解，通常所理解的光僅限於非常窄的輻射能波段。這些源於原子內部的能量干擾波具有不同的長度，經過太空傳輸。正如每一秒鐘空氣波的數量決定了耳朵所能辨識的音高，光波的長度決定了眼睛所能識別的顏色。較長的波帶給我們紅色的感覺，較短的波帶給我們藍色和紫色的感覺。人類的耳朵無法辨識音階上的某些高音。同樣地，人類的眼睛也無法辨識比我們稱之為可見光的光波更長或更短的輻射能波。

　　可見光譜只占龐大的電磁光譜中很小的一部分。這一個龐大的系列從極短的、由放射性物質，如鐳產生的短伽瑪波一直延伸到長無線波。在無線電報中，使用長度 2 萬至 3 萬公尺的波長。而另一方面，最短的伽馬射線的波長長度約為 1 公尺的兆分之一。如果在龐大的電磁波譜中發現的這個波長範圍用 1,448 公里表示的話 —— 從華盛頓到洛杉磯的航線距離 —— 那麼可見光譜覆蓋的長度只是一公分的極小部分。在小的可見光譜之外，一邊是紫外線、倫琴射線或 X 射線、伽馬射線和宇宙射線；另一

邊是紅外線，即所謂的熱輻射，赫茲波和長無線波。

在考慮植物與輻射能的關係時，除了光的波長（也許應該用輻射能這個詞而不是光）之外，還有兩個因素需要考慮。其中之一是能量的強度；另一個是植物暴露在特定輻射下的時間長度。化學家、物理學家和植物生理學家對這三個因素進行了大量的研究，包括持續時間、強度和波長 —— 有時被稱為質量。

並不是所有的植物都直接依賴輻射，因為並不是所有的植物都能自己製造養分。不能的那些是以死亡或腐爛的有機物為食的腐生植物，和以其他動植物的身體組織為食的寄生植物。這兩類植物都不需要光照，所以我們發現腐生蘑菇和毒菌在黑暗的洞穴中茁壯生長；寄生細菌生存在人類和其他動物黑暗的體內。所有這些植物都缺乏綠色色素／葉綠素。藉助於陽光，葉綠素能使植物由無機物、水和二氧化碳合成養分。這裡我們感興趣的是綠色的或具有葉綠素的植物。

■ 光與光合作用

人和所有其他動物一樣，從食物中獲取生長、繁殖和其他生命過程所需的足夠能量和必要的組成物質。提供這些物質所必需的養分是碳水化合物、蛋白質和脂肪。綠色植物從類似的養分中獲得相同的物質。但是它們還能做一件事，那就是在所有生物中只有它們能做 —— 即獨自製造自己的養分。綠色植物製造碳水化合物（糖和澱粉）的過程被稱為光合作用 —— 經由光來組合。讓我們來看看這個獨特而重要的製造過程有什麼特點。

在植物中可能還有很多其他的光化學反應。但是光合作用僅僅指碳水化合物的生成。這個過程也被稱為碳同化，因為在這一個過程中吸收了大量的二氧化碳（CO_2）。人們還沒有完全了解光合作用中發生的確切化學反應。我們知道所需的原料是二氧化碳和水。

光、葉綠素和適當的溫度條件（通常 0°C 至 46°C）對這一個過程非常

重要。超過這一個溫度範圍,光合作用就會停止或進行得非常緩慢。

我們還知道,早期形成的產物之一是葡萄糖($C_6H_{12}O_6$)。化學家表示這種反應的簡單方法是:

$$6CO_2 + 6H_2O \xrightarrow[\text{葉綠體}]{\text{光}} C_6H_{12}O_6 + 6O_2$$

很明顯,葉綠素不是作為原料或副產物進入反應的。它顯然是一種催化劑[114],也就是說,它影響化學反應的速度,但它本身保持不變。

幾年前兩位科學家,里夏德・維爾施泰特[115]和亞瑟・施托爾[116]經由他們出色的研究工作大幅地增加了我們對葉綠素的了解。葉綠素是由碳、氫、氧、氮和鎂構成兩種不同的色素,其比例如下:

葉綠素 a　$C_{55}H_{72}O_5N_4Mg$

葉綠素 b　$C_{55}H_{70}O_6N_4Mg$

葉綠素 a 約占全部綠色色素的 72%,葉綠素 b 占其餘 28%。雖然鐵的存在對葉綠素的形成十分必要,但在這兩種色素的分子中都不存在鐵。缺乏鐵會導致植物顏色變淺或變黃。這種情況已經在針葉樹幼苗和鳳梨樹中得到改善,方法是向它們噴灑鐵鹽溶液。

---

[114] 費城的威廉・F・G・斯萬博士(William F. G. Swann)對催化劑的性質作了一個有趣的說明。他的故事是這樣的:一個阿拉伯人臨死時,以一種奇怪的方式留下了他的遺產:一半給他的大兒子,三分之一給他的次子,九分之一給他的小兒子。然而,遺囑執行人有些尷尬地發現,遺產包括 17 頭駱駝,這個數字不能被 2、3 或 9 整除。在這種困境中,他們向酋長求助。後者說:「雖然與我們死去的兄弟相比,我只是一個窮人,但我非常願意滿足他的臨終願望,因此我會在他的遺產中添上一頭駱駝。那麼長子將得到 18 頭的一半,也就是 9 頭駱駝,這比我們哥哥計劃的要多;老二有 6 匹駱駝,最小的有 2 匹,每人都比我們兄弟計劃的多。現在請看阿拉對慷慨的祝福!瞧!9 隻駱駝,6 隻駱駝,2 隻駱駝,共 17 隻駱駝,我的駱駝仍然是我的。」

[115] 里夏德・維爾施泰特(Richard Martin Willstätter,西元 1872 ~ 1942 年),德國有機化學家,1915 年獲諾貝爾化學獎。

[116] 亞瑟・施托爾(Arthur Stoll,西元 1887 ~ 1971 年),瑞士生物化學家,以其在製藥領域的重大貢獻而聞名。

第一章 光與植物營養

　　現在，為了探討輻射與光合作用的關係，我們發現光合作用過程所需的光的強度因植物而異：有些植物在美國西南部沙漠的高光照強度下，光合作用奏效；其他植物在茂密森林地面微弱的光線下生長得最好。一種奇特的小苔蘚（光蘚屬紫其科）生長在光線非常微弱的洞穴裡。為小苔蘚安裝一塊格子板，組成透鏡電池，能夠將散射光聚焦在它的葉綠素載體（葉綠體）上，從而提供了一種在地球上光線非常昏暗的角落進行光合作用的方法。

　　植物表現出無數適應各種光照強度的能力。例如，英國常春藤將葉子排列成馬賽克圖案，使最大的區域暴露在陽光下。而羅盤草和野生萵苣在傍晚，當光照強度最弱時，葉片平坦的表面能夠接收最大的光照；在中午，當光照最強時，葉片邊緣朝向太陽。甚至含有葉綠體的細胞的形狀和排列也是如此。結果，暴露在光照下的葉綠素的數量也會發生變化，如圖51所示。

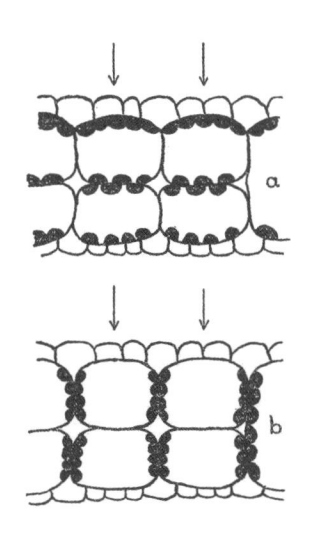

圖51　葉子的橫截面，顯示葉綠體在漫射光中的位置 (a) 和
在強光中的位置 (b)。箭頭指示光線照射的方向。

引自施托爾

在自然條件下，陽光的強度從晚上的 0 到中午最亮的 10 英呎燭光不等。一英呎燭光是指在一英呎遠的距離一支「標準蠟燭」光的強度。大多數植物光合作用所需的強度遠低於最大陽光強度。近年來，在電燈的人造光源下種植植物獲得了一些非常有趣的結果。例如，在低至 2,000 至 3,000 英呎燭光的強度下生長的植物，其外觀完全正常。即使在更低的強度下，光合作用也頻繁進行。光的波長或顏色在光合作用中也發揮決定性的作用。如果一束白光穿過稜鏡，它就被分解成一系列被稱為光譜的彩色光。這些顏色對應著不同長度的能量波。典型顏色的波長大致如下：

紅色　0.650 微米 [117]

橙色　0.600 微米

黃色　0.580 微米

綠色　0.520 微米

藍色　0.470 微米

紫色　0.410 微米

任何見過彩虹或光譜的人都知道，一種顏色會逐漸融入另一種顏色。將一片綠葉或葉綠素的酒精溶液置於白光光束中，然後透過稜鏡，其光譜看起來就會完全不同。一個漆黑的暗區會遮住相當一部分的紅光部分，而另一個則遮住藍色和紫色的大部分地方（照片 63）。這意味著葉綠素有能力吸收一部分紅光和大部分藍光和紫光。

並非所有波長或顏色在光合作用中都同等重要。將光透過稜鏡後照射在一片之前放在黑暗中的葉子上，並仔細觀察葉子上被各種顏色覆蓋的部分，就可以說明上述觀點。如果葉子用酒精漂白並用碘染色，紅色、藍色和紫色光照射的部分將被染成藍色或黑色，表示存在碳水化合物、澱粉。

---

[117]　微米是長度的單位，等於 0.001 毫米或 0.00001 公尺。

第一章　光與植物營養

必然的推論是，與紅色、藍色和紫色部分相對應的波長在光合作用中比其他波長更有效。具體地說，在葉綠素產生碳水化合物的過程中，大致對應於 0.640 至 0.680 微米的紅色波長，0.475 微米的藍色波長至可見光譜末端的波長的輻射能是非常重要的能量來源。

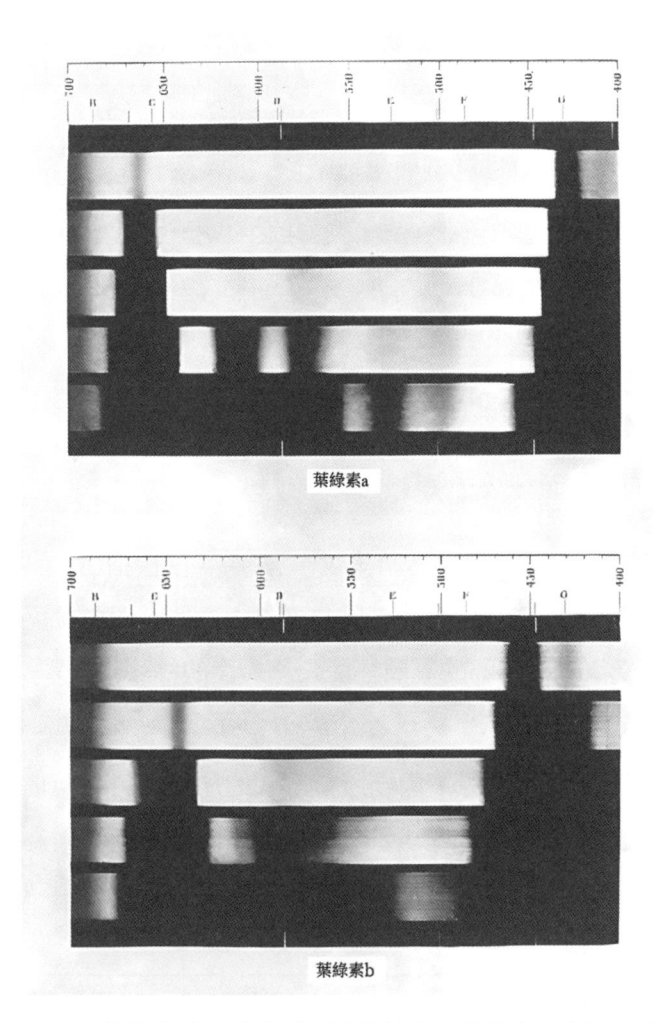

葉綠素a

葉綠素b

照片 63　兩種葉綠素的吸收光譜。連續的水平條代表了穿過深度不斷增加的溶液後的一系列光譜。紅色或較長的波長在左邊；紫色或較短的波長在右邊。

引自維爾施泰特和施托爾

第六篇　植物對輻射能的依賴

這個植物食品工廠利用太陽能的效率如何？兩位英國科學家，賀拉斯·特伯勒·布朗[118]和埃斯科姆[119]，做了一項非常有趣的研究。他們測量了葉子所接收的能量，然後試圖解釋它的分布和使用。把所有接收到的能量視為100%，在一個案例中，其利用率可表示如下：

	百分比	百分比
光合作用所消耗的能量…………………	0.66	
從葉子中蒸發水分消耗的能量（蒸散作用）…………………	48.39	
作功消耗的總能量…………………		49.05
能量傳輸（穿過樹葉的輻射能）………	31.40	
熱傳導到周圍環境所損失的能量………	19.55	
沒有用於葉子作功的總能量…………		50.95
要計算的總能量…………………		100.00

最近，芝加哥大學的喬治·哈里森·舒爾[120]教授指出，葉子能量損失的另一個重要因素是反射。在他自己的實驗中，他發現由於反射，顏色最深的綠葉損失了6%至8%的光照，而顏色最淺的綠葉損失了20%至25%的光照。

能量通常用熱能來衡量，因為所有形式的能量都可以轉化為熱能。運動的能量，例如移動的汽車的能量，可以使用制動器而轉化為熱能，並經由記錄制動鼓釋放的熱量來測量；電能可以經由一根小導線轉化為熱能，

---

[118] 賀拉斯·特伯勒·布朗（Horace Tabberer Brown，西元1848～1925年），英國化學家。他將科學方法應用於釀造技術，發揮了重要作用，被認為是現代釀造科學的奠基人之一。
[119] 埃斯科姆（Fergusson Escombe，西元1872～1935年），英國植物學家。在植物光合作用和氣體交換領域做出了重要貢獻。
[120] 喬治·哈里森·舒爾（George Harrison Shull，西元1874～1954年），美國植物遺傳學家，被譽為「雜交玉米之父」。

並觀察導線溫度的升高;多年前照射在地球上的太陽光能量以煤的形式保存,經由燃燒煤可以很容易地轉化為熱能;甚至我們每天食用麵包的能量都是用熱能來計算的。現在很容易從既有的表格中確定每一種食物每天必須吃多少,才能為我們的身體提供適合工作類型的能量。科學家使用的熱能單位是卡路里。它表示將一克蒸餾水的溫度從 15°C 升高到 16°C 所需的熱量。

俄亥俄州的埃德加・尼爾森・特蘭索[121]教授根據 6 月 1 日至 9 月 8 日(100 天)的生長量,針對 4,046 平方公尺(一英畝)玉米(10,000 株)的能量收支進行了一些有趣的計算。以下是能量收支摘要:

	卡路里	卡路里
可用的總能量…………………		2,043,000,000
光合作用所消耗的能量………	33,000,000	
用於蒸散作用的能量…………	910,000,000	
消耗的總能量…………………		943,000,000
植物不直接使用的能量………		1,100,000,000
(呼吸釋放的能量,8,000,000 卡路里。)		

對這些數字的研究顯示,植物使用了大約 46% 的可用能源,而環境則占了 54%。他從計算中得出的有趣結論是:

在生長季節,一英畝 100 蒲式耳玉米需要大約 408,000 加侖的水。

這些水的蒸發消耗了大約 45% 的可用光能。

在光合作用中,玉米植株使用約 1.6% 的可用能量。

一英畝 100 蒲式耳玉米平均每天製造 200 磅糖。

---

[121] 埃德加・尼爾森・特蘭索(Edgar Nelson Transeau,西元 1875 ~ 1960 年),美國生物學家、植物學家和生態學家。他在植物呼吸測量和太陽能轉化為葡萄糖的效率研究方面做出了開創性貢獻。

在製造的糖中，近 1／4 在呼吸作用中被氧化。

成熟時，穀物中含有光合作用所用總能量的大約 1／4，即可用能量的約 0.5%。[122]

在對植物能量收支的研究中，有一個事實最為顯著，那就是植物的效率非常低。可以肯定的是，在當前大規模生產以及產品極其豐富的時代，不會容忍像綠色工廠那樣效率低下的人造機器。然而，人既然還不能做植物的工作，就很難有資格提出負面的批評。

■ 光對於吸收碳以外元素的影響

正如我們所說，光合作用僅指綠色植物產生碳水化合物。由光合作用的早期產物 —— 單糖，即葡萄糖，可以構成其他碳水化合物。像澱粉、蔗糖、纖維素或木頭等物質與葡萄糖的成分相同，只是數量和比例略有不同。植物如何獲得其他養分，如蛋白質和油脂？顯然，它們是由碳水化合物和從土壤中吸收的某些無機元素構成的，主要包括氮、磷、鉀、鈣、硫和鎂。這些元素存在於農民常用的肥料中。將這些元素的原子與碳水化合物適當地結合在一起，綠色植物就能夠形成所有生命所必需的有機食物。

植物利用無機物質作為養分原料是相對較晚的發現。在古代，人們認為植物養分完全由腐爛的動物和植物殘骸組成 —— 這一項觀念可能基於有機物質只能來源於其他有機物質的理論。但在西元 1699 年，實驗人員開始在純淨水和含有少量溶解物質的水中種植植物。

西元 1840 年，德國著名化學家尤斯圖斯・馮・李比希[123]大膽宣布，植物的營養物質不是腐爛的有機物，而是氮、磷酸鹽和鉀鹼等無機物。自李比希時代以來，人們在含有多種溶解礦物質的水中進行了許多植物生長

---

[122] 1 蒲式耳約 25 公斤；1 加侖約 3.78 公升；1 英畝約 4,000 平方公尺；1 磅約 0.45 公斤。

[123] 尤斯圖斯・馮・李比希 (Justus Freiherr von Liebig，西元 1803～1873 年)，德國化學家，其最重要的貢獻在於農業和生物化學，並創立了有機化學。

的實驗,並獲得了許多有關植物養分物質的確切知識。照片 64 顯示了如何在水中成功地培育番茄。這種工作與施肥有直接的影響。

因為除非人們知道植物生長需要什麼,否則為它施加無用的養分可能既浪費時間又浪費金錢。

照片 64　在水中種植的健康番茄。根從水溶液中吸收了必需的礦物質元素,一直沒有與土壤接觸。

到目前為止,我們已經提到了碳、氫、氧、磷、鉀、氮、硫、鈣、鐵和鎂這些植物生長所必需的元素。從植物的養分中刪除任何一種都會導致生長嚴重扭曲,繼而死亡。例如,缺乏磷,植物會變成深綠色或紫色,最終死亡;沒有鈣,莖的生長點在幾天內就會死亡;缺少氮或鐵,植物會變成淡綠色或黃色;鉀缺乏通常表現為葉片上出現小斑點或壞死(照片65)。

| 第六篇　植物對輻射能的依賴

照片 65

左圖，番茄葉子上出現斑點，這是植物養分中缺乏鉀元素的結果；
右圖，顯示的是正常的葉子。

　　在植物所需的基本元素清單中，近年來還增加了其他幾種。隨著技術的改進和高純度化學物質的使用，人們發現，除非提供植物極少量的鋅、錳和硼等某些物質，否則植物將無法正常生長。而鋅、錳、硼等物質的含量過大，就會產生劇毒。舉個具體的例子，番茄在缺乏硼的溶液中無法生長，硼是硼酸中的一種元素。然而，如果將一份硼添加到200萬份溶液中，浸泡植物的根部，結果植物的生長非常驚人。照片66顯示了兩株番茄。兩株植物生長的溶液完全相同，只是在右邊的溶液中添加了少量硼酸形式的硼。

　　植物的根是如何吸收這些無機物質的，這一個問題在研究者中引起了很大的爭議。可以肯定的是，這些元素的微小粒子（離子，甚至分子）常常經由擴散的過程進入根部。在一杯水中滴一點墨水，它就會擴散到水中各個部位，最後每一點都被同樣地稀釋。這就是擴散。擴散是由於粒子的整體運動是由濃縮狀態變為稀釋狀態。以類似的方式，鈣、鉀和其他無機

第一章　光與植物營養

元素的顆粒從土壤水溶液擴散到多水的植物細胞內部。然而，這個過程與一杯水中的墨水的擴散不同。植物細胞被細胞膜包裹著，在某些條件下，細胞膜使許多小顆粒難以通過，即使有一條連續的水路連接內外。植物細胞膜對溫度、光、化學環境和電的條件變化非常敏感，並作出相應的反應。每一種元素進入細胞膜內，並不受水進入細胞速度的控制，而主要取決於細胞膜和細胞液的特性。

照片 66　在相似的溶液中生長的番茄植株。不同的是，在右邊植株的溶液中，200 萬份水中加入了一份硼。

水可以以一種速度進入，而無機元素則以另一種速度進出。這有點像船隻駛入或駛離港口而不受潮汐方向的影響。一種特定的元素在細胞內累積，因此單位體積內的這種元素的粒子比細胞外的多，這種情況經常發

生。請注意，這種運動不能僅用擴散來解釋，因為如果這就是整個事情的原委的話，那麼粒子就會向外移動。顯然，光，正以某種人們尚未完全理解的方式影響著這種移動。也許它會導致細胞液或細胞膜本身的變化。英國著名的羅瑟姆斯特德實驗站負責人愛德華・約翰・羅素爵士[124]指出，「番茄在陽光充足的季節比在陰沉寒冷的季節對氮肥的反應更靈敏，但在陰沉寒冷的季節比在陽光充足季節對鉀肥的反應更靈敏。」

研究植物吸收礦物元素的基本過程，是加州大學丹尼斯・羅伯特・豪格蘭[125]教授及其同事進行一系列有趣實驗的主要目的。麗藻是一種水生植物，被選為這一項研究的對象，因為它的細胞很大（長度 1.2 至 7.5cm 不等）。當這些細胞被刺穿時，比較容易擠出細胞液，又不會被壓碎的細胞壁和其他細胞結構汙染。實驗選擇的化學元素是溴，因為濃度低時，溴對植物細胞實際上是無毒的，而且通常在植物的汁液中不存在溴。這些植物是在營養液中生長的，其中添加了非常少量的溴元素。把一些植物放置在黑暗中，另一些暴露在光照下。

當擠出汁液分析時，發現從光照細胞中提取的汁液的溴含量，是黑暗細胞中提取的汁液溴含量的 4 倍。第二組細胞汁液中的溴濃度並沒有比細胞周圍溶液中的溴濃度更高。另一方面，受光照細胞汁液中的溴濃度遠高於它們生長的培養基的溴濃度。研究人員還發現，將光照強度增加 1 倍，溴的吸收增加 30%。

豪格蘭教授的話很好地總結了上面的論述。「現有的證據都顯示，某些無機元素可以從稀釋的溶液中提取出來，儲存在細胞內濃度更高的溶液中……顯然，光為這一套系統提供能量。而且似乎有必要認為，在適當

---

[124] 愛德華・約翰・羅素爵士（Sir Edward John Russell，西元 1872～1965 年），英國土壤化學家、農業科學家。他對現代農業科學的發展做出了重要貢獻。

[125] 丹尼斯・羅伯特・豪格蘭（Dennis Robert Hoagland，西元 1884～1949 年），美國植物生理學家、植物營養學專家。他在植物營養領域做出了重要貢獻。

的條件下,這些能量可以被儲存起來,可以用於使溶解物(溶解的礦物元素)從低濃度區域到高濃度區域的運動。」記錄在案的證據表明,對一些必要元素的吸收同樣受到光的影響,但確切的關係是一個尚未解決的重要問題。

儘管植物從土壤中獲取礦物質元素,但它們製造複雜養分的重要成分來自空氣。如前所述,二氧化碳從空氣進入植物中。很多葉子下面都有微小的開口,氣體經由這些開口進入寬敞的細胞內部。在那裡被毗鄰這些奇妙通道的潮溼的細胞壁吸收。二氧化碳氣體以溶液形式從這些細胞表面被帶入細胞,製造成碳水化合物——糖和澱粉。

葉子的結構是大自然系統的一個巧妙的例子。二氧化碳極易溶於水。因此,植物暴露出大片潮溼的表面來吸收二氧化碳,這對植物是有利的。但是,大面積的潮溼表面直接暴露在空氣中會導致植物大量的水分流失,從而降低生長速度並導致其他傷害。葉子的結構見第一篇。由於這個原因,葉子表面覆蓋著一層表皮細胞,通常這樣的構造,很少有水分可以從中蒸發。顯微鏡將向我們展示,植物在沒有過度流失水分的情況下如何獲得二氧化碳。大面積潮溼的細胞暴露在被稱為細胞間隙的大氣通道中。這些通道經由被稱為氣孔的微型呼吸器與外部世界相連。每一個氣孔都由兩個新月形細胞保護,即保衛細胞,它們根據需求打開或關閉氣孔。人們發現,當保衛細胞有足夠的水分供應時,在有光的情況下打開微型呼吸器,在黑暗中關閉。在照片67中,顯示了白天和夜晚不同時間,保衛細胞的位置和微小開口的大小。這似乎是合乎邏輯的,因為葉綠素在光照期間積極參與製造碳水化合物的過程,因此需要大量的二氧化碳。夜晚,養分工廠關閉,通道閉合。由此可見,光是幫助植物獲得製造糖和澱粉原料的極其重要的因素,也是該過程本身的必要條件。

第六篇　植物對輻射能的依賴

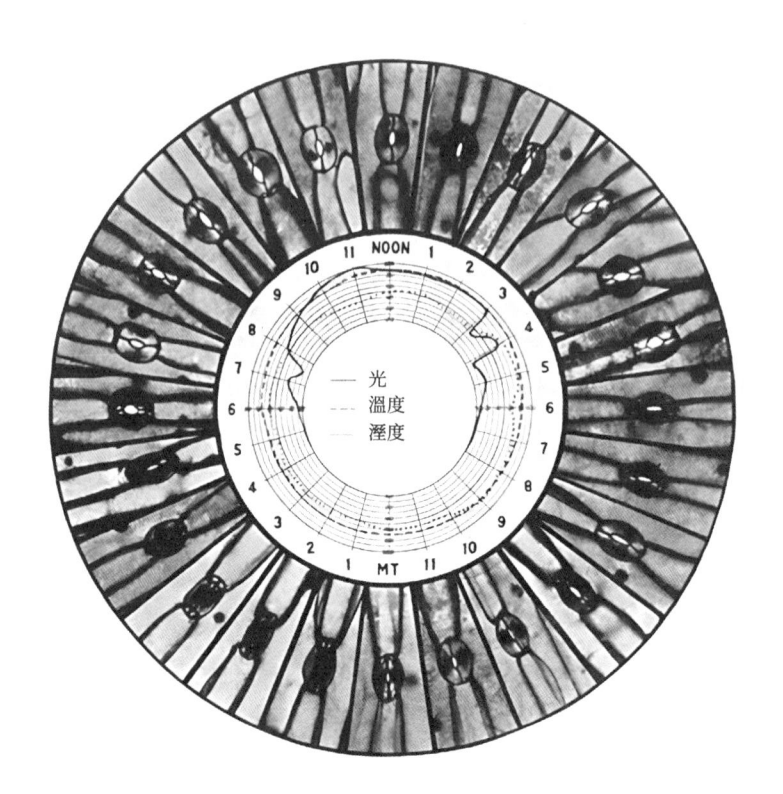

照片 67　光對氣孔打開、閉合的影響。
圖中所示為 24 小時內洋蔥葉片氣孔的反應（x240）。

華盛頓卡內基研究所洛夫菲爾德提供

第二章

光與生長

在室外自然條件下生長的植物，不斷地受到光照強度巨大變化的影響。在溫帶地區，這種強度從夜間的零度變化到晴朗天氣下中午的 10,000 英呎燭光[126]，每 24 小時重複一次。穿過雲層、大氣中塵埃顆粒的存在，甚至太陽本身的變化，都可能改變白天或幾天的光照強度。除了這些日常變化之外，還有季節性變化，例如北半球夏季的陽光比春季或秋季更強烈。植物必須能夠自我調整，以適應所有這些日常和季節性的光照強度變化。

前面已經提到過光照強度在光合作用中的重要性。在很大程度上，這個因素決定了植物生長的類型。在黑暗中植物的莖長得比在光照時更多，而長時間的黑暗會使許多植物長出很長的節間，幾乎完全抑制葉子的生長。同樣這些植物，如果在適當的光照條件下，就會有短莖和發達的葉子。在明亮的陽光下生長的葉子與在昏暗的光線下生長的葉子，結構上有明顯的不同。陰影葉較薄，細胞層組織發育不良。即使是同一株植物的葉子形狀也可能因遮光而改變。

圓葉風鈴草長出兩種葉子。基部葉子為圓形或心形，大部分在邊緣呈鋸齒狀，有長葉柄。莖葉在較好的光照條件下發育較晚，呈窄矛尖形，邊緣光滑，葉柄較短。如果徹底遮住陽光，這種植物將在其上部長出長柄

---

[126] 英呎燭光，照度的計算單位。是指距離一燭光的光源（點光源或非點光源）一英呎遠而與光線正交的面上的光照度，簡寫為 1ftc（1lm/ft2，流明／英呎 2），即每平方英呎內所接收的光通量為 1 流明時的照度，並且 1ftc=10.76lux。

葉，形狀類似於基部的葉子。

由於陽光強度的巨大變化，人們可能想知道什麼強度最適合植物的需求。當然，植物在這一方面有很大的不同。有些植物在光照條件下生長，而對其他植物來說可能是致命的。博伊斯・湯普森植物研究所對於在不同厚度的遮陽布遮擋下，戶外種植的番茄、菸草和蕎麥植物進行了一些有趣的測量。這些植物都是通風均勻，其他條件也盡可能保持相同。一塊遮陽簾遮擋80%的日光，另一塊遮擋53%，第三塊只遮擋26%。第四組植物在沒有任何遮擋的情況下生長。將這些植物脫水秤重，人們發現在盛夏減少一半的日照對重量影響不大。但從8月10日到9月30日，當光線較弱時，所有程度的遮光都會阻礙植物生長。博伊斯・湯普森研究所[127]在其他實驗中還發現，大量植物在40英呎燭光的極低光照強度下也能存活。當然，這對於植物正常生長來說太低了。雪莉博士指出：「低光照強度往往以犧牲花朵和果實為代價換取植物生長；以犧牲根的生長為代價換取頂部生長；以犧牲葉厚為代價換取大葉面積；以犧牲強健為代價換取多汁性。」

對植物生長有很大影響的第二個因素是光照時間。赤道以北，夏季日照時間多於黑夜。冬天，情況正好相反。在北方植物的生長季節，極地附近的白晝時間是赤道附近的兩倍。兩個極地之間也有相應的差異。另一方面，光強從兩極到赤道漸進增加十倍。人類最近才開始意識到，光照持續時間是植物生長的一個因素。經由人為地延長或縮短每天的光照時間，可以將植物生長類型控制到極高的程度。

美國農業部的懷特曼・威爾斯・迦納[128]和哈里・阿德爾・艾拉德[129]

---

[127] 博伊斯・湯普森研究所（Boyce Thompson Institute，簡稱 BTI），美國一家頂尖的生命科學研究機構，坐落於紐約州伊薩卡的康乃爾大學校園內。

[128] 懷特曼・威爾斯・迦納（Wightman Wells Garner，西元 1875～1956 年），美國科學家，他在植物生長和菸草的固化研究中做出了重要貢獻。

[129] 哈里・阿德爾・艾拉德（Harry Ardell Allard，西元 1880～1963 年），美國植物學家、植物病理學家，以其在光週期現象（photoperiodism）的共同發現以及對菸草花葉病毒和植物育種的研

曾用「光週期現象」一詞來表示植物對日照時間長短的反應。他們進行的大量實驗有力地證明，許多植物「只有在白天的時長在一定範圍內時才能達到開花和結果的階段。在這種情況下，開花和結果只發生在一年中特定的季節」。人們還發現，在介於只有利於植物生長，和只有利於開花結果之間的光照時段，往往會導致這兩種活動同時進行。這種綜合活動形式構成了通常所稱的「開花期」或「結果期」行為。光照期的長短是經由將植物放置在黑暗的棚內和棚外來控制的。在一些實驗中，將植物暴露於電燈下，以延長光照時間。

迦納和艾拉德的一組實驗說明了，植物對相關的光照和黑暗時長做出反應的奇特定位。實驗使用黃色的波斯菊。該實驗的過程是：植物的頂部在遮光室中生長，每天開放 10 小時；而下部完全暴露在日光下。結果，這些植物的上部按時開花，而下部繼續生長，沒有開花。其他植物的上部和下部也進行類似的處理，但是方式相反。在這種狀況下，上半部分植物生長，而下半部分開花。在另一些實驗中，植物的中間部分長時間暴露在日光下，而上部和下部則短時間暴露在日光下。其結果是，上、下段開花，中間段繼續處於生長階段。因此，光照時間的長短似乎在同一種植物中會產生局部性反應，其方式與在同一物種的不同植物中產生的反應大致相同。

幾年前，在馬里蘭州南部發現了一種新型菸草。每一棵植株都會長出很多葉子，具有很重要的經濟價值。這種物如其名的猛獁菸草（照片 68），在馬里蘭州的田間條件下通常不會開花結籽。夏季光照時間過長，而當白天短到足以開花時，溫度又過低。但是，如果在冬天將這種植物種植在溫室裡或更遠的南方，它就會開花和結籽。另一方面，如果冬天短暫的日照時間被溫室裡的人造光所補充，就不會開花（照片 69）。

究而聞名。

第六篇 植物對輻射能的依賴

照片 68 猛獁菸草，在馬里蘭州南部產量很高。白天日照時間長的情況下，不開花。

引自迦納和艾拉德

照片 69 光照時間對於冬季在溫室生長的猛獁菸草的影響。左邊的植物在正常的短日照條件下開花；用電燈補充日光時間的不足，使右邊的植物無法開花。

引自迦納和艾拉德

影響植物生長的第三個光變數是波長。這一點我們前面已經說過。人們很自然地認為陽光是白光。實際上，白光是多種顏色的混合體。也就是說，它是由大量不同長度的輻射能量波組成。多年前，艾薩克·牛頓[130]爵士將一束白光穿過稜鏡，證明了白光的組成。然後，光譜中不同的顏色被小鏡子反射到一點，再次組合成白光。陽光是由彩虹的顏色組成的，在中午通常看起來是白色的。利用分光變阻測熱計（一種測量不同光波強度的儀器），人們發現從中午到日落，太陽光的顏色組成變化很大。正午時分，穿過地球大氣層的陽光中，藍色的部分更強烈。但當太陽下落時，紅色發揮主導作用。在晴朗的夜晚，人的肉眼可以察覺到這種顏色的變化。光在晚上穿過厚厚的大氣層，使不易傳播的顏色——紫色、藍色和綠色減少，紅色成為主導色。季節的變化也會使日光的顏色組成發生變化。因此，很明顯，植物直接依賴太陽提供能量，大自然迫使它們在陽光的顏色、強度和光照時間不斷變化的條件下生長。

人們經常看到，許多植物的莖在夜間比在白天生長得更快。似乎白光減緩了莖的生長。構成白光的不同顏色的光也是如此，儘管每一種顏色的程度不同。在光譜的紫色端的短波長具有最大的減緩作用，較長的綠色和紅色波的影響較小。一般來說，植物在紅色玻璃器皿下會長得很高，而在藍色和紫色玻璃器皿下會長得很矮。此外，葉綠素的形成——即植物中形成的綠色色素的數量，在紅光下比在藍光或紫光下更快。由此可見，雖然某一特定範圍的波長對植物的一種功能（如長度的生長）是有益的，但對另一種功能（如葉綠素的產生）可能是多餘的，甚至是有害的。

---

[130] 艾薩克·牛頓（西元 1643～1727 年），爵士，英國皇家學會會長，英國著名的物理學家、數學家，百科全書式的「全才」，著有《自然哲學的數學原理》（*Philosophiæ Naturalis Principia Mathematica*）、《光學》（*Opticks*）。他在發表的論文《自然定律》裡，對萬有引力和三大運動定律進行了描述。這些描述奠定了此後三個世紀中物理世界的科學觀點，並成為了現代工程學的基礎。他經由論證克卜勒行星運動定律與他的引力理論之間的一致性，展示了地面物體與天體的運動都遵循著相同的自然定律；為太陽中心說提供了強有力的理論支持，並推動了科學革命。

第六篇　植物對輻射能的依賴

　　花朵如果暴露於去除短波長的陽光下，會變得比較蒼白。阿爾卑斯山花朵的絢麗色彩是由於在瑞士的高海拔地區和美國的洛磯山脈地區發現了短波長的光。從這些高海拔地區移植到下面平原上的植物失去了一些鮮豔的色彩。這一類現象可以解釋為：短波長的光被更稠密的大氣層阻斷了。

　　博伊斯·湯普森植物研究所建造了一系列溫室，使用特殊玻璃來傳輸波長範圍非常有限的光。他們的實驗結果顯示，如果從陽光中去除光譜的藍色和紫色端，而又不損害植物的生長和活力是不可能的。在藍色和紫色光被去除的溫室裡生長的植物長得更高、莖更細、分枝更少。此外，它們莖和葉子組織的細胞都是薄壁的，相連的緊密程度不如正常植物。同樣這些植物葉綠素產量較高，但碳水化合物的數量減少，而且開花時間明顯延遲。

　　顯然，光是控制植物生長的重要因素之一。正如前面幾頁所述，光既有對植物的直接影響，也有經由對氣候作用造成的間接影響。

第三章

向光性

　　如果我們仔細觀察一所老房子牆上爬滿的常春藤,就會發現牆上長出了無數的小莖。這些莖,或葉柄,支撐著擴展的葉子,就像許多伸出的小手臂和展開的手掌,在向世界尋求幫助。事實上,這正是實際所發生的情況。常春藤需要光來運轉其碳水化合物工廠。葉柄朝著光生長,而葉片寬大擴展的部分則與光線成直角,以便最大限度地利用接觸到的光線。像天竺葵這樣的盆栽植物會在溫室裡對稱生長。溫室裡四面的光線都很均勻。然而,如果把它放在客廳的窗戶旁,一側的光線比另一側明亮得多。那麼,它會把葉子轉向窗戶,並像常春藤一樣,習慣性地向著光的方向生長。生理學家將這種生長稱為向光性。當植物暴露在一側比另一側更強烈的光線下時,它們很容易不對稱生長。如果將窗邊的植物緩慢而連續地轉動,它就會像溫室裡的植物一樣對稱地生長。因為植物的每一部分都會受到等量的光照,從而均勻地生長。

　　植物的某些部分,如葉柄和嫩枝,朝著光生長,是正向光性。其他部分遠離光線,呈負向光性。而那些垂直於光束生長的部分,像擴展的葉片,則是橫向向光性。大多數植物的根對光的反應相對遲鈍。然而,有些植物,如芥菜和蘿蔔,其根表現出負向光性。照片 70 呈現的是一棵白色芥菜苗從玻璃盤子中央的一個小孔中長出,根伸入盛有營養液的燒杯中。植物的光源是一盞 200 瓦的電燈,放置在大約 0.6 公尺遠的地方。燈是固

第六篇　植物對輻射能的依賴

定的，光線從箭頭指示的方向照射到植物上。注意，小葉子已經開始與光的路徑成直角的方向展開，表現出橫向的向光傾向。而莖和根分別表現出正向反應和負向反應。

很明顯，儘管一種植物由於將葉子朝向光的方向而受益頗多，但很難相信植物意識到了自己的需求並據此行動。在這個唯物主義的時代，為了正確起見，所有這些行為都應該以物理或化學為基礎加以解釋。因此，我們可能會問，向光彎曲的機理是什麼？

照片 70　芥菜幼苗部分對光的反應。
莖向外彎曲，根部遠離光線，葉子則與光線成直角。

回到早期的一些解釋，大約一百年前，瑞士醫生、植物學家德堪多認為正向光彎曲是由於光對生長的阻礙作用。光照最亮的莖的一側會生長得更慢，因此會向光源彎曲。在黑暗的地窖中，馬鈴薯芽的顯著伸長似乎證實了植物莖在黑暗中比在光照中長得更長的觀點。因此，生長在窗邊的天竺葵，莖的陰影側會比接受更多光照的一側更長，從而導致莖和葉柄向窗邊彎曲，這一項推論似乎合乎邏輯。德堪多的理論進一步得到如下事實的支持：幾乎完成了它們生長週期的成熟的植物組織，不像幼小的組織那樣

表現出這種彎曲。只有那些包含仍能分裂或擴大的細胞的組織才表現出這種現象。

但是這種早期的向光性觀點遭到了反對。像達爾文和德國植物生理學家威廉・普費弗[131]這樣的傑出人物相信，在植物中存在著一個能夠接受刺激的區域，而且這種區域大概是局部性的。在一項實驗中，一株幼芽的頂端暴露在光照下，但彎曲發生在沒有光照的底部（圖52，左圖）。由此可見，除了感知區域外，還有反應區域。如果這是真的，那麼這兩個區域之間的組織必須能夠將刺激從前一個區域傳導到後一個區域。這表示，從表面上來看，植物很像用眼睛尋找食物的動物。刺激經由神經傳遞到腿上，腿部以某種方式作出反應，將刺激向食物方向傳遞。在生長的新枝中，頂端感知一側的光。這種感知被傳遞到更低的部分。那裡進行著各式各樣的生長，結果使莖或新枝指向光的方向。但這意味著植物有反射神經系統，而實際上它並沒有。

人們對於禾本科植物胚芽鞘的向光性，尤其是燕麥，進行了大量的研究。胚芽鞘是包圍上升葉芽的葉鞘。就在1910年，一位別出心裁的實驗者想出了一個主意，把胚芽鞘的頂端切掉，然後用融化的明膠把它黏回剩餘的部分上。當從一側照射尖端時，嫩芽底部仍顯示出明顯的向光彎曲（圖52，右圖）。尖端受到的刺激是否在穿過一層明膠後傳輸到基底？根據研究報告，還有一些有趣的實驗，從一側照射的胚芽鞘的「頭部」被切掉，並黏在黑暗中生長的斷頭胚芽鞘的殘餘部分。當允許這些「修補過的」胚芽鞘在黑暗中繼續生長時，它們在適當的方向上顯示出正向向光彎曲。

---

[131] 威廉・普費弗（Wilhelm Pfeffer，西元1845～1920年），德國植物學家、植物生理學家，他對植物細胞的滲透行為進行了大量的試驗，並於西元1897年提出了兩個重要的結論：第一，細胞被質膜包被著；第二，這一層質膜是水和溶質通過的普遍障礙。同時，他很快又發現，細胞膜這個屏障具有明顯的選擇性，一些物質可通過它，而另一些物質幾乎完全無法通過。

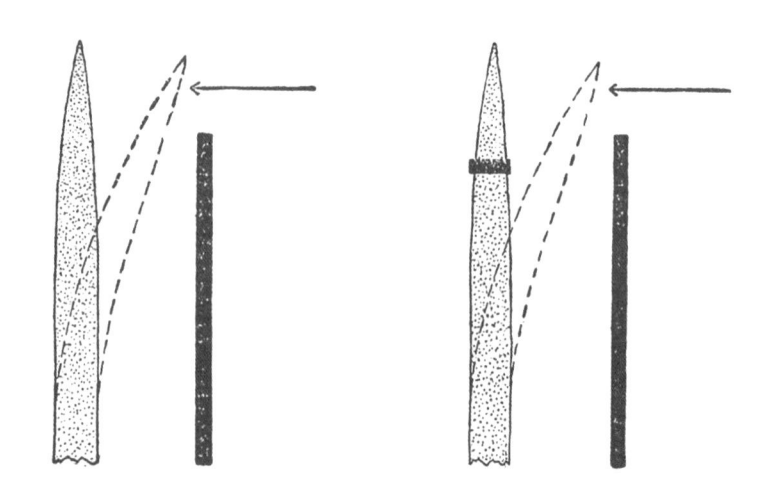

圖 52　當尖端被箭頭所示的一側照亮時，胚芽基部向光性彎曲的示意圖。
右邊的尖端已經被切掉，並貼上了明膠。

還有人提出其他理論解釋胚芽鞘的向光彎曲。某些實驗結果顯示，在生長的莖尖中存在加速生長的物質。向光彎曲取決於這些物質通過莖的方式，而這又受到光的制約。有人進一步聲稱，已從胚芽鞘尖端提取這些物質，用於在其他幼苗中誘導某些不依賴於光的向光生長反應。弗里德里希・奧古斯特・費迪南德・克里斯蒂安・溫特[132]教授和他的學生在荷蘭也做了一些非常有趣的工作。有興趣深入研究向光性的人應該參考他們的調查報告。

英國的約瑟夫・休伯特・普利斯特里[133]教授最近一直在研究這些非常迷人的植物特徵，並為了合理解釋這種奇特現象而做了很多工作。他解釋說，胚芽鞘的向光彎曲與德堪多關於光對生長有阻礙作用的假設是一致的，儘管有許多看似不一致的實驗。

---

[132] 弗里德里希・奧古斯特・費迪南德・克里斯蒂安・溫特（Friedrich August Ferdinand Christian Went，西元 1863～1935 年），荷蘭植物學家、植物生理學家。

[133] 約瑟夫・休伯特・普利斯特里（Joseph Hubert Priestley，西元 1883～1944 年），英國植物學家、教育家。他在光合作用領域發表了重要的研究成果。

想要了解真相，我們必須考慮植物生長的幾個基本條件。能夠經由活躍的細胞分裂生長的植物組織稱為分生組織。要使分生組織生長，水和養分是必需的。植物莖中有向上和向下延伸的導管，水和養分物質的溶液可以通過這些細管。為了使這些物質到達距離主幹導管一定距離的細胞，它們必須穿過介於中間細胞的細胞壁。這些細胞壁對水和溶解在其中的養分的滲透性越強，分生組織快速生長的可能性就越大。當細胞失去水分的速度快於吸收水分的速度，或者由於連接它們與導管（維管組織）的細胞壁堵塞而無法獲得足夠的水分時，細胞便停止生長。整個系統是非常微妙的平衡。

	那麼，這個汁液系統或水系統是如何與向光性彎曲相關聯的呢？正如普利斯特里教授所說，「在這種微妙的平衡中，強烈的橫向光照可能意味著汁液的供應首先在光照更直接的一側失敗。蒸發會更迅速地導致組織壁的『初期乾燥』狀態……如果維管供應和表皮分生組織之間的細胞壁處於這種狀態，分生組織的養分供應將失敗，分生組織的生長將停止」。也就是說，在較乾燥或光照較強的一側生長較少，因為細胞壁變乾，切斷了那一側細胞的養分供應。這將導致正向向光彎曲。

	在正常光照下生長的嫩枝中誘導向光彎曲所需的光量，比在黃化嫩枝（在沒有光照的情況下生長的那些嫩枝的稱呼）中產生類似彎曲所需要的光量更大，並且必須持續時間更長。黃化的嫩枝是白色的或蒼白的，通常在組織結構上與正常植物不同。兩者的彎曲機制也有很大不同。構成黃化嫩枝組織的細胞壁含有脂肪和蛋白質，這是一種類似於蛋清的物質。這些物質阻止了汁液和水分從維管到分生組織的快速通過。分生組織在適宜的條件下能夠快速生長。但相對少量的光在這些嫩枝中產生光化學反應。蛋白質和脂肪物質從細胞壁消失，脂肪物質主要遷移到角質層。分生細胞與它們的水和養分供應之間的通道就這樣打開了。用普利斯特里教授的話來

說,「隨之而來的是表層生長不斷增加。整體而言,黃化嫩枝光照更明亮一側的生長可能與以往一樣活躍,但其分布不同。更多的細胞被添加到莖和葉的表面,較少一部分新增到芽軸的內層。因此,整體來說,結果就是被照亮一側的長度生長遲緩,並形成正向的向光彎曲。」

儘管許多根對光不敏感,但如前所述,也有少數根表現出負向光性。根部能夠彎曲的部分位於頂點或尖端的正後方。在這個區域,細胞經由吸收水分而迅速擴大,水充滿了細胞內部的一個叫做液泡的空間。這些根的負向光彎曲歸因於這些液泡細胞在光的影響下迅速擴大。根的陰影一側擴大得不是那麼快。

根據以上的解釋,我們可以繼續研究斷頭胚芽鞘實驗獲得的結果。在用於此類實驗的階段,這些器官完全經由細胞擴增而非細胞分裂來生長。光線會加大細胞擴增的速度,但最終的尺寸,小於沒有光線情況下的尺寸。每一條通向胚芽鞘頂端的葉脈或水管都終止於一個小孔。當嫩枝被水灌滿時,這個小孔就發揮了安全閥的作用,所以經常會在嫩枝頂端看到一滴水。如果管道中一側的水壓降低,則該側的生長就會受阻。光使水通過胚芽鞘組織相對容易。因此當一側被光照射時,水就容易通過該區域的葉脈,從而降低了膨脹或水壓。這反過來又會延遲照明較亮一側的成長。在光線較少的一側,生長速度更快。這導致嫩枝向光彎曲。如果切斷頂端,水分就會流失,生長就會受阻。現在,如果剩餘的一半殘枝被覆蓋,使該區域的葉脈被堵塞,那麼即使在黑暗中,由於生長速度加快而導致的彎曲也會發生,使被堵塞的葉脈位於彎曲芽的凸側。

總而言之,似乎毫無疑問,向光性的機理是一種光生長反應。在相當程度上是基於生長與可利用的水和養分供應的關係。

史密森學會實驗室研究向光性的一個階段,是光的波長或顏色對植物生長彎曲的影響。作為第一步,必須把光的強度效應和波長效應分開。為

第三章　向光性

此建造了一個長長的木製防光盒子，裡面有三個獨立的房間或隔間。在兩個末端的隔間裡放置了燈，中心部分作為植物室。在植物室和光室之間放置了光線過濾器，指定顏色的光線可以通過（照片 71）。

照片 71　用於研究植物向光彎曲的光度計箱。
中心室開著，裡面有一個裝著植物的玻璃圓筒。光室關閉著。

在利用該儀器（植物光度計）的一次實驗中，使用了紅光和藍光。在中央或植物隔間的中間放置了一個非常精密的儀器，用於測定來自末端隔間的光的強度。當這些燈被調整到相同強度時，生長在小玻璃容器中的植物嫩枝被放置在這個中心點，允許其生長幾個小時。檢查發現嫩枝按照照片 72 中所示的方式向藍光急遽彎曲。因此，必然可以推斷，藍光比紅光更阻礙生長。有了這種儀器，就有可能評估不同波長對植物生長的影響。

輻射能與植物的關係是一個永無止境的課題，現代科學幾乎沒有涉足所有有待了解的領域。這一個領域的大部分研究都局限於被稱為可見光的

第六篇　植物對輻射能的依賴

電磁波譜中的一部分。只有那些有著最大膽想像力的人，才能想像在紅外線和紫外線以外的地區隱藏著什麼。

照片 72　燕麥幼苗向藍光彎曲，遠離紅光。

第七篇

玉米——
美洲印第安人的
植物育種成就

第一章
作為文明衡量標準的植物培育

人類的進步通常以人類的機械技能來衡量。先進文明的公認象徵是完善的石器和武器、編織的籃子和紡織品、冶煉的金屬和燒製的陶器以及車輪和拱門。不可否認，在我們這個機械化時代很容易評估這些成就。但這些往往掩蓋了人類真正的重大成就 —— 對其生物環境的支配。從完全野蠻到現在的每一步都代表著人類對生物的了解程度的提高。而力學、物理學和化學的進步，正是因為人類需要主宰這個充滿活力的世界。

起初，人類與食肉動物競爭。後來，人類學會了改造植物和動物，以滿足他們的食物需求。今天，他們正在與威脅他們生存的昆蟲和致病細菌對抗。這些生物障礙一個又一個的被消除。在這些成就中，人類留下了他們向上攀登不可磨滅的紀錄。也許這些紀錄中最迷人的是描繪農業發展的紀錄。農業是文明的基礎，而今天的落後部落由於種種原因未能發展出有保障的糧食供應，導致了其岌岌可危的狀況。如果沒有足夠和有保證的食物供應，就不會有手工藝術或科學；也沒有閒暇去思考抽象的思想和它所蘊含的一切。

■ 玉米

數千年前，文明人類的祖先對野生植物和動物進行重大的改變，耐心地迫使它們變成改良的品種，從而解決了一直面臨的食物問題。每一種栽培植物和馴養動物都是史前飼養者的不朽作品。

第一章　作爲文明衡量標準的植物培育

那些沒有經歷過因試圖永久改變植物和動物的特性所帶來的失望的人，很難理解早期人類在塑造自己的生活以滿足自身需求時所遇到和克服的困難。化學家或發明家能以最快的速度製造、測試和改進新的化學產品或機械發明，但植物和動物的飼養者卻受到其對象對於時間要求的嚴重限制。生物必須有時間成長和成熟。大多數植物一年只產出一代，而且在許多植物和動物中，兩代之間的週期更長得多。很顯然，在一個如此受到時間制約的文化中，從一個時代到另一個時代，即使是微小的進步，也代表著一種持續的努力和遠遠超過使工具或武器完善所需要的技能。人工製品的精細化常常需要高級的手工靈巧性。但技術的改進會隨著實踐而增加，與引入的新方法無關。即使工具是原始人以艱苦和費力的製造方法完成的，但他的思想可以發展，從一個過程自然地過渡到另一個過程。植物培育的成功來之不易。植物培育者需要敏銳的感知能力，利用植物彼此之間的微小差異。同時要具備一定的智力水準，能夠將久遠的原因與最終的結果連繫起來。心智發展必須達到對未來的遠見和關注，以及對過去的後知後覺和解釋的階段。今天，這些素養較不完善的民族，在農業上和經濟上都處於相對較低的地位。

人類壽命短是農業發展的又一項不利因素，因為任何一個人的技能最多只能延續二、三十代植物。

因此，早期的農業學家並沒有發現他們的農作物已經準備好了，只是在等待人類的關懷，讓它們在豐碩的果實中綻放。相反地，第一批土地耕作者只能從大量雜亂的野生植物中選擇最有前途的種類，而所有這些都不適合人類的需求。與我們農場動物的祖先一樣，這些野生植物，必須經過幾個世紀的採集、栽培及慢慢的培育。現代植物培育者停下來研究我們現在的作物，與其親本野生植物之間的巨大差距時，他們可能會非常沮喪。

當我們意識到在歷史重要時期，沒有一種重要的食用植物被新增到古

人的遺產中時，我們對早期農業學家能力的欽佩就更加強烈了。我們一直滿足於增加土地面積，努力改良史前人類為我們栽培的植物。這既是對我們能力的批評，也是對早期人類卓越植物文化的讚揚。甚至可以說，從嚴格的農業角度來看，現代人已經從幾千年前的祖先的位置上倒退了。

因為儘管人類需要適合土地的新作物，而這些土地在種植我們目前的糧食作物時不能成功地與生產力更高的土地競爭。現代人類缺乏遠見和神奇的觸覺，而這些讓古人能夠用新的栽培植物來滿足他們的需求。

■ 農業的起源

農業最早起源於何處，這是一個眾說紛紜的話題。毫無疑問，在西亞有一個早期舊世界文明曙光的發源中心。大多數學者認為這一個地區的人是第一個播種種子的人，並推測這一類重大事件可能發生在一萬年前。只要從歷史的角度探討農業的起源，除了西亞和鄰近土地以外的其他地區的主張就很難得到認可。我們不得不同意耕作始於美索不達米亞或埃及。然而，當審視植物學證據時，就會發現有充分的理由相信，如果不是起源於美洲，至少是美洲土著居民獨立發展了農業。

人類學家不願意承認，人類在 2 萬多年前就生存於美洲，因為這一段時間太短，不足以讓人類獨立開始培育植物，達到西半球白人發現者所發現的卓越程度。然而，他們一直在逐漸增加對美洲人類壽命的估算，儘管這個過程很緩慢—— 在過去十年裡，估計的壽命勉強增加。但越來越多的跡象顯示，在未來幾十年裡，這個速度將會加快。人類學的推理是有缺陷的，因為它忽視了植物提供的人類長期居住在美洲的證據。

研究早期人類的學者細心研究石頭和金屬器具，他們似乎認為從每一個墓地挖掘出來的植物遺骸，缺乏建構過去居住理論的依據。然而，美洲和舊世界農業之間的差異如此重大，以至於沒有一個農學家會認為前者是由後者發展而來的。相反的假設，認為舊世界的農業是新世界的產物，是

更站得住腳的。美洲種植的植物及它們的野生親緣植物，與舊世界培育的植物相比有更大的差異。這是非常有力的生物學證據，證明美洲的農業更古老。庫克已經指出了這一點。當然，像玉米這樣的植物從任何野生形態演化到現在，都不能被認為是最近從亞洲來到美洲的人的成果。

舊世界的農業似乎是在非林區發展起來的，而且可能是田園生活的產物。耕犁是農業技術重要的一部分。早期，人們使用動物來拉犁，但牧民從播種到收穫期間不必照料作物。所有栽培的植物都是大規模種植的。因此在成千上萬的同類中，植物的個性消失了。另一方面，新世界體系下，對每一株植物給予了單獨的關注。植物種植在山丘，每一株植物都與其同類分開，因此，要受到農夫更精心的照料。在整個種植季節，種植者都不使用動物，而保持與他的植物密切的接觸。美洲印第安人有很強的植物意識，這一項事實準確地反映在他們所培育的植物上。

舊世界體系以小麥為代表，新世界體系以印第安玉米為代表。克里斯多福·哥倫布（Christopher Columbus）發現美洲之前，這些穀物中的每一種都被限制在培育它的半球。此後，玉米迅速傳遍歐洲，似乎在16世紀初到達了中國。而小麥則逐漸在新世界找到了安全的立足點。

舊世界的人們培育出了一種農業勞動生產率最高的作物，而美洲的土著居民則培育出了糧食生產力最高的印第安玉米。

這兩個新、舊世界在農業經營上的基本差異可能導致了這一項結果。

雖然品質管理系統為機械化農業提供了許多優勢，但必須記住，美洲和舊大陸的農業系統都是在手工勞動時期發展起來的，因為機械是在近代才進入農業領域的。毫無疑問，印第安人與自己的植物保持著密切連結，這種美洲式農業更有助於作物的改良及其特性的深刻改變。與人們的預期相一致，在美洲發現的栽培植物與它們的野生親緣相比，要比舊大陸的植物特化程度高得多。小麥、大麥、燕麥和黑麥都有現存的野生親緣，它們

很容易被認為是栽培作物的祖先。但是，美洲的玉米、馬鈴薯、番茄和豆類等農作物已經高度演化，無法明確認定它們起源於何種野生植物。事實上，迄今為止，美國的農作物與它們未經培育的親緣相距甚遠，因此它們的直接起源之路仍籠罩在神祕之中。人類的經驗累積提供不了這些作物起源的線索，比如說舊大陸穀物起源的線索，所以植物學家不得不假設美洲植物的起源有一個異常久遠的歷史，早於被認定為舊大陸耕作之初的10,000年前。

最古老的栽培植物

從純粹的植物學推理來看，基於對玉米與其野生親緣物種的詳細比較，可以有把握地說，印第安玉米，即使不是所有栽培植物中最古老的，也是栽培穀物中最古老的。無論歷史學的和人類學的記載有多麼不完善，植物學的證據都是清楚無誤的。印第安玉米代表了植物培育的最高成就。

在所有農作物中，穀物是植物培育最困難的。野生禾本植物的花頭或花序以各種方式連接，成熟後在風中完全解體，從而允許種子四處飄動並落在地上。在培育這種植物之前，必須消除種子自然播撒的特性。要做到這一點並不簡單，因為植物在野生狀態的存在意味著它們已經演化出一種有效的方法來傳播後代。早期的培育者敏銳地觀察並利用了由於幸運的「意外」或突變帶來的植物改良（從他們的觀點來看）。

有些穀物，如小麥和所有其他舊世界穀物，種子在完全成熟時破裂、從頭部脫落。這仍然是植物育種者面臨的一個問題。印第安玉米，已克服這一項困難，成為植物界的奇蹟之一。人們熟悉的玉米穗，種子整齊均勻排列成幾行，這是植物界的怪事，既怪異又極其有用。從原始人的角度來看，很難想像還能以比這更完美的外形種植食物。種子牢固地擠滿在結實的穗棒上，在成熟之前就能提供美味且易於處理的食物。這一些優勢是其他穀物所不具備的，在前一年收成不足的情況下，這一些優勢多次支撐著

第一章　作爲文明衡量標準的植物培育

飢餓的印第安人。儲存也很簡單，因爲玉米穗可以捆成一堆，在潮溼的季節人工風乾——印第安人燒火生煙，能很好地抵禦穀物的象鼻蟲。在乾旱季節，收穫的作物可以放在陽光下，隨著儲存器物到處移動。玉米外皮是理想的細繩，通常用於把一大堆玉米穗編在一起，然後掛在食糧動物夠不到的地方。妥善儲存的種子將在十年內保持生命力。種子儲備可以作爲應對惡劣年歲的保障。由於玉米植株依靠風來結合雌雄配子，因此它們會產生大量的金黃色花粉。在玉米穗適合食用的前幾週，印第安人將花粉收集在籃子裡，製成一種非常可口且營養豐富的湯。這還不是全部，因爲即使是玉米的寄生菌也可以食用。墨西哥當地人認爲玉米黑粉菌孢子是一種美味，就像我們食用的蘑菇一樣令人嚮往。

照片 74　史前玉米穗（自然大小）。
左圖，來自猶他州一位製籃印第安人的墳墓；右圖，秘魯史前印加人的墳墓。
　　　　　　　　美國印第安人博物館、海伊基金會及威廉·埃德溫·薩福德提供

如果有一種植物可以說是爲人類食用而設計的，那就是印第安玉米。根據這個看似天緣巧合的安排，在美洲，玉米和人是密不可分的。這可以追溯到早在人類遺骸被發現的時候。沒有人類的幫助，玉米無法在各處生

長。儘管穀物經過高度培育，但它們可以在沒有人類干涉的情況下自行播種並存活幾代。而玉米，與其他穀物不同，已經失去了傳播種子和維持自身的所有能力。意外地被土壤覆蓋的玉米穗，種子會完好無損地保存下來。如果它不腐爛，種子可能會大量發芽，但幼苗在長出下一代之前就會被扼殺。此外，在大規模種植制度下演化而來的舊世界穀物，在與雜草的競爭中並沒有失去正常生長的能力。但是作為單株植物栽培的產物，玉米在被迫與雜草和其他禾本植物競爭時，無法長期生存。玉米植物的整個行為意味著，人類在很長一段時間內把沒有給予舊世界植物的照料給予了這種植物。

顯然，玉米與野生植物相距甚遠，迄今為止也沒有發現類似玉米的野生植物。當哥倫布到達美洲時，他發現了我們今天所知道的這種植物。維吉尼亞和麻薩諸塞州的殖民者受益於各式各樣的玉米。今天，某些玉米品種是該地區的商業作物。四百年的歷史記載顯示植物變化不大。在此之前的許多世紀也是如此。考古學家們逐漸發現了這些記載。猶他州所謂的籃子製造者印第安人（他們是有記載的美國西南部最早的居住者）的墓地出土的玉米穗與同一個地區原始種植者的繼任者種植的玉米穗無法區分。從美國到墨西哥再到秘魯，到處都是同樣的情況——從最古老的挖掘物中取出的玉米是發育完好的。事實上，在秘魯發現的小穗玉米化石，與從史前印加墳墓中挖掘出來的玉米穗非常相似。而且兩者都與同一個地區居民種植的玉米穗完美匹配（照片 75）。毫無疑問，人類的雙手種下了種子，從而形成了玉米穗化石。

已知的玉米目前形態的紀錄跨越了數千年的時間，而這種植物很可能在達到化石穗所顯示的完美形態之前就經歷了一個完整的發育階段。

玉米的人工培育在很早的時候就達到了很高的水準，這不僅可以從史前玉米穗的大小，也可以從它們的自然色彩得到證實。玉米是所有農作物中最具裝飾性的一種，這並不是偶然。而且很明顯，藝術的元素在 2,000

第一章　作爲文明衡量標準的植物培育

多年前就已經融入了它的育種過程。沒有任何一種食用植物能像玉米那樣擁有如此豐富的顏色或複雜的顏色模式。

照片 75　秘魯玉米穗（自然大小）。

左圖，化石；中間是由一個史前印加人墳墓中挖掘而來的；

右圖，秘魯印第安人在 1925 年種植。

美國植物工業局提供

　　現代美洲玉米地帶的植物品種僅限於白色和黃色的種子。但即使在今天，兩個美洲印第安人種植的大多數品種都是色彩鮮豔的，這讓人非常欽佩。不僅種子有紅色、藍色、黑色、棕色、粉紅色、紫色、雜色和斑點，而且穗子、葉子、絲和玉米穗軸也有多種顏色。

　　這些顏色不是偶然保留下來的。相反地，現在至少在美國西南部地區，某些家庭負責保存這一類玉米。正如弗蘭克・漢密爾頓・庫辛[134]所表示，在種植時，人們會格外小心確保每一座山上都有某種顏色。毫無疑問，顏色的多樣性是人類渴望保存它們的結果。可以肯定的是，在我們的玉米文化中，除了黃色或白色以外的顏色不是主要元素，所以雛玉米特有的鮮豔顏色已經消失了。現在在西班牙、義大利和中歐種植的玉米也是如此。除了偶爾的紅穗，所有的歐洲品種不是白色就是黃色。現代玉米種植者無視顏色，因此只認可三種普通的玉米——甜玉米、爆粒玉米和飼料玉

---

[134]　弗蘭克・漢密爾頓・庫辛（Frank Hamilton Cushing，西元 1857～1900 年），美國民族學家，以其對祖尼（Zuni）印第安文化的研究而聞名。

329

第七篇　玉米─美洲印第安人的植物育種成就

米。美洲土著人做了更細微的區分，對於許多不同形態的食物中的每一類，他們都偏愛某一品種。秘魯人甚至有一個品種，籽粒非常大，煮熟後可以像葡萄一樣，一粒一粒單獨食用（照片77）。

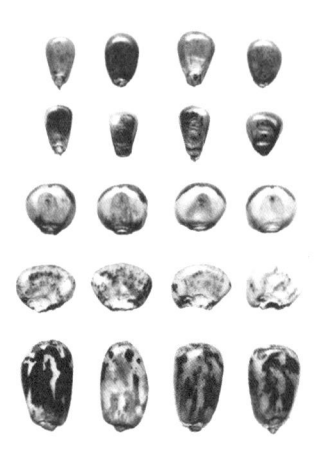

照片76　顯示五種顏色分布模式的玉米種子。這是正常大小的兩倍。

美國植物工業局提供

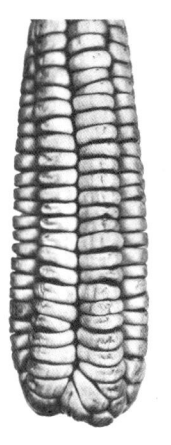

照片77　庫斯科玉米穗（自然大小）。
這是秘魯特有的玉米。像葡萄一樣，煮熟後的玉米可以一粒一粒地吃。

美國植物工業局提供

第二章

玉米的起源

可以說，玉米是一種已經種植了數千年的植物，能夠滿足人類和牲畜的食物需求，並為馬雅人、印加人和阿茲特克人精心打造的這三個美洲印第安文明奠定了基礎。那麼，我們可以問一下，我們所知道的這種龐大的禾本植物是從哪裡起源的，是如何起源的。但它的發源地和親緣身分是一個謎。大多數農作物的野生原型仍然存在。然而，玉米似乎是一個植物孤兒，它的最初發源地仍需推測。對這種植物的前身知之甚少，是由於將一個複雜的形態和缺少許多主要部分的遺傳謎題拼湊在一起的結果。

■ 原產地

奇怪的是，相較於演化方式，人們能更清楚地確定植物的原產地。在確定一種栽培植物的原始發源地時，我們可以在兩種方式中進行選擇：一是依據栽培植物類型的多樣性；另一種是依據它的野生親緣。俄羅斯著名的植物學家尼古拉·瓦維洛夫[135]認為，栽培植物的培育中心是植物類型最多樣化的地區。如果這一項假設被採納，秘魯必須被接受為玉米的原產地。前印加人在培育植物方面獲得的顯著成就支持了這一項結論。這些古老的民族在培育馬鈴薯、番茄和花生方面享有無可爭議的榮譽。這裡僅提到現在廣泛種植的三種作物，在前西班牙時代，他們通常種植大約 70 種植物。有了這些證據證明他們有能力培育植物，似乎有理由接受這樣的觀

---

[135] 尼古拉·瓦維洛夫（Nikolai Vavilov，西元 1887～1943 年），俄羅斯植物學家、遺傳學家，他在植物育種和作物起源研究領域做出了重要貢獻。

點：玉米也是他們天賦的產物。

然而，得出結論認為史前印加人培育了玉米，將忽略一個非常重要的事實，即現有的玉米野生親緣沒有一個生長在秘魯。在任何地區沒有野生親緣，這是反對選擇此地作為培育中心的一個非常重要的理由。因為很顯然，古代的培育者必須有一種野生植物來開始改良。當然，玉米有可能是從南美洲西部曾經存在的一些密切相關、但現已滅絕的物種發展而來。但由於沒有任何此類物種證據，所以目前的植物學觀點將玉米的原始產地放在北美。因為現在主要是在墨西哥高原上發現了所有玉米的野生近親。此外，墨西哥的玉米種類繁多，在這方面僅次於秘魯。最後，秘魯在物種多樣性方面的優勢可能在某種程度上有助於解釋墨西哥起源假說。從地理上來看，秘魯的特點是深谷狹窄，氣候範圍從熱帶延伸到北極。這自然會導致多種植物類型的獨立存在。因此，整體而言，選擇離墨西哥城不遠的墨西哥高原作為印第安玉米的發源地似乎更符合邏輯。大多數植物學家針對這一個地點達成了共識。

起源方式

選擇了一個起源地之後，我們接下來可以考慮可能的起源方式。玉米，被植物學家稱為包穀，屬於禾本族，被指定為雷公藤科。該族植物的特點是雄花和雌花長在不同的花頭或花序上，或長在同一花序的不同部分上。兩性的分離是基本的植物學區分，表示構成雷公藤科的屬類是密切相關的。美洲有三個屬的植物都屬於雷公藤科：摩擦禾屬（族名由此而得來）、類蜀黍屬和玉蜀黍屬。前兩個是北美的野生植物，後者是我們種植的印第安玉米。摩擦禾屬有大量的物種，類蜀黍屬有兩個或者三個物種，而玉蜀黍屬只有一個物種，即玉米。

在摩擦禾屬品種中，雄花和雌花位於同一圓錐花序或花序上，雌花在枝條的下部，雄花在枝條的上部（圖53）。在玉蜀黍屬或印第安玉米中，

雄花和雌花在不同的花序中。雄花僅限於頂生花序或雄花序（某些非正常的形式除外），雌花生於植株中部的雌花序上。就兩性花的分離而言，類蜀黍屬植物介於摩擦禾屬和玉蜀黍屬植物之間。類蜀黍屬植物的頂生圓錐花序和主要側枝只開雄花，如玉米；但是雌花長在次要的側枝上，通常終止在雄花序端，因此與摩擦禾屬的排列非常接近。

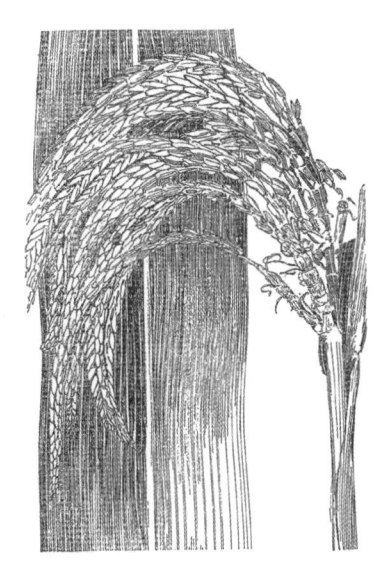

圖53 摩擦禾屬植物，毛穗三稜草的花序和葉片的剖面圖。
雌花生於穗狀雄花的基部，類似於玉米。

從整體外觀上來看，與摩擦禾屬相比，類蜀黍屬更像玉蜀黍屬，並且由於玉蜀黍屬和類蜀黍屬都比摩擦禾屬更加高度特化，因此後者被認為在演化等級上更久遠。

所有的植物學證據都顯示，與玉米最接近的野生親緣是類蜀黍屬的兩個物種，一個是一年生，另一種是多年生。這兩個物種現在都以阿茲特克人的名字 teosinte（類蜀黍）命名，可以翻譯為神草或神穀物。在過去的五十年裡，這種一年生作物作為美國南部的一種飼料作物已經變得更加重要。就像它們的栽培近親——玉米一樣，這兩個野生親緣植物為植物學

第七篇　玉米—美洲印第安人的植物育種成就

家帶來了一些困惑。一年生物種，類蜀黍屬的墨西哥野玉米因種子引入巴黎而廣為人知。種子本應來自瓜地馬拉的聖羅莎，但經過仔細的調查和多次探索，都未能發現在瓜地馬拉野生生長的任何一個物種。在墨西哥以外的任何地方出現類蜀黍屬的證據都是純文學性的，而且把類蜀黍屬物種與名稱「teosinte」（類蜀黍）連繫在一起而出現混淆。因為墨西哥和瓜地馬拉當地人，稱呼各種摩擦禾屬物種為「teosinte」。在我們對玉米起源的調查中，我們不需要擔心名稱的混淆以及類蜀黍屬進入商業領域等問題，但它們有助於說明我們必須處理的相關證據。

照片 79　玉米的兩個親緣。

左圖：天然生長在墨西哥西海岸的摩擦禾屬植物，毛穗三稜草；

右圖：在美國種植的類蜀黍屬，墨西哥野玉米。

美國植物工業局提供

第二章　玉米的起源

照片 80　普通的玉米植株。

美國植物工業局提供

玉米

多年生類蜀黍屬只在瓜達拉哈拉西部、墨西哥、靠近古茲曼城等非常有限的區域為人所知。而一年生類蜀黍屬，墨西哥野玉米卻從奇瓦瓦西南部一直延伸到墨西哥城附近。根據研究報告，在瓦哈卡州西部和恰帕斯州也發現了類蜀黍屬，但這兩個地區都沒有採集到野生植物的真實標本。

類蜀黍屬的兩個物種都以雜草的形式出現在種植玉米的田地邊緣。實際上在其他任何地方都很難期望找到，因為現在幾乎每一個能夠為這些植物提供合適棲息地的地方都在種植玉米。因此，即使是玉米的野生親緣也被迫與人類建立親密的連繫。目前在墨西哥種植印第安玉米的大多數種植者都不知道類蜀黍屬與玉米的密切親緣關係，儘管少數人發現到類蜀黍屬與玉米雜交是有害的。

類蜀黍屬的兩個物種都不適合人類食用，也沒有歷史或考古證據顯示任何一個曾被食用過。種子嵌在堅硬的分節軸或莖中，由殼狀的外部穎片或苞片包圍（圖 54）。這些節段首尾相連，每一節都有一顆種子，一個花

序由六至十個節段組成。成熟時，軸非常脆弱，節段破裂，種子散落在地上。儘管軸的節段大約有一粒爆粒玉米的大小，但包含在節段中的真正的種子則比一粒小麥小得多。從原始人的角度來看，類蜀黍屬提供的食物非常貧乏。將種子從外層分離是一個費力的過程，收集任何數量的種子都需要在至少兩個月的成熟期間幾乎每天都要收割。

圖 54

左圖，為鴨足狀摩擦禾的花序，雌小穗在成對的雄小穗下面；

右圖，類蜀黍屬墨西哥玉米分開的雄花序和雌花序；

墨西哥玉米左側的雄花序已經從類似於右側的雌花序的狀態裂開。

類蜀黍屬的兩個品種都與玉米雜交。（像在動物之間一樣，在植物中，有親緣關係的物種有時會雜交。）當雜交種可育時，親本之間的關係被認為是密切的，而不育雜交種則提供了更為遙遠關係的有力證據。同屬之間的雜交是極其罕見的，在植物中只有少數已知的幾例，其中一個就是類蜀黍屬和玉米雜交。

第二章　玉米的起源

照片 81　墨西哥的類蜀黍屬，墨西哥野玉米（左上）和
類蜀黍屬與玉米雜交種的雌蕊花序。
它們生長在墨西哥玉米地的邊緣。稍小一些。

美國植物工業局提供

　　一年生物種（類蜀黍屬墨西哥野玉米）與玉米自由雜交，各種各樣的雜交種的繁殖性極佳（照片 81）。事實上，在墨西哥，所有能發現墨西哥野玉米的地區，玉米與類蜀黍屬的雜交種都很常見。這兩種物種之間的雜交很普遍，因此，在墨西哥是否存在未受玉米沾染過的墨西哥野玉米的純種形式是值得懷疑的。在墨西哥城南部的湖區，不同等級的雜交種占據了整個田地，是重要的景觀植物。這種自然雜交是玉米和類蜀黍屬之間關係非常密切的最佳證據，但不能為印第安玉米是經由選擇從類蜀黍屬衍生出來的假設提供依據。

　　多年生植物（四倍體多年生玉米）和玉米之間的雜交不太常見。在瓜達拉哈拉西部的四倍體多年生玉米和玉米田裡，我們只發現了一種雜交植物，與墨西哥其他地區的墨西哥野玉米和玉米田形成了鮮明的對比。美國進口了類蜀黍屬植物，在四倍體多年生玉米和玉米之間進行了受控雜交。雜交很困難，雜交植株除非在異常有利的條件下，否則都是不育的。這種本質

上的不育性可以用玉米和四倍體多年生玉米之間廣泛的細胞學差異來解釋。

玉米是從兩種類蜀黍屬植物中的一種或兩種衍生而來的整個問題非常複雜，也是植物學家們意見不一的一個問題。早期的研究人員認為，玉米和墨西哥玉米之間大量的自然雜交種代表了從類蜀黍屬到玉米的過渡，甚至在更近的時期，路德・貝本[136]也犯了同樣的錯。玉米演化的步驟在我們眼前不斷重複的假設現在被認為是完全不正確的。事實上，現代基因實驗結果顯示，整個情況應該顛倒過來。

有許多跡象顯示，墨西哥玉米是由四倍體多年生玉米和玉米雜交而來的 —— 如果這一項假設得到證實，將排除所有認為墨西哥玉米可能是玉米的祖先之一的想法。

儘管在類蜀黍屬和玉米之間存在一種基本的植物學關係，但很難看出後者是如何經由選擇從前者演化而來的。印第安玉米對人類用處極大，但即使在類蜀黍屬的初級形態中也沒有發現其顯著特徵。

玉米穗仍然是植物學上的難題，在其他任何禾本植物中都沒有類似的問題。要追溯大多數栽培植物的野生親緣連續變化的階段是不難的。正是這些變化使它們適合栽培。關於小麥的頭部是如何發育，沒有什麼不確定的因素，因為針對其基本特徵而言，它是野生小麥的花序；而且小麥與其他舊世界的穀物一樣，與它們的野生原型相比，沒有深刻的形態變化。另一方面，玉米卻呈現出一個令人困惑的謎團。因為玉米的親緣中沒有任何更簡單的器官預示著能發育成玉米果穗。在任何其他禾本植物中也找不到類似玉米果穗的東西。在這個龐大的植物家族中也沒有任何可以被認為含有果穗胚芽的退化器官。當然，大家都知道，果穗是由一種分枝結構發育而來的，這種分枝結構的形態類似於玉米和類蜀黍屬的雄花序。但是，這

---

[136] 路德・貝本（Luther Burbank，西元 1849 ～ 1926 年），美國植物學家、園藝學家和農業科學的先驅。他對植物品種的培育和改良做出了巨大貢獻，並發展了超過 800 種新植物品種。這些新品種包括水果、穀物、花卉、蔬菜和草本植物。

樣一個分枝的花序是如何被改變而產生多排穗，仍然是人們猜測的謎團。

試圖從複雜的花序中獲得單一的穗狀花序遇到的最大困難，是雌花序本身提供的相互矛盾的證據。起初，人們認為經由抑制分枝來將分枝圓錐花序減少為一個穗狀花序，似乎是一件簡單的事情，而且這一項假設早期又被提出來解釋雌花序。支持這一項觀點的證據來自於雌花序與雄花序的中央穗狀花序有明顯的同源性，而且是在雌花序與雄花序之間的分櫱或側枝的頂生花序上發現的不同階段。反對這一項解釋的理由在於，玉米雄花序的中央穗狀花序像雌花序一樣，需要一個解釋。玉米的親緣中沒有一種，其雄花序終止於多排的中央花序中。類蜀黍屬和摩擦禾屬雄花序的最上面的分枝或穗狀花序與所有其他分支完全一樣，在平坦的軸上只有四排小穗狀花序，而玉米雄花序的頂生花序是圓柱形的，有八排或更多排的小穗狀花序，以兩組的形式圍繞整個軸排列（圖 55）。

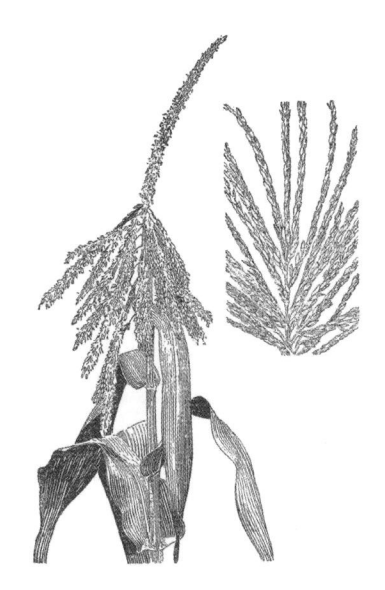

圖 55

左圖，玉米雄花序的中央穗狀花序，
與右圖，類蜀黍屬墨西哥野玉米的雄花序形成對比

即使玉米的雌花序是雄花序中央穗狀花序的同源物，主要區別在於只有雌花和膜狀穎片，但是雌花序的形成問題並沒有得到解決，而是變成了解釋穗子中央穗狀花序的問題。關於這種器官是如何產生的，人們提出了三種理論。可以簡單地描述為扁化、分枝抑制和扭轉。這三種理論目前都站得住腳，並都有信譽良好的支持者。

第一種理論認為，中央穗狀花序，以及由此而來的雌花序是扁化，或者說是兩個四排的分枝長在一起的結果。許多明顯扁化的雌花序和中央穗狀花序的例子完美地支持了這一項理論。經常發現八排玉米果穗，其長度的一半被分成兩個四排節段，並且在中央穗狀花序中也經常遇到類似的情況（照片82）。此外，遺傳學家已經分離出了具有扁化的雌花序和中央穗狀花序的純種品種，這表示扁化不僅是可能的，而且在玉米中是有遺傳性的。

分枝抑制的假設同樣獲得了純種玉米類型的支持，遺傳學家稱之為分枝玉米。這種類型玉米中，雌花序和雄花序都有非常多的分枝花序，在極端情況下沒有中央穗狀花序（照片83）。這種分枝雌花序所表現出來的不同程度的性狀清楚地顯示，分枝通常減少為成對的小穗狀花序。當這種減少的情況發生時，便形成了中央穗狀花序。分枝型玉米起源於正常形態的突變，表現為簡單的孟德爾[137]隱性遺傳。與類蜀黍屬雜交時，該性狀在第二代中以大致預期的比例重新出現，但在表現上有很大的改變。

---

[137] 格雷戈爾‧孟德爾（Gregor Johann Mendel，西元 1822～1884 年），奧地利生物學家，遺傳學的奠基人，被譽為現代遺傳學之父。他經由豌豆實驗，發現了遺傳學三大基本規律中的兩個，分別為分離規律及自由組合規律。

第二章　玉米的起源

照片 82　玉米穗融合起源的證據。

左圖，玉米八排果穗的剖面圖顯示，在頂部分離成兩個四排的分枝，自然大小；

右圖，玉米的雄花序顯示分叉的中央穗狀花序，

說明玉米經由側面分枝融合而起源，約為自然大小的一半。

美國植物工業局提供

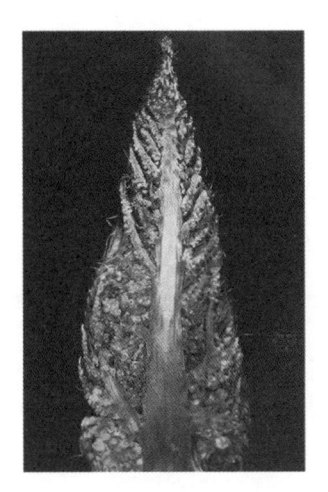

照片 83　分枝玉米雌花序的縱切面，

顯示正常無梗的小穗狀花序如何發育成分枝，自然大小。

美國植物工業局提供

第七篇　玉米—美洲印第安人的植物育種成就

　　第三種獲得雌花序的方法，是扭轉簡單花序的軸。這種方法在類蜀黍屬與玉米的雜交種上展現出來並得到驗證。在這一類雜交種的第二代中，發現了所有各個階段，從具有節段花序軸的類蜀黍屬簡單的二排穗狀花序到多排無節段花序軸的玉米雌花序（照片 84）。這些階段提供了明確的案例，說明雌花序可以經由扭轉兩排軸並使花序軸堅固來建立。扭轉的第一個階段產生四排的雌花序，再經過難以察覺的階段，雌花序的排數翻了多倍。從這些雜交種中可以明顯看出，把類蜀黍屬和玉米的雌蕊花序的大量不同的特性融合在一起沒有不可踰越的障礙。由此推斷，在玉米的演化過程中可能發生了類似的融合。

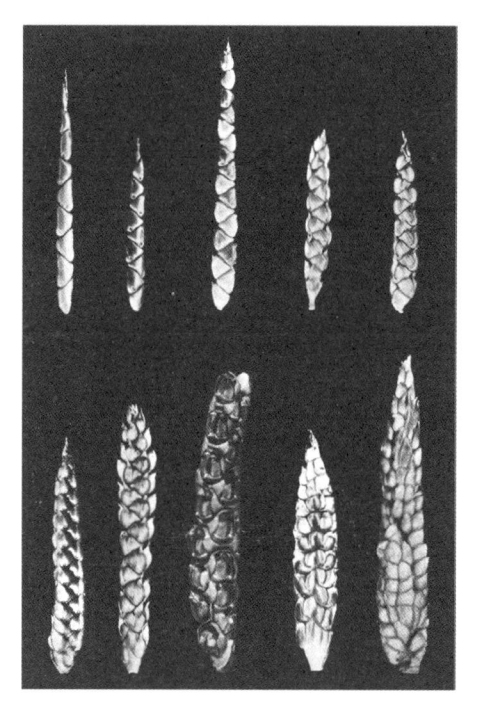

照片 84　來自於類蜀黍屬和類蜀黍屬與玉米雜交種的花序，
顯示了類蜀黍屬穗和玉米果穗之間的各個階段，自然大小。
左上方的穗是墨西哥野玉米的商業類型。相鄰的果穗是墨西哥的本土形態。

美國植物工業局提供

在我們已知的現階段，關於雌花序是如何形成的，這三個假設都具有同等的可信度，無法決定哪一個最有可能發生。

即使我們對玉米雌花序是如何從類似於雄花序的分枝花序中長出來的有了比較滿意的了解，我們對這一個過程的發生仍知之甚少或一無所知。

由於類蜀黍屬與玉米雜交，並且在許多方面與玉米非常相似，因此毫無疑問，這兩個屬之間的關係非常密切。類蜀黍屬是一種完全能夠自我繁殖的野生植物，乍看似乎是玉米的邏輯祖先。但這種關係是否是母本和後代的關係還不是那麼確定。詳細的植物學和形態學證據對這種假設提出了嚴重的異議。

禾本植物的開花單位是小穗花序，在普通玉米和類蜀黍屬植物中，小穗花序只開單性花。雄蕊或雄性小穗花序包含兩朵花，每朵花有三個雄蕊。但是雌蕊小穗花序通常只有一朵單花。類蜀黍屬植物中，小穗花序很少開出兩性花。但玉米經常在雄蕊花序和雌蕊花序中產生兩性小穗花序。這一項證據顯示，在玉米中，兩性的分離發生得較晚，而且不如類蜀黍屬完全。這些變態極大的花序軸或花莖，以及類蜀黍屬雌花序的外穎片進一步支持了上述結論。在玉米中，包裹每一粒種子的苞片或穎片，與包圍雄花序的雄花的苞片或穎片沒有太大區別。而在類蜀黍屬中，雌蕊花序的外部穎片變厚、變硬。另外，在玉米中，穗狀花序為對生，一個有花梗，或有柄，另一個無柄。這種配對對於雄花序和雌花序都很正常。在類蜀黍屬中，雄花序像玉米一樣是對生，但雌花序是單生——有花梗的穗狀花序發育不全。

玉米和類蜀黍屬在兩性分離和開花部位發育方面的這些差異顯示，在演化意義上，玉米沒有類蜀黍屬的特化程度高。

傳統的解釋是，玉米是由類蜀黍屬演化而來，是在人類選擇的幫助下逐漸變化而來。這種解釋忽略了一點，即類蜀黍屬中目前生長的兩個物種

哪一個都不能被認為是開始選擇玉米的基點。與玉米的雄蕊花序和雌蕊花序相比，類蜀黍屬的雄蕊和雌蕊花序在許多方面已經高度分化。因此，經由選擇從類蜀黍屬獲得玉米就是從特化過渡到非特化——這與通常的演化方向相反。此外，如果假定這種變化是漸進的，那麼中間階段的某些植物，如果不是作為活的植物，至少在人類的古墓中沒有被保存下來，就令人難以置信。

■ 雜交起源或選擇演化

關於玉米的起源還有另一種假設。科林斯注意到，玉米和蜀黍族（一個非常大的禾本植物科，包括金雀花、莎草）之間的許多相似之處顯示，前者可能是類蜀黍屬和一些類似於高粱屬的高粱亞屬物種的某些禾本植物自然雜交的結果。

舊世界的這一屬提供了一系列種植的穀物、糖楓樹和金雀花植物的培育形態。在許多方面，它與玉米所屬的玉蜀黍屬相似。這兩個屬在細胞學上是平行的，具有幾個共同的遺傳特徵。一些玉米的純種的異常形態與栽培的蜀黍族非常相似，以至於在植物學上無法將它們區分開來。

人們曾多次嘗試將玉米與蜀黍族的成員雜交，但都沒有成功。沒錯，貝本聲稱自己進行過雜交實驗。但調查表明，這是一個錯誤，原因在於各種爆裂玉米與一種穀物高粱之間有某些相似之處。

從邏輯上來說，被選為類蜀黍屬的配對，以生產玉米的雜交種的蜀黍族植物中，沒有一種是新世界的本土植物。然而，考量到玉米介於類蜀黍屬和蜀黍族的中間位置，與新世界物種雜交的想法可能會被接受。這一項假設不僅與已知的形態學事實相一致，而且大幅縮短了生產玉米等作物所需的時間。

當最早提出雜交起源假說時，人們認為這是異常的想法，只能作為最

第二章　玉米的起源

後的訴諸方案。然而，從那時起，人們提出了農作物中小麥、大麥、蘋果和葡萄的雜交起源；家畜中牛、羊和雞的雜交起源。雜交起源的替代說法是選擇演化。沒有兩種植物是完全相同的，因為所有的生物都有變異。如果在自然狀態的變異是可遺傳的，那麼就有可能在一定限度內改變生物體的類型，只選擇那些具有所需特徵的個體進行繁殖。這一個過程已用於開發大多數作物和動物的改良品種。現代育種實驗結果顯示，該步驟不會刺激生物體在選擇方向上變化更多，育種者僅限於選擇恰好朝著理想方向變化的個體。因此，賽馬的飼養者用最快的動物作為親本；乳牛場老闆，選用牛奶產量最高的乳牛；家禽飼養員，選擇產蛋最高的家禽。同樣地，對於那些產量最高、品質最好或抗病能力最強的植物，無論何時出現，都會被選為後代的親本。

許多正式學派的植物學家更傾向於這樣一種假設，即作物植物是經由這種非常漸進的選擇過程從其野生祖先演變而來的，而且他們仍然認為雜交是一種罕見的事件，不應被當真地視為是當今作物演化的一個因素。玉米和類蜀黍屬被認為是由一個可能與摩擦禾屬非常相似的共同祖先逐漸演化而來，摩擦禾屬中有幾個物種是北美本土的。根據推測，玉米的演化方向至少在後期受到人類選擇的控制。這樣一個過程需要的時間，遠遠超過人們對於農業何時開始的最不準確的估算時間。

如果認為選擇太慢，有人則提出突變現象，或植物種類突然巨大的變化。假設有突變，那麼大致上而言，幾乎可以在一夜之間形成任何種類的植物，而不必局限於祖先。那麼人們就可以說，現在的玉米植株是由類蜀黍屬或幾乎任何其他禾本植物引起的突變產生的。這種大規模突變在任何生物體中都是未知的，也是難以預料的。當然，可以設想幾個相當大的突變共同導致了玉米的產生。但如果它們發生在現有的野生植物上，那麼可以預期它們會不時地重複出現。

第七篇　玉米—美洲印第安人的植物育種成就

當然，玉米的突變和大多數人們潛心研究的其他生物的突變一樣，並不罕見。在過去的幾年裡，人們注意到幾百個這樣的變化影響了植物的許多部分。種子的顏色可能會從紅色變為雜色，或者相反；綠色植物可能會變成白色植物；正常的種子可能會出現缺陷；高大植物可能會變成侏儒等，涉及整個植物的各個方面。在大多數情況下，這些變化或突變是不可取的，因為它們導致了弱植株，其產量不如正常植株。因而現代玉米育種者的目標是將其從種子庫中剔除。觀察到的突變影響單一性狀或一小群體的性狀，其程度與解釋玉米等植物起源於其野生親緣關係所需的突變不同。突變代表某個遺傳單元的變化，表現為簡單的孟德爾性狀。當突變植物與產生它們形態的品種雜交時，總是在隨後的世代中原封不動地重新出現。玉米和類蜀黍屬雜交種表現出兩個物種特徵的完全混合。

沒有選擇性的分離，使其變成親本的形態。有證據清楚地顯示，這些物種之間的差異不是一個遺傳單元，而實際上是數以百計的基因。如果我們要經由突變從類蜀黍屬獲得玉米，那麼我們必須獲得證據，並得出結論：不僅是一個而是數百個突變，這實際上是回歸了選擇假設。玉米和它最近的親緣，類蜀黍屬在基因上有如此大的不同，所以並不排除它們都是由某個遠祖的突變而產生的。但如果這兩個物種之間的關係如此遙遠，就很難解釋它們雜交種的可育性了。

奇怪的是，與玉米相比，它的野生親緣非常穩定。這一種穩定性為玉米實際上是一種雜交種提供了額外的證據。正常的玉米植株的高度從15公分到6公尺不等；葉子的長度從15公分到1.2公尺不等，寬度從1.2公分到15公分不等；穗的長度從2.5公分到50公分不等；種子的數量從不足100粒到超過1,000粒不等；種子的重量可能從0.1克到1克以上不等，它們的長度可能從3公釐到2公分不等。

第二章　玉米的起源

照片 85　玉米顏色突變的例子。
大片的無色區域是由控制雜色種皮發育的基因突變造成的。

美國植物工業局提供

　　這些只是該物種變異性的幾個例子，因為幾乎每一個器官都有各種大小、形狀和顏色。在任何玉米的親緣中都沒有發現接近這種程度的變異。事實上，雷公藤科族中所有其他新世界成員的全部特性加在一起，也抵不上玉米一個品種的特性多。

　　除了大突變極為罕見及玉米親緣關係穩定這一些事實以外，反對突變假說的主要原因是，無論在哪裡發現的玉米類型之間都存在顯著的相似性。所有形態、大小的玉米在雜交中都是完全可育的。只有專家才能將許多秘魯品種與美洲西南印第安品種區分開來。這一項事實清楚地表示，這種重要的食用植物直到形態上完全成型才開始分布開來。關於這一點，人們在顏色、種子類型和植物形態的廣泛分布中發現了更多的證據。的確，有些差異是存在的，但與生長在遙遠地區、相互分離的大量相似類型的植

物相比，這些差異就微不足道了。

根據突變假說，人們可以預期，第一次導致植物具有經濟價值的形態變化將開始其鏈式分布。因此，在這個半球的更遠端，可能有一種穀物作物從這種前玉米植物演化而來。隨後的突變可能發生在相隔甚遠的地區，而且土著之間的貿易條件是否會將玉米演化的所有階段結合在一起，是非常值得懷疑的。除非中間形態的玉米被組合和雜交，否則在整個新大陸應該能找到各種等級、類似玉米的植物。但這樣的情況從未發生過。正如我們今天所知道的那樣，玉米似乎是在數千年前已從秘魯傳播到新墨西哥州。

美洲印第安人的最高成就

無論是選擇、雜交、突變，還是三者的結合最終被確定為玉米起源的答案，植物學家都一致認為，美洲印第安人在這種非凡的禾本植物的演化中發揮了最大的作用。這種穀物演化到目前的較高階段，要歸功於他們，而且也只能歸功於他們。正是印第安人把玉米傳播到整個新大陸，並以只有中國人能與之匹敵的耐心，慢慢地把玉米種植的疆域從沙漠推向北方肥沃的平原，又穿過熱帶叢林來到溫帶的南方。由於他們的努力，世界上才有了從加拿大到智利都可以種植的唯一穀物，在極北和極南的短季節以及熱帶的 12 個月季節裡，糧食產量幾乎一樣好。

因此，無數個世紀以來，玉米一直與西半球的人類生活密切相關。從加拿大南部的平原，穿過墨西哥的高原，再越過安地斯山脈的深谷，來到阿根廷南部。這種美麗的禾本植物不僅為居民提供了主要的食物，而且還為他們的藝術和文學提供了靈感。他們完美地見證了所有這些細節——他們植物天賦的最高成就。作為裝飾圖案繪製在秘魯陶器上的傳統玉米植物（圖 56）立即證實了古代秘魯人的藝術能力，並顯示出他們對這一主題的熟悉程度遠遠高於早期高加索的插畫家。來自墨西哥和秘魯的裝飾陶瓷上雕塑精美的玉米穗，為古代玉米文化的高水準提供了不朽的記載。

第二章 玉米的起源

圖 56 秘魯印加人之前的人們在陶罐上繪製的傳統玉米植物。

引自萊曼

照片 86 阿茲特克人的甕，雕刻著優質玉米穗的摹本。

威廉・埃德溫・薩福德（William Edwin Safford）提供

隨著哥倫布返回歐洲，玉米迅速傳播到歐洲南部。似乎在 16 世紀經過緬甸，傳播到了中國。目前，它分布在亞洲最偏遠和人跡罕至的地區以及毗鄰大陸的島嶼上。儘管作為基本食物，這位偉大的「移民」並沒有取代舊世界的穀物小麥、稻米和大麥，但它在中歐大平原的農業中找到了一個體面的位置。在風景如畫的緬甸境內，由於為「數量龐大的白色雪茄菸」提供包裝，玉米為另一種偉大的美洲旅行者──菸草的流行做出了貢獻。

像美洲印第安人一樣，東方人很早就領會到玉米的藝術潛力。

349

第七篇　玉米─美洲印第安人的植物育種成就

正如華盛頓的佛利爾美術館中一幅精美的16世紀屏風所展示的那樣，再也不可能比在這個有四百年歷史的花園裡（順便說一下，其中包括秘魯培育的莧屬植物），找到更令人愉悅的玉米植物的複製品了。因為這裡的各種植物不僅巧妙地取得了平衡，而且它們被複製的擬真程度超過了同時代歐洲人的製品。

當我們的工業文明淹沒了我們的農業成就時，玉米被逐出了藝術領域。但由於它為遺傳研究提供了寶貴的工具，因而在科學殿堂裡占據了一席之地。正是在這一點上，我們才對這種植物的起源感到好奇。美洲印第安人和我們現代人一樣，對於這種莊嚴的植物的起源感到極度困惑。但當我們爭論這種或那種植物學假設的是非曲直時，美洲印第安人卻求助於吟誦聖歌，講述神的恩賜以及上帝的干涉。到底誰能說出真相在哪裡呢？正如祖尼人所說：「人類，我們的孩子，比他們的敵人野獸還可憐。因為每一種生物都有力量和智慧的特殊天賦，而人類只被賦予了猜測的能力。」

第八篇
南美洲植物學探索

第八篇　南美洲植物學探索

第一章
美國植物學家的新領域

美國領土的擴張，伴隨交通設施的進步，為19世紀的美國植物學家提供了絕佳的探索機會。20世紀初，儘管被限制在大西洋沿岸，但他們看到西方迅速向他們敞開了大門。到一百年結束時，他們基本上收集了美洲大陸生長的所有植物。某些領域確實需要進一步深入的研究，大量的資訊必須加以分類，並以易於理解的形式表述出來。但永遠充滿好奇的探險家們把目光投向了美洲的島嶼領地以及新大陸鮮為人知的地方。

美國植物收藏家首先去的是墨西哥。這個幅員遼闊的共和國，位於熱帶地區，海拔高度達數公里，其吸引力尤其巨大。賽勒斯·普林格爾[138]、約瑟夫·尼爾森·羅斯[139]、愛德華·帕爾默[140]和阿文·尼爾森[141]，從北部邊界到猶加敦半島，從大西洋到太平洋，穿越墨西哥境內都曾涉足。目前，我們掌握的大部分墨西哥植物群的知識，都是基於他們的收藏。美國植物學家也找到了他們的探索之路，前往中美洲的所有國家以及巴哈馬、古巴、波多黎各、海地、多明尼加共和國、牙買加和小安地列斯群島，並

---

[138] 賽勒斯·普林格爾 (Cyrus Guernsey Pringle，西元1838～1911年)，美國植物學家，他主要專注在北美洲的植物分類研究，尤其是墨西哥。他發現了大約1,200個新物種、100個新變種和29個新屬，成為歷史上在新物種發現數量上名列前茅的植物學家之一。

[139] 約瑟夫·尼爾森·羅斯 (Joseph Nelson Rose，西元1862～1928年)，美國植物學家，以其在美洲仙人掌科和傘形科植物研究方面的貢獻而聞名。

[140] 愛德華·帕爾默 (Edward Palmer，西元1829～1911年)，美籍英裔植物學家、探險家和收藏家，以在美洲的植物研究和收藏而聞名。

[141] 阿文·尼爾森 (Aven Nelson，西元1859～1952年)，美國植物學家，專門研究洛磯山脈的植物。他被譽為懷俄明州植物學之父。

已出版了其中幾個地區植被的描述性著作。

但是，幾年前，美國的植物探險家們對這一片偉大的南美大陸幾乎一無所知。大約 13 年前（1918 年），當某些美國科學機構開始認真地對南美洲進行探索時，他們發現歐洲探險家們已經做了很多工作。成千上萬的標本被收集存放在歐洲植物標本室裡。南美植物學家也對他們的國家進行了廣泛的探索，但他們將自己的藏品送往歐洲，而不是美國。

最早從南美洲到達歐洲的，無疑是由傳教士或休閒旅行者帶來的壓扁的植物。植物的某些特性，也許是某種藥用特性，引起了遊客的興趣。經由發表一份植物樣本，他們試圖向國人進行生動的描述。其中一些標本最終到了植物學者的手中。他們撰寫了相關文章。後來，植物學家們經常加入常規的探險隊，自己前往南美洲。

園藝對植物學的探索發揮了決定性的推動作用。大地主希望在他們的花園裡種植美麗的熱帶植物，並委託收藏家前往南美洲採集種子、球莖和幼苗。多年來，歐洲的大型園藝館一直在南美洲的各個地區為探險家們提供服務。

這裡很難對所有這些人所做的工作做一個簡單的總結。

他們對旅行和冒險的描述、對所遇到的人生活的評論、對植物和動物的觀察都令人著迷。在這些人身上，人們看不出與植物學家的傳統形象有什麼相似之處。他們是乾癟的老人，心不在焉地四處遊蕩，透過一個小鏡頭凝視著某個嬌豔的花朵。

除了西元 1838 年美國海軍派出威爾克斯指揮官率領的考察隊在世界各地進行全面科學考察外，19 世紀末之前，我們沒有發現北美洲人在南美洲進行重要探索的記載。隨後，亨利·赫德·拉斯比[142]的探險隊前往玻利

---

[142] 亨利·赫德·拉斯比（Henry Hurd Rusby，西元 1855～1940 年），美國植物學家、藥學家和探險家。他在植物學和經濟植物學領域做出了重要貢獻。

第八篇　南美洲植物學探索

維亞，托馬斯‧莫恩[143]的探險隊前往更南邊的國家。最終，在 1918 年，紐約植物園、哈佛大學的格雷標本館和史密森學會制定了一項合作探索南美洲北部的計畫。該計畫預計：在可行的情況下派遣探險隊進入該地區；重新考察早期收集者已經探索過的地區，努力重新採集美國植物學家知之甚少的物種；首次探索在植物學上完全未知的地區；最後，當收集到足夠多的資料後，就準備對這些南美洲北部國家的植被進行描述性的說明。

在該專案執行過程中，其他機構在不同時間提供了援助。結果，兩支探險隊前往英屬蓋亞那，一支前往委內瑞拉，兩支前往厄瓜多，三支前往哥倫比亞。儘管這些隊伍從沿海深入內陸很遠，但最吸引人的還是收集。因為時間只允許從山上俯視廣闊的亞馬遜盆地。所以，除了美國自然歷史博物館最近關於喬治‧亨利‧漢密爾頓‧泰特[144]的羅賴馬山和杜伊達山的研究外，英屬蓋亞那和委內瑞拉的南部、哥倫比亞東南部和厄瓜多東部仍然沒有被探索。儘管與南美洲北部的探索合作計畫沒有直接關聯，但最近（1929 年），史密森學會派出了一支探險隊進入秘魯的東北部或亞馬遜地區。這一次旅行中獲得的收藏品使人們了解了北部亞馬遜森林植被的普遍性質。

三次前往哥倫比亞的探險，及最近一次秘魯東部的探險很好地說明了南美洲植物學調查的整個主題。對於哥倫比亞來說，面朝兩個大洋，有三大山脈，其中的山峰高度超過 5,500 公尺，這裡提供了南美洲任何地方都會遇到的、幾乎每一種沿海或山脈的採集品種。秘魯東部是占據該大陸中部的廣大森林地區的代表。哥倫比亞和秘魯東部探險家所面臨的問題，與委內瑞拉海洋地帶、厄瓜多和智利山脈或英屬蓋亞那以及巴西河流的探險家，所遇到的問題大致相同。

---

[143] 托馬斯‧莫恩（Thomas Morong，西元 1827～1894 年），美國植物學家、牧師。他的植物採集和研究工作為科學界提供了寶貴的資源和知識，其著作和信件在植物學研究中具有重要意義。

[144] 喬治‧亨利‧漢密爾頓‧泰特（George Henry Hamilton Tate，西元 1894～1953 年），美籍英裔植物學家、動物學家。

哥倫比亞的地形和植被

哥倫比亞是南美洲第四大共和國,也是唯一一個在大西洋和太平洋上都有很長海岸線的國家。如果疊放在美國地圖上,將大致從安大略湖延伸到喬治亞州中部,從大西洋延伸到伊利諾州。其緯度從赤道以北略超過 12 度延伸到赤道以南約 2 度。海拔範圍從海平面到海拔 5,500 公尺不等。在厄瓜多和哥倫比亞之間的邊界,安地斯山脈分為三個分支,分別為西部、中部和東部科迪勒拉山系。在西部和中部科迪勒拉山系之間是考卡山谷;中部山脈和東部科迪勒拉山系之間是馬格達萊納山谷。東南部是一片廣闊的地區,幾乎占共和國面積的一半,海拔較低,構成亞馬遜河和奧利諾科河流域的一部分。還有大西洋和太平洋海岸帶,分別位於最北部和最西部。

除了最南端以外,三大山脈彼此截然不同。雖然靠近安蒂奧基亞省麥德林,但西部和中部山脈之間的距離只有考卡河本身的寬度。在其他地方,考卡山谷有 30 至 40 公里寬,而馬格達萊納山谷在大多數地方甚至更寬。西部和中部科迪勒拉山系都終止於哥倫比亞北部。東部山脈在布卡拉曼加市附近分為兩部分,一部分向北延伸數百公里,另一部分進入委內瑞拉。聖瑪爾塔山脈與這些巨大的科爾迪萊拉山脈隔絕,占據了哥倫比亞北部的一小塊區域,直接從海上升起,達到 5,000 多公尺的高度。

這般引人注目的地形立刻引起了有關植物分布的幾個問題。科迪勒拉山系的每一部分的植物是大致相同還是截然不同?厄瓜多的物種是否向北延伸?如果是,它們是否沿著所有山脈延伸?西部科迪勒拉山系的植物和中美洲山脈的植物有什麼相似之處?如果有的話,這或許表示這兩者之間曾經存在著關聯。考卡山谷的植物會「跳越」山脈到達馬格達萊納山谷嗎?太平洋坡地的植物群與大西洋沿岸地區的植物群相比如何?哥倫比亞東南部,亞馬遜河流域的植被是否與馬格達萊納山谷,以及該國其他低窪

第八篇　南美洲植物學探索

地區的植被相似？其他問題與海拔高度的影響有關。山脈底部的植物與海拔 2,400 至 4,500 公尺的植物相比如何？是否有明顯的植被區取決於海拔高度？例如，冷溫帶地區的植物，與紐約緯度的北溫帶地區的植物密切相關嗎？或者，儘管海拔低了幾百公尺，它們是否為距離其幾公里以內的熱帶植物的變種？

為了收集資料來回答這些問題，他們制定了對哥倫比亞的勘探計畫，在科迪勒拉山脈的南部、中部和北部各點以及不同的海拔高度進行勘探，包括考卡和馬格達萊納山谷、亞馬遜盆地和奧利諾科河盆地、太平洋坡地和大西洋海岸。這一項工作已經完成了一部分，還有許多工作要做。對哥倫比亞植物的分布可以做一些普遍性的觀察，但許多問題的確切答案必須等待對收集到的大量植物標本素材進行仔細研究。

在哥倫比亞，從海平面到雪線[145]，旅行者會穿過各式各樣的植被區，就像從赤道前往接近海平面的北極旅行一樣。這些地區之間的界線並不總是很清晰，海拔高度也並不總是相同。但幾乎不難看出，有四條不同的地帶。[146]

熱帶地區位於海平面和海拔 1,300 至 1,800 公尺之間。在降雨量充沛、溼度高的地方，如太平洋坡地和馬格達萊納山谷的中部，森林茂密，大樹伸展樹枝，在森林地面高高的上方形成樹冠。在森林中，林下灌木叢通常並不豐富。但在森林邊緣，密密麻麻的低矮灌木和纏繞在一起的藤蔓爭奪著陽光。這些叢林中遍布著或高大或低矮的棕櫚樹。許多植物都長著長長的刺，讓旅行很不舒服。蕨類植物、美人蕉和各種類似香蕉的植物也比比皆是。有時，探險者會發現狩獵小路或伐木小路通往叢林。但如果要穿越

---

[145]　雪線：常年積雪帶的下限，即年降雪量與年消融量相等的平衡線。雪線以上年降雪量大於年消融量，降雪逐年加積，形成常年積雪（或稱萬年積雪），進而變成粒雪和冰川冰，發育冰川。雪線是一種氣候標誌線。其分布高度主要決定於氣溫、降水量和坡度、坡向等條件。

[146]　弗蘭克・M・查普曼（Frank Michler Chapman）在對哥倫比亞鳥類生活分布的描述中，詳細討論了該國的植被區，這裡使用了他對不同區的術語。

其中，通常必須在溪水中順流或逆流跋涉。接下來還有大片的乾旱地帶，在那裡仙人掌和金合歡生長茂盛。有時，由於山脈的構造，雨水被非常小的區域阻隔，在樹木繁茂地帶的中部形成小片的乾旱區域。在哥倫比亞西部的達瓜山谷就出現這樣一個區域。寬闊河谷的一個顯著特徵是美麗的竹子排列在溪邊。

這一片富饒的熱帶地區只有一小部分被勘探過。1922 年，探險隊從太平洋的布埃納文圖拉港進入哥倫比亞，並對布埃納文圖拉灣，以及海洋和西科迪勒拉山腳之間的茂盛而濃密的森林進行了廣泛的標本收集。後來，探險者對於波帕揚以西、靠近厄瓜多邊界，在更遠的南部這一片太平洋熱帶地區進行了勘探。在對於該地區鳥類的研究中，弗蘭克・M・查普曼[147]指出：「哥倫比亞的太平洋動物群……是南美洲動物群中範圍最廣、定義最明確的動物群之一，可能也是最具特徵的動物群。當然，在熱帶地區，沒有任何其他類似地區擁有如此多特有的鳥類。」關於植物群，可能也有類似的說法。到目前為止，在我們研究過的植物收藏品之中，有相當大的比例證明是未被描述過的物種。

亞熱帶從熱帶的上限——根據溫度和溼度的不同，在 1,300 至 1,800 公尺之間變化——延伸到海拔約 2,850 公尺。在這一片區域，也有茂密的森林以及乾旱的山坡和高原。在森林中，幾乎總有茂密的樹下灌木叢。樹木和灌木上長滿了大量的寄生植物和附生植物——蘭科植物、天南星科植物、鳳梨科植物、槲寄生、苔蘚和蕨類植物。

亞熱帶蕨類植物種類繁多，從嬌美的苔蘚狀植物科類到大型棕櫚樹。在許多方面，哥倫比亞最引人注目的植物——昆迪奧步道的蠟棕櫚樹（照片 88）出現在這一片地區的上限，幾乎在溫帶地區。蠟棕櫚樹高達 60

---

[147] 弗蘭克・M・查普曼（Frank Michler Chapman，西元 1864～1945 年），美國鳥類學家，對鳥類研究和分類學做出了重要貢獻。

公尺,比其他樹木高出許多,它細長的白色樹幹,環繞著黑色的條紋,頂部有優雅的葉子,令人難忘。從高處俯瞰這一片地區,人們可以很好地理解為什麼亞歷山大・馮・洪保德[148]將其描述為森林之上的森林。植物學家發現亞熱帶是最有收穫的採集地,所以三次探險的大部分時間都花在這些海拔地區。

照片 88　哥倫比亞,昆迪奧步道上的蠟棕櫚;
在很多方面它們都是那個國家最引人注目的植物。

艾斯華思・潘恩・基利普（Ellsworth Paine Killip）拍攝

在這個區域上方是溫帶,海拔高度達到 3,300 至 3,600 公尺。這裡的森林特點是多節,樹木雖然通常緊湊低矮,但密密地覆蓋著苔蘚和地衣。倒掛金鐘屬植物、西番蓮屬植物和金蓮花屬植物（花園裡的旱金蓮）非常引人注目。這裡也有許多北溫帶地區居民熟悉的植物:紫羅蘭、黑莓、草莓、芥末、毛茛、羽扇豆和紫菀。在美國很少見到的一科植物,野牡丹,開著大紫紅色的花朵,非常漂亮。蝴蝶蘭和齒舌蘭（二者均為蘭花）的花朵賦予風景以黃色,而藍莓和半邊蓮科植物則賦予風景以粉色。

---

[148] 亞歷山大・馮・洪保德（Alexander von Humboldt,西元 1769～1859 年）,德國科學家,與卡爾・李特爾（Carl Ritter）同為近代地理學的主要創始人。生於德國柏林,亦逝於柏林,是世界第一個大學地理系──柏林大學地理系的第一任系主任。他的哥哥是柏林洪堡大學創立者威廉・馮・洪堡（Wilhelm von Humboldt）。洪堡基金會於 1972 年設立洪堡研究獎。

第一章　美國植物學家的新領域

照片 89　來自哥倫比亞，金迪奧省，帕拉莫的羽扇豆。
注意這種植物濃密的羊毛狀覆蓋物。

崔西‧埃利奧特‧哈贊（Tracy Elliot Hazen）拍攝

最後，探險家來到了高寒帶，這是一片位於森林線[149]上方的荒涼地區。通常，進入這一塊地帶將令人充滿意外。小路將穿過一片矮小樹木，通向一條溪溝；濃霧將覆蓋一切；小溪變成涓涓細流；此時，你正在跨越其邊緣。

照片 90　哥倫比亞，金迪奧省高寒帶的安地斯菊（又稱小牧師）。

崔西‧埃利奧特‧哈贊拍攝

---

[149]　森林線，山地森林上限連續不斷的森林分布界線。超過此界線，被適應高寒、風大的高山灌叢和草甸所替代，森林線在低、中緯度的高山上較明顯。

359

第八篇　南美洲植物學探索

呈現在你面前的是廣袤起伏的平原，時而因圓頂狀的岩石隆起變得斷斷續續。透過薄霧，你可以看到許多又高又直的黑影，安地斯菊（又稱小牧師）。這是一種披著絨毛外衣的奇怪植物，與美國的向日葵科有關聯（照片 90）。安地斯菊有很多種。有的不到 30 公分高，有的足足有 3.6 公尺高。即使是那些長著濃密的蓮座狀葉子，覆蓋著厚厚的白色或金黃色絨毛的小植物，也會為高寒帶地區帶來引人注目的效果。高寒帶的地面是各種植物底座——有些是柔軟的苔蘚，有些有尖銳的針狀尖端，很容易穿透衣服。後者是寒藺屬（照片 91），一種安地斯山脈的燈心草科植物，以及臥針草屬，一片亂糟糟的草。這裡的植物也很容易讓人聯想起北方的紫菀、雛菊和黑眼蘇姍。儘管有時這種植物的絨毛層非常濃密，但是很難看出它和北方的哪種植物相似。到處都是藍色、黃色和白色的龍膽草；黑莓和杜鵑花科的代表植物隨處可見。偶爾會發現一株藍眼草，儘管通常只有一隻黃色的「眼睛」。大多數蕨類植物是球根莖型，或者是從粗壯的根狀莖上長出來的硬直的葉狀體。高寒帶也可能有窪地，甚至是溝渠，其土壤足以讓灌木或低矮樹木生長。這些樹木有時上面覆蓋著盛開的紫紅色花朵，使整個風景生動如畫。

照片 91　哥倫比亞，金迪奧省高寒帶的寒藺屬側耳科真菌的底座。

崔西・埃利奧特・哈贊拍攝

第一章　美國植物學家的新領域

　　根據了解，西科迪勒拉山脈幾乎沒有真正的高寒帶。1917 年，法蘭西斯‧W‧潘內爾[150]到達了該山脈北邊大約 20,000 至 24,000 平方公尺區域的地方。在科迪勒拉的中央山脈，1917 年和 1922 年的探險隊，分別對魯伊斯和聖伊澤貝爾的高寒帶進行了大量的植物收集。我們曾希望在波帕揚附近的普雷斯山上，找到豐富的高寒帶植被，但這裡的植被幾乎完全被這一座活火山厚厚的灰燼所淹沒。在東科迪勒拉山脈，阿爾伯特‧查爾斯‧史密斯[151]和作者一起或單獨勘探了十個不同的高寒帶。

　　這就是哥倫比亞大致的植被情況。要找出棲息在這些區域的特殊物種──無論是科學界已知的、還是新發現的──需要的不僅僅是穿越此地，觀察它的植物群，還需要更多的工作。關於哥倫比亞已知植物的描述，就像美國許多地區一樣，無法在一本袖珍著作中找到，它們分散在大量的書籍中，這些書籍顯然無法被運送到荒野。必須從植物中提取樣本，保存並帶回研究機構，以現有設備對它們進行仔細研究。可以收集一些植物的種子，在美國使其發芽，並利用活體材料進行研究。有時也可以將鱗莖或植物的其他部分帶回種植。但是，大量的分類植物學知識是基於壓扁、乾燥的標本，及附加的關於活體植物特徵的注釋。當然，低矮的草本植物可以完整地收集起來，這樣當對它們進行研究時，就可以得到它們自然外觀的近乎完整的圖畫。但是，對於較大的植物，顯然不能整體壓扁和乾燥，所以有必要挑選其主要部分──花、果實和葉子。

---

[150]　法蘭西斯‧W‧潘內爾（Francis W. Pennell，西元 1886～1952 年），美國植物學家，以研究玄參科植物而著稱。

[151]　阿爾伯特‧查爾斯‧史密斯（Albert Charles Smith，西元 1906～1999 年），美國植物學家，美國國家自然歷史博物館館長。

第二章

野外工作

　　植物標本室標本的製作有兩個主要任務：植物的實地採集，以及採集後標本的盡快乾燥。大自然愛好者摘一朵紫羅蘭並將其壓在書頁之間的行為，與熱帶探險隊在六個月內收集大約 7,000「數目」的工作大相逕庭。哥倫比亞的合作任務，必須對每個「數字」採集三到四個標本。這些標本的收集、乾燥以及必要設備的運輸成了重要的問題。最近一次遠征哥倫比亞的隊員們，在布卡拉曼加北部山區度過的一個月很有代表性。他們對此期間工作的描述，可以很好地說明植物學勘探的方法。

　　我們的總部設在布卡拉曼加，位於科迪勒拉山脈東側。我們把較大的行李留在負責機構交給我們使用的學校大樓裡，繼續向北前往加利福尼亞的小村莊，大約兩天騾子旅行的距離。我們在這裡租了一間房子，拜訪了當地官員之後，準備開始工作。我們的第一次遠行是去幾公里遠的拉巴加。事實上，這個地方是決定我們這次旅行應該去哥倫比亞哪些地區的主要因素。19 世紀中葉，拉巴加是一個重要的礦業小鎮。吉恩・朱爾斯・林登[152]、海因里希・克里斯蒂安・芬克[153]和路易斯・約瑟夫・施利姆[154]因

---

[152] 吉恩・朱爾斯・林登 (Jean Jules Linden，西元 1817 ～ 1898 年)，比利時探險家、植物學家、園藝學家和商人，他對蘭花的研究和傳播做出了重要貢獻。

[153] 海因里希・克里斯蒂安・芬克 (Heinrich Christian Funck，西元 1771 ～ 1839 年)，德國植物學家，以研究隱花植物（尤其是苔蘚植物）著稱。

[154] 路易斯・約瑟夫・施利姆 (Louis Joseph Schlim，西元 1819 ～ 1863 年)，盧森堡的植物採集家、植物學家。

第二章　野外工作

為在那裡發現了大量分布有限的新植物，而在植物學界一舉成名。今天，小鎮成了一片廢墟，只有三、四棟房子還完好無損。

騾子沿著拉巴加河谷沒精打采地慢慢向上前行，時而穿過草地，時而穿過密林深處。我們每個人攜帶的裝備包括一把修枝大剪刀、一把鋸齒刃獵刀和一個收集檔案包。檔案包由兩個長約 43 公分、寬約 30 公分的木製框架組成，用皮帶固定在一起。裡面放了許多白紙，用於放植物標本。

由於這是我們在這個地方的第一次野外工作，我們收集了每一種開花或結果植物的標本。通常，灌木更容易從騾子背上搆到，但我們經常會在地面取標本。標本放在檔案包裡，並附有植物大小和習性的說明。當檔案包裝滿，攜帶不便時——這種情況每隔幾分鐘就會出現一次，我們就會把它打包並暫放在小路旁邊，以便在回程時重新取回。

拉巴加的帶路居民帶領我們進行了一次山區短途旅行。我們與他約定，之後進行一週的採集。一日將盡，我們匆匆回到加利福尼亞州的房子。一捆捆新鮮的植物被高高懸掛在夜空，以躲避螞蟻的打劫。

兩位植物學家一起做實地採集工作沒有什麼好處，所以我們計劃輪流在野外收集。史密斯先生先在東邊的高山上待十天。與此同時，我對他採集的植物進行乾燥，準備做成標本。然後我要回到拉巴加，而他在加州總部工作。村裡牧師有一位客人要去哥倫比亞「最高」的城鎮之一，韋塔斯。所以在當地助手、牧師的陪同下，史密斯先生從高寒帶的里科沿著陡坡向著韋塔斯攀登。以這個村莊為出發點，他每天都要去鄰近的高寒帶。每天晚上，一捆捆新鮮的植物被交給一位印第安使者，他在月光下翻山越嶺來到我們位於加利福尼亞的小屋。這一名印第安搬運工人每天早上五點左右到達，彎著腰，把大約 15 至 20 個小捆捆在一起。他此次出行費是 50 美分，這似乎僅是小小的報酬。

每一捆都有一個編號，這樣植物就可以按時間順序排列。拆開這些標

本的包裝，洗掉所有根部的汙垢，鬆散的花朵或葉子放在小信封裡，每一個標本都小心地放在標本室，標準大小的乾淨白紙上。非常多汁的植物首先放在沸水中，確保其快速死亡並防止乾燥時腐爛。接下來，每一張紙上都有一個編號，並在筆記本上做了相應的登記，標記植物的大致屬名、棲息地、採集地點、花朵的顏色，以及收藏者所做的其他實地筆記。

照片 92　印第安人搬運工將新鮮的植物標本搬運到秘魯尤里馬瓜斯總部。

阿爾伯特・查爾斯・史密斯拍攝

每兩個標本之間都放一張吸水紙，當一捆標本足夠大時，就把它夾在兩個板條框架之間，並用綁帶繫緊。這樣，植物中的大部分水分就會被吸水紙吸收，第二天就可以放在加熱器上烘乾了。在這一步操作中，移除溼的吸水紙，並交替用乾的吸水紙和波紋紙板代替。

然後將包裹綁在離地面約 1 公尺高的露臺柱子和欄杆上。哥倫比亞所有的房屋都有露臺或庭院，也有柱子或欄杆。這提供了另一個完成這一部分工作的理由：盡可能在一個堅固的住所而不是在帳篷裡進行。每一個包裹下面都放著一個小煤油爐，每一捆標本周圍都用布簾覆蓋，這樣熱能就可以經由波紋紙板傳遞出去，使植物乾燥得更快。不幸的經歷告訴我們，窗簾被吹進火焰有引起火災的危險。所以我們用普通的鐵絲網做了防護罩，放在爐子周圍。

第二章　野外工作

照片 93　準備植物標本。

上圖，捆綁在一起進行乾燥；下圖，在燃油器上乾燥植物。

基利普拍攝

　　這種乾燥裝置幾乎不需要太多關注。一天兩次，把捆好的包裹倒過來，再把煤油爐填滿。乾燥植物所需的時間長度顯然取決於單一植物的性質。蕨類植物、禾本植物和纖細的草本植物通常會在 24 小時內乾燥；大多數植物將在 48 小時內乾燥；蘭科植物、天南星科植物、仙人掌科植物和類似的肉質植物可能需要長達一週的時間才能完全乾燥。幸運的是，在哥倫比亞所有重要的地方都能買到煤油，儘管在運輸成本高的地區價格昂貴。然而，我們沒有找到令人滿意的替代品。有一次使用了木炭，但由於難以保持均勻的熱能，導致了幾次火災。其中一次需要召集整個村莊的消防單位來拯救建築物；另一個缺點是，需要有人在場不停地提供燃料。

　　而另一方面，煤油爐每 12 小時間隔內不需要去關注。當然，經由反覆更換吸水紙，並在太陽下或火爐附近乾燥溼透的紙張，可以在沒有人工

365

加熱的情況下乾燥植物。但是這種方法很慢，而且在大量收集標本時幾乎不可行。我們平均每天收集 150 個編號的標本，也就是大約 400 個個體標本。

一旦植物徹底乾燥，它們就被包裝成小包裝，準備運往美國。把一定量的萘與標本放置在一起以防止其發霉。

在加利福尼亞的哥倫比亞小鎮，植物的採集和乾燥是在理想的條件下完成的。當騾子在人煙稀少的國家長途跋涉時，會出現其他的問題。如果一支勘探隊在夜間沿著一條小路快速行進，以便到達一個令人滿意的住所，在那裡可以做足夠的標本準備，那麼就會漏掉沿途許多的稀有植物。如果隊伍行進緩慢，收集頗豐，那麼選擇的營地可能是在標本無法充分分類和乾燥的地方。我們通常走得很慢，收集除了最常見的植物以外的所有植物。晚上，我們將樣本放在烘乾機之間，第二天更換烘乾機。然後，到達令人滿意的落腳點時，用三、四天時間在加熱器上乾燥標本。

六個月的植物採集之旅所需的裝備必然很多。除了帳篷、折疊床、吊床、炊具、蚊帳、常用工具和藥品等常用物品外，作為植物勘探工作的專門器材，我們還攜帶了 15,000 張標準植物標本室大小的白紙、2,500 張兩倍寬並縱向摺疊一次的白紙、1,800 張吸水紙、700 張波紋紙板、20 個用作兩端的壓板木製框架和同等數量的綁帶、3 個收集檔案包、5 個煤油加熱器（布簾懸掛在周圍）、幾公斤的萘、剪枝剪刀、筆記本，以及像麻繩、繩子和標籤等雜物。

對於最近探險隊訪問的哥倫比亞部分地區，沒有必要攜帶大量食品。在山區，麵包、起司、雞肉、雞蛋、肉類、馬鈴薯和糖果幾乎隨處可見。當然，在低地也可以吃到各式各樣的食物。供給的主要問題是騾隊所需的牧場。所以，探險隊的落腳點往往不是由可以找到的稀有植物標本決定的，而是由騾子需要的常見飼料作物決定的。

我們的設備裝在 12 個輕而結實的纖維板箱裡，箱子長 75 公分，寬 45

公分，深 30 公分。這種尺寸很適合紙張的經濟包裝。而且，這種箱子易於安置在騾子的背上。

在哥倫比亞山區，幾乎所有的旅行都是由馬或騾子完成的——馬在平坦的道路上為尊貴的旅行者服務，騾子在人跡罕至的小路上運輸貨物。雖然代理機構運輸行李的費率是不固定的，而且往往相當高，但更好的辦法是購買騾子，或按週或按月租用騾子，僱用一名趕騾人或騾夫負責裝載和駕駛大篷車。一套精心設計的繩索把兩個纖維板箱繫在騾子兩側。在此期間，用布蓋在騾子的頭上，以免牠受到驚嚇逃跑。趕騾人很清楚裝貨時需要小心，因為如果包裝變得鬆散、不平衡，騾子很容易滑下懸崖，那樣騾子和貨物就永遠丟失了。在路上，包裝箱子經常滑掉，然後騾夫急忙把布蓋在騾子頭上，調整貨物。到了晚上，在為騾子卸下貨物、為牠們按摩背部、把牲口帶到牧場（通常離旅館很遠）之前，這一位好心的騾夫從來沒有想過休息或吃飯。

乾燥標本這一項複雜任務要求過夜的大本營必須是堅固的。因此，在植物之旅中盡可能避免宿營。在作為大本營的大城市，地方政府慷慨地為我們提供了一些公共建築，作為工廠、倉庫、飲食和睡眠場所。在波帕揚，提供給我們的那棟建築以前是一座修道院。這一座漂亮的兩層建築是西班牙裔美國人建築的典範，帶有大露臺。舒適的床已經精心準備好了；在寬敞的餐廳用餐；一間會客室已被騰出來。我們一到，那位重要人物立刻過來提供各種幫助。在布卡拉曼加，我們得到了一棟有 19 個房間的校舍。在薩倫托，就像在加利福尼亞一樣，我們租了一所房子。在幾個大城市，我們住在飯店裡，我們的工作為這些自命不凡的旅館的正常安寧帶來了干擾，所以並不總是受到歡迎。加利福尼亞州附近的村莊，蘇拉塔的一家現代化麵粉廠的房間是免費提供給我們的。在西科迪勒拉山頂的拉坎布雷，一個植被異常茂密的地區，我們在一家美國醫院裡發現了住所。有幾次，原始荒野中的慷慨主人將狩獵小屋交給我們使用。

照片 94　勘探隊穿越哥倫比亞海拔 360 公尺的桑圖爾班高寒帶。

基利普拍攝

　　通常，尤其是在長途旅行中，在下午三點左右我們會在任何眼前看到的旅館或茅屋停留。如果那個地方不是尊貴的紳士們經常停留的地方，往往需要大費口舌才能獲得允許。儘管一隊運貨騾子很可能已經到了那裡，但旅館老闆，通常是一個女人，會堅決表示她沒有適合我們的食物。我們當然不想擠進已經被幾個騾夫占據的房間。有一次我們建議睡在走廊的嬰兒床上。顯然，這是一個可怕的建議，因為，她抗議道，「你會死的。夜晚的空氣中充滿了疾病和邪惡的靈魂。」第二天早上，當她發現我們還活著時，很難說是因為我們沒有死而輕鬆，還是她的預言未能實現而懊惱，哪一個占了上風。

　　我們的全部行李需要六匹騾子，早上裝這些東西需要很長的時間。我和我的同伴通常在裝載貨物之前很早就上路了。我們行進得很慢，把收集工作做得很仔細。一段時間後，貨運車隊趕上了我們，隨之而來的是不可避免的混亂。因為負重的動物試圖超過我們騎行的騾子。安地斯騾子是一種聰明的動物，牠們知道在狹窄的小路上盡量走內道，因為在外道上一失足就意味著墜入懸崖。我們會在已經滿載的騾子上再放上早上收集的東西，然後讓旅行隊繼續前進，再到一個令人滿意的地方過夜。

第二章　野外工作

照片 95　一隊騾子抵達哥倫比亞的波帕揚。

基利普在勘探隊總部拍攝

在低地，騾子旅行是乘船、鐵路和汽車旅行的備案。哥倫比亞的兩條主幹線是馬格達萊納河和考卡河。然而這兩條河都不可通航，其全長和彎路必須繞急流而行。船是燒油或燒木材，整體上相當舒適。為數不多的特等客艙通常留給女性乘客，男性則睡在甲板上的帆布床上。燃油燃燒器更令人滿意，因為不用經常停下來添油。植物學家可以利用小型汽油船或獨木舟對海岸帶和河谷進行勘探。乘坐獨木舟沿著布埃納文圖拉灣或卡塔赫納灣的低海岸航行，是收集有趣植物的絕佳機會。當地人爬上懸垂的樹，把稀有的蘭科植物、天南星科植物和鳳梨科植物扔進獨木舟。只有使用獨木舟才能勘探紅樹林之間的狹窄水道。

季節性強降雨以及土壤疏鬆、易移動的特性經常導致長距離的鐵路和公路被破壞。從潘普洛納到庫庫塔，沿著潘普洛納山谷一條新修的漂亮公路已經停運，其中一部分將近 1.6 公里長，已經被沖刷到河裡。我們原本

369

計畫走這一條公路來結束我們最後的行程。然而，我們不得不艱難地穿過一條曾被遺棄、泥濘的「洗衣板」小道。就在我們打算從布埃納文圖拉，前往西科迪勒拉山脈的拉坎布雷的前一天晚上，山體下滑阻塞了幾處的鐵路。火車駛往第一個阻滯點，等到土石被移走後，又繼續駛往第二個阻滯點。有一次，障礙物太大，一天內無法清除，乘客被轉移到一輛小型平板車上，隨後進行了一次令人興奮的旅程。兩名當地人將車推到了坡頂，然後讓它沿著峽谷邊緣蜿蜒的小道狂奔，除了一根撬棍壓在快速旋轉的車輪上以外，根本沒有煞車。隨著哥倫比亞以及其他南美國家現代交通工具的進步，植物勘探者的工作將大幅簡化。到達待勘探區域所需的時間會更少；設備運輸會更安全；收集的標本可以運出，最終到達美國的可能性會更大。

■ 探索秘魯山脈之外

從哥倫比亞開始，安地斯山脈綿延近 7,200 公里，幾乎到了大陸的南端。這是一片巨大的山脈，其中許多都被積雪覆蓋，到處都是裂縫。經由這些裂縫，人們可以進入內陸。科迪勒拉山脈靠近海洋，導致這些西方國家奇特、不平衡的發展。城市在海岸或附近的山坡上拔地而起，在那裡與外界的貿易更容易進行。其他城市則是在更涼爽、更活躍的高海拔氣候中成長起來。商隊從山區到海岸，又從海岸到山區。但是，山那邊卻是另一個世界，一個很少有人或從未有人光顧的世界。通往它的道路，即使是最窄的騾道，也很少。當地印第安土著部落的友好程度不確定，而且生活條件也是最原始的。到處都出現了文明的前哨，主要是沿著從山脈到一些溪流的通航部分。這些溪流有的流向大西洋，有的沿著亞馬遜河及其較大的支流流淌。但即使在今天，哥倫比亞東南部、厄瓜多東部、秘魯東北部、玻利維亞東部和智利東北部仍有大片幾乎完全未開發的地區。整個東部地區都被稱為蒙大拿。其中大部分是茂密的森林，雖然在哥倫比亞有綿延的

第二章　野外工作

草原。儘管通常有兩個明顯的季節，一個是乾燥季節，另一個是潮溼季節，但是降雨量很大。旅行是乘獨木舟、汽船、騾行，近年來也有飛機。

從秘魯的主要海港卡拉奧經首都利馬（在內陸 10 公里處），前往亞馬遜河的主要路線幾乎從正東穿過科迪勒拉山脈，到嬋茶瑪悠山谷，然後向東北穿過一條較低的、相當孤立的山脈，到達皮奇斯河。沿著這一條河和帕奇蒂亞河，到達烏卡亞利河。烏卡亞利河與馬萊翁河匯合，形成亞馬遜河。行程的第一段，從海岸到嬋茶瑪悠山谷，是經由鐵路和汽車。這一條鐵路在海拔 4,680 公尺的安地斯山脈的山頂上穿過。這是一項了不起的工程壯舉，有 60 多條隧道，無數的「彎道」和高橋。歐羅亞山谷，位於主山脊和較低的科迪勒拉東部山脈之間。從歐羅亞山谷，繼續前行是靠汽車跨越第二條山脈，然後向下到達聖拉蒙、拉默塞德和佩雷內殖民地，這是嬋茶瑪悠山谷最重要的三個地方。

照片 96　運送探險隊的補給穿過哥倫比亞西部的一條河流。

崔西・埃利奧特・哈贊拍攝

從 4,200 下降到 600 公尺的過程充滿了刺激。大部分「下降」都在幾公里之內發生的。道路幾乎不比汽車寬，因此大部分路線保持單向交通。汽車每週下降三天，每隔一天上升一次。向前看，道路似乎太窄了，沒有

汽車可以通過。但確實是刮著內側突出的岩石通過的。車輪靠近外緣，非常危險。隧道看起來像一個兔子洞 —— 太小了，汽車無法進入。但你還是安全通過了，汽車的頂部擦著隧道的頂部。這些拉丁美洲司機天生喜歡刺激，他們更多地使用油門而不是煞車。

照片 97　哥倫比亞，
彼德奎斯塔的一戶人家的牆上裝飾著從山上帶回的附生蘭花。

基利普拍攝

在高速公路的盡頭，你可以選擇繼續前往亞馬遜、伊基多斯的路線。你可以坐一天的飛機，或是走三週陸路的行程。當然，對於植物採集者來說，空中旅行是不可能的。但這能讓人看到美妙的景象：廣闊而又綿延起伏的亞馬遜森林，蜿蜒曲折的銀色線條的河流，不斷變寬，直到匯入大河。當地工作的飛行員講述了許多冒險的故事，他們在最荒野的印第安地區的河岸上迫降，因為他們的飛機上有敵營箭頭的痕跡。

對植物學家來說，秘魯很少有其他地方比皮奇斯小路更有趣。這是從利馬到亞馬遜河的唯一一條必須由騾子完成的陸路線路。其中大部分是穿過海拔 1,500 至 1,800 公尺的亞熱帶森林，植被每天都在不斷變化。紅色的吊鐘海棠、藍色的斂腸木屬植物（一種與北方的蓼科植物有關的灌木）和黃色的菊科植物賦予了森林鮮豔的顏色。我們在叢林中發現了一片開闊

的泥炭蘚沼澤，很像美國北方各州的沼澤，但只有一種熟悉的物種——桂皮蕨。

這一條小路的一個令人開心的特點是，在每天的行程結束時，都會有令人愉快的路邊旅店或小旅館。雖然房屋的結構很脆弱，而且有家養的動物，但睡覺的地方還是令人滿意的，飯菜也非常好。

在耶瑟普港，人們登上獨木舟。划獨木舟要走多遠取決於水的深度。在旱季，蒸汽船不會沿著皮契斯河航行很遠。在這些小溪流中划獨木舟是一種迷人的體驗。河岸離得很近，可以辨認出一棵棵樹。在眾多的藤蔓植物中，牽牛花、西番蓮、南瓜和葡萄科植物占主導地位。在較寬闊的河流上，河岸看起來只是天空和水面之間的一條黑暗地帶。在較小的溪流中，動物似乎也更豐富。華麗的鸚鵡和金剛鸚鵡在頭頂尖叫；鱷魚和巨型海龜在海灘上晒太陽；猴子在樹上盪來盪去，怪異地嚎叫著。許多時候，獨木舟船員必須在河中央下船，才能將船拖過淺灘。通常，水流湍急，會有翻船的危險。

最後，人們到達可以乘坐更大船隻航行的地方，然後日復一日地沿著帕奇提亞河和烏卡亞利河緩慢前行，直至到達亞馬遜河。這些船都是燒木頭的，所以搬運木頭要花很多時間。河岸附近的地方放著大堆的木樁，有一大群行動緩慢的當地人不停地把原木運到船上。裝運牛、棉花或成捆的橡膠（亞馬遜河上游地區的一種橡膠植物）時，船隻就會停下。這些船中有許多是商船，載著各式各樣的貨物出售給當地人，或者更常見的是，交換當地產品。每一筆交易都伴隨著乏味的討價還價。

從安地斯山脈的山腳到秘魯的北部和東部邊界，再穿過厄瓜多和巴西，是廣闊的、幾乎綿延不斷的森林。只有河流和狹窄的小路穿越其中，連接著更重要的定居點。到處都有一、兩個印第安人小屋。在這些小屋的周圍，開闢出一片空地，用來種植尤卡（木薯）、香蕉、芭蕉和魚藤。前

三種是當地人的主要食物，魚藤用於捕魚。但是一公里又一公里，除了森林什麼都沒有。

在特定的區域內，不同植物物種的數量幾乎是無法估算的，其數量比北方森林中類似地區的數量多很多倍。收集標本室的標本來代表數量相當龐大的植物並非易事。通常，想採摘的花朵或水果遠遠高於採集者的頭頂，只有穿過河邊纏繞的藤蔓，艱難地向上攀爬，才能搆到。在藤蔓大網的後面是各式各樣的樹木。從矮小的灌木到巨大的木棉及含羞草，所有樹木都被藤本植物纏繞在一起，上面密密麻麻地覆蓋著蘭花、鳳梨、蕨類和苔蘚等附生植物。在很多樹上採集標本意味著要砍樹。通常，僅僅切斷樹幹並不會使亞馬遜樹倒下，因為它的上部可能會被藤本植物撐起，也可能會落在另一棵樹上，而這一棵樹又必須被清除。當地人善於攀爬，他們經常爬上樹幹或擺動的藤蔓來獲取標本。有時在不太茂密的森林裡，可能要剪掉一個花枝。然而，最近的清場需要拖曳的藤蔓樹枝最多。當我們沿著一條小道行走時，常常會聽到斧頭的聲音，順著聲音走去，遠處有印第安人正在原始森林裡安家。我們便在落下的樹梢間花上幾個小時，收穫頗多。在這樣的條件下採集的另一個好處是，當地人通常會自願提供有關植物的資訊 —— 各種木材的性質、各種藥物的效用。

即使在採集到這些標本後，也需要格外注意以防止螞蟻和其他昆蟲侵襲和發霉。晚上把一包標本放在地上，到了早上，幾乎在每兩張紙之間都會有巨大的蟻巢。亞馬遜森林普遍潮溼，會加速標本的腐爛。因此必須立即對其進行處理，乾燥後，應充分噴灑萘。當然，所有這些細心的工作在熱帶地區任何地方都是必要的，但在亞馬遜地區尤其如此。

令人驚訝的是，我們對亞馬遜河上游地區幾乎完全不了解。秘魯東北部最常見的栽培植物之一是巴巴可魚毒草或魚藤，其根部被當地人用來麻醉魚。然而不久前，它的植物學名稱還不為人所知，而且顯然在美國的植

物標本館中也沒有發現它的標本。這種植物作為殺蟲劑無疑將具有龐大的商業價值。另一種植物，死藤水，或叫南美卡皮木，被印第安醫藥人員用來製造強效麻醉劑，可能具有巨大的藥用價值。然而，除了在它土生土長的地方外，也幾乎完全不為人知。還有誰聽說過美洲錫生藤和美登木屬植物，這兩種當地的靈丹妙藥呢？在這個亞馬遜河地區的黑暗角落或西部的山區中，還有哪些植物可能被證明具有巨大的商業價值呢？有什麼絢麗的花朵可以被帶到園藝中呢？除了香蕉、柳丁和酪梨之外，還有什麼水果可以找到自己的位置呢？

植物的世界，走進爭奇鬥豔的天然實驗室：

澱粉、生物鹼、纖維、樹脂……從建材到藥物，認識植物如何滲透人類文明的每個角落

作　　　者：	[美] 瑪麗・艾格尼絲・蔡斯（Mary Agnes Chase）　A・S・希區考克（A. S. Hitchcock）
翻　　　譯：	遲文成，丁儒俐
發　行　人：	黃振庭
出　版　者：	策點文化事業有限公司
發　行　者：	策點文化事業有限公司
E - m a i l：	sonbookservice@gmail.com
粉　絲　頁：	https://www.facebook.com/sonbookss/
網　　　址：	https://sonbook.net/
地　　　址：	台北市中正區重慶南路一段 61 號 8 樓
電　　　話：	(02)2370-3310
傳　　　真：	(02)2388-1990
印　　　刷：	京峯數位服務有限公司
律師顧問：	廣華律師事務所 張珮琦律師
經　銷　商：	知遠文化事業有限公司
地　　　址：	新北市深坑區北深路三段 155 巷 25 號 5 樓
電　　　話：	02-2664-8800
傳　　　真：	02-2664-8801
香港經銷：	豐達出版發行有限公司
地　　　址：	香港柴灣永泰道 70 號柴灣工業城第 2 期 1805 室
電　　　話：	(852)21726533
傳　　　真：	(852)21724355
定　　　價：	520 元
發行日期：	2025 年 09 月第一版

國家圖書館出版品預行編目資料

植物的世界，走進爭奇鬥豔的天然實驗室：澱粉、生物鹼、纖維、樹脂……從建材到藥物，認識植物如何滲透人類文明的每個角落 / [美] 瑪麗・艾格尼絲・蔡斯（Mary Agnes Chase），A・S・希區考克（A. S. Hitchcock）著.遲文成，丁儒俐 譯. -- 第一版. -- 臺北市：策點文化事業有限公司, 2025.09
面；　公分
譯自：Old and new plant lore.
ISBN 978-626-99845-5-8(平裝)
1.CST: 植物學
370　　　114012628

版權聲明

本書版權為出版策劃人：孔寧所有授權策點文化事業有限公司獨家發行繁體字版電子書及紙本書。若有其他相關權利及授權需求請與本公司聯繫。
未經書面許可，不得複製、發行。